天然气工程技术培训丛书

油 气 井 测 试

《油气井测试》编写组　编

石 油 工 业 出 版 社

内 容 提 要

本书是《天然气工程技术培训丛书》中的一本，目的是为了提高油气井测试队伍整体素质，满足测试员工培训的需要。本书编写内容主要围绕油气井测试过程中所涉及的基础理论知识、测试仪器及设备、测试工艺、测试资料处理以及 HSE 管理等方面知识。从基本概念入手逐步扩展到油气井测试实际工作中。本书语言通俗易懂，理论知识重点突出且实用性和可操作性强，可供油气井测试方面的操作员工、技术人员参考。

图书在版编目（CIP）数据

油气井测试／《油气井测试》编写组编. —北京：
石油工业出版社，2017. 12
（天然气工程技术培训丛书）
ISBN 978 - 7 - 5183 - 2239 - 8

Ⅰ. ①油… Ⅱ. ①油… Ⅲ. ①油气测井-技术培训-
教材 Ⅳ. ①TE15

中国版本图书馆 CIP 数据核字（2017）第 271278 号

出版发行：石油工业出版社
（北京安定门外安华里 2 区 1 号 100011）
网 址：www. petropub. com
编辑部：（010）64256770
图书营销中心：（010）64523633
经 销 全国新华书店
印 刷 北京中石油彩色印刷有限责任公司

2017 年 12 月第 1 版 2017 年 12 月第 1 次印刷
787×1092 毫米 开本：1/16 印张：16.75
字数：400 千字

定价：58.00 元

《天然气工程技术培训丛书》
编 委 会

《油气井测试》编写组

主　　编：李　鹏

副 主 编：彭卫国　陈　虎

成　　员：张　明　李　勇　王　平

　　　　　李士新　刘　桂　余致理

序

　　川渝地区是世界上最早开发利用天然气的地区。作为我国天然气工业基地，西南油气田经过近 60 年的勘探开发实践，在率先建成以天然气为主的千万吨级大气田的基础上，正向着建设 $300 \times 10^8 m^3$ 战略大气区快速迈进。在生产快速发展的同时，油气田也积累了丰富的勘探开发经验，形成了一整套完整的气田开发理论、技术和方法。

　　随着四川盆地天然气勘探开发的不断深入，低品质、复杂性气藏越来越多，开发技术要求随之越来越高。为了适应新形势、新任务、新要求，油气田针对以往天然气工程技术培训教材零散、不够系统、内容不丰富等问题，在 2013 年全面启动了《天然气工程技术培训丛书》的编纂工作，旨在以书载道、书以育人，着力提升员工队伍素质，大力推进人才强企战略。

　　历时 3 年有余，丛书即将付梓。本套教材具有以下三个特点：

　　一是系统性。围绕天然气开发全过程，丛书共分 9 册，其中专业技术类 3 册，涵盖了气藏、采气、地面"三大工程"；操作技能类 6 册，包括了天然气增压、脱水、采气仪表、油气水分析化验、油气井测试、管道保护，编纂思路清晰、内容全面系统。

　　二是专业性。丛书既系统集成了在生产实践中形成的特色技术、典型经验，还择要收录了当今前沿理论、领先标准和最新成果。其中，操作技能类各分册在业内系首次编撰。

　　三是实用性。按照"由专家制定大纲、按大纲选编丛书、用丛书指导培训"的思路，分专业分岗位组织编纂，侧重于天然气生产现场应用，既有较强的专业理论作指导，又有大量的操作规程、实用案例作支撑，便于员工在学习中理论与实践有机结合、融会贯通。

　　本套丛书是西南油气田在长期现场生产实践中的技术总结和经验积累，既可作为技术人员、操作员工自学、培训的教科书，也可作为指导一线生产工作的工具书。希望这套丛书可以为技术人员、一线员工提升技术素质和综合技术能力、应对生产现场技术需求提供好的思路和方法。

　　谨向参与丛书编著与出版的各位专家、技术人员、工作人员致以衷心的感谢！

2017 年 2 月·成都

前　言

　　油气井测试是整个油气田开发过程中的一项系统工程和基础工作，贯穿于油气藏开发的始终，即运用各种设备、仪器、仪表，采用不同的测试手段和测量方法，测出油气田开发过程中动态和静态的有关资料，为油气田动态分析和开发调整提供第一手科学数据。在油气田开发中油气井测试对确定油气井产能、控制储量起着重要作用。油气井测试技术是认识油气藏，进行油气藏评价和生产动态监测，以及评估完井效率的重要手段。为适应天然气开发技术、工艺、设备、材料的发展和更新，提高从事油气井测试操作员工队伍的整体素质，满足油气井测试操作员工技术培训和考核的要求，丛书编委会组织编写了《天然气工程技术培训丛书》，其中操作类包括《气藏工程》《采气工程》《地面集输工程》《天然气增压》《天然气脱水》《油气井测试》《管道保护》《采气仪表》《油气水分析化验及环境节能监测》9 本书。

　　《油气井测试》中涉及的油气井测试是指狭义上的测试，主要讲述试井测试及动态监测相关的工艺流程、设备仪器以及安全防护等内容。本书的编写坚持以职业活动为导向，以职业技能为核心，统一规划、充实完善，注重内容的先进性与通用性。本书中的知识点覆盖了整个油气井测试行业中测试员工应知应会的内容，还增加了测试行业中的新技术、新工艺和新设备等内容，使得本书更具有指导性、操作性。

　　《油气井测试》由李鹏任主编，彭卫国、陈虎任副主编。全书结构由前言和相对独立的六章组成。前言、第一章和第二章由李鹏编、余致理、李士新写；第三章由张明、陈虎编写；第四章由彭卫国、陈虎编写；第五章由王平编写；第六章由李勇、刘桂编写。

　　《油气井测试》由许清勇主审。参加审查的人员有瞿坚荣、杨江海、熊伟、刘寿江。在此，向参与审查和指导的专家表示衷心的感谢！

　　由于编写组水平有限，书中不完善、疏漏之处请广大读者提出宝贵意见。

《油气井测试》编写组

2016 年 12 月

目　　录

第一章

概述

第一节　油气井测试简介

一、油气井测试概念

本文中涉及的油气井测试是指测试员工利用测试设备和测试仪器对油井、气井、水井的压力、温度、井下液面等参数的录取和资料处理，可直接获取油气藏动态资料的重要工作。油气井直接投产或经过储层改造投产后，为了解地层准确产能，运用油气井测试技术（包括稳定油气井测试与不稳定油气井测试）进行测试，并对测试结果进行分析解释，进而确定合理的开采方式、工作制度，并准确评价油气藏参数。

油气井测试按测试部位的不同可分为井口测试和井下测试。井口测试是指利用测试仪器在采油/气树的油压表补心或套压表补心处进行测试，如：利用井口压力计进行测试可直接得到油气井井口油压、套压的压力温度资料；利用回声仪进行测试可获得油管内或油套环空内的液面或异物信息。井下测试是指测试仪器通过钢丝或电缆牵引传送到油气井井下预定深度进行的测试，可进行井下压力温度资料的录取、井下高压物性取样以及井下绳索作业等。按测试内容可划分为常规测试和特殊测试。常规测试主要包括井下静压温梯度测试、井下流压温梯度测试、井口测试、井下取样、井下探砂面等。特殊测试是指需要方案的测试，如压力恢复测试、压力降落测试等。

二、油气井测试发展历史

油气井测试是油气藏工程的组成部分，它涉及油层物理、储层物性、流体性质、渗流理论、计算机技术、测试工艺和仪器仪表、设备等各个领域，是勘探开发油气田的主要技术手段和基础工作之一。油气井测试是一门新兴的综合性学科，与其他学科相比还很年轻。

半个多世纪以来，从用一支记录笔仅能记录井下最高压力的一种简单的波登管压力计，发展到现在，压力计的设计和制造已十分精细，并日臻完善。由记录、走时和感压三大关键系统组成的机械压力计已能录取井下压力变化的各种特征，测量压力的精度已达到 0.2%，井下工作时间可达 360~480H，其工作温达到 150~370℃，种类已达几十种之多。近 20 年来，随着计算机技术的飞速发展，计算机技术也应用到油气井测试领域。20 世纪

60 年代末，美国 HP 计算机公司研制成功了世界上第一支石英晶体电子压力计，测量精度达到 0.025%，灵敏度达到 0.00014MPa，采样速度达 1 个测点/S。石英电子压力计可遥控测试，井下压力变化可从地面二次仪表观察，测试时间的长短可根据需要控制，这样就显著地提高了油气井测试分析的有效性。目前电子压力计已有几十种，有的可在地面直读井下压力、温度参数，有的可将录取的资料在井下储存起来，仪器取到地面后再进行回放等。迄今为止，石英晶体压力计仍是精度和灵敏度最高的一种。这类高精度电子压力计的出现，进一步拓宽了油气井测试技术的应用领域。

油气井测试理论半个世纪以来有了很大的发展。20 世纪 40 年代以前，人们只认识到测静压。之后，发现静压的测取与关井时间有关，以及压力恢复时间的长短反映了井周围地层渗透性的好坏等现象。1933 年穆尔（More）等人最早发表了利用压力动态数据确定地层渗透率的论文。1950 年两篇文章的问世奠定了现代试井理论的基础。一篇是霍纳（Horner）发表的，提出用图解法解释测试的压力资料，即压力恢复值与生产时间加关井时间的和，除以关井时间的对数值呈线性关系。另一篇是米勒（Miller）、戴斯（Dyes）、哈钦森（Hutchinson）合著的，提出压力恢复值与关井时间的对数呈线性关系。这两种方法是我们沿用至今的霍纳法和 MDH 法。一般来说，前者适用于尚未全面开发油田的新油气井，后者适用于老油气井。这就是通常称之为常规油气井测试分析的方法。油气井测试理论的发展与计算机应用技术的结合，使油气井测试分析方法形成了一套比较完善的现代油气井测试分析方法，即图版拟合解释法。国外专家发表了一系列典型曲线，如 1970 年雷米（H. J. Ramey, J.）发表无限大均质地层中，一口具有井筒储存和表皮效应井的典型曲线；格林加登（A. C. Gringarten）等发表了具有垂直裂缝井的典型曲线；20 世纪 80 年代以来，国内外一批学者、专家编制了各种类型的油气井测试解释软件，在计算机的辅助下，不同条件的压力特性数值解可以准确完善地反映均质或非均质系统的动态特征。目前，国内许多油田已应用油气井测试解释软件进行油气井测试分析，求解测试层的各项参数。

随着油气井测试技术的不断发展，其在勘探开发油气藏中的应用也越来越广泛，尤其是在地层测试方面，如电缆地层测试和钻柱地层测试。电缆地层测试是 20 世纪 50 年代中期发展起来的新技术。1955 年斯伦贝谢（Schlumberger）测井公司制造出第一台电缆地层测试器，起初是为了抽取地层流体样品，以验证测井资料的可靠性，随着测试工具的改进，电缆地层测试已具有油气井测试功能，60 年代投入工业性使用。之后，斯伦贝谢公司又研制了一次下井可进行多点测试的工具，称为重复式电缆地层测试器（简称 RFT）。目前世界上还有 FMT、SFT 等不同类型的重复地层测试器，可测得井筒内纵向上的压力剖面。重复式地层测试工具是一种功能独特、用途广泛的测试技术，对于判断测试层的垂向水动力场和确定油气水界面位置具有重要作用。钻柱测试技术的发展比油气井测试测压和电缆地层测试更为早些。但随着油气井测试技术的兴起，在测试管柱中安装了压力计，并定名为"DST"。为了保证成功地进行地层测试，国外各公司，如哈里伯顿（Halliburton）公司和江斯顿（Jahuston）、斯伦贝谢（Schlumberger）公司等，积极改进地层测试器，并不断完善，使钻柱地层测试成为勘探评价的重要工具。

我国油气井测试技术的应用始于 20 世纪 50 年代中期，玉门油田是我国最先开展试井工作的油田。20世纪60年代初，大庆油田的发现和开发过程中，十分重视录取第一手资料，充分利用压力资料指导了油田开发，这一期间我国油气井测试技术有了迅速的发展。童宪章、王德民研究总结了适合大庆油田的试井分析实用方法。童宪章总结自己多年的实践经验，编写了《压力恢复曲线在油气田开发中的应用》一书，指导了我国油气井测试分析工作的开展。20世纪80年代以来，随着国外先进技术的引进，油气井测试工作有了较大的发展。油气井测试工作领域由开发扩展到勘探，由生产井、注水井测试扩展到探井测试，由单井测试扩展到一定控制面积内的测试。在测试工具仪表装备方面，电子压力计的引进，促进了国产井下仪表的发展，除了机械式压力计的性能指标不断完善提高外，振弦式、固阻式等电子压力传感器也研制成功并投入使用。钻柱地层测试器在引进的基础上也逐步实现国产化，电缆地层测试器的研制也取得初步成果。

综上所述，可以看出，油气井测试技术是认识油气藏，进行油气藏评价和生产动态监测，以及评估完井效率的重要手段。油气井测试所录取的资料是各种资料录取方法中，唯一在油气藏处于流动状态下所获得的信息；资料的分析结果最能代表油气藏的动态特性。目前，应用油气井测试手段可以确定油气藏压力系统、储层物性、生产能力，进行动态预测，以及判断油气藏边界和估算储量等。随着我国油气井测试技术应用深度和广度的拓展，油气井测试在油气藏勘探开发中的重要地位将愈加明显。目前，油气井测试技术在国外以及我国海上油田的应用已相当普遍。油气井测试已成为完井交井工作中必不可少的工作程序和步骤。油气井测试资料是进行油气田评价和编制油田开发方案时必须提供的资料。充分利用测试资料指导部署探井和调整井，提高探井的成功率和调整井的有效率，要比单一用钻井的方法经济得多。

川渝地区气田由于大多具有井深、压力高、温度高等特点且普遍含H_2S、CO_2和Cl^-等强腐蚀性介质，加上气田高度分散、战线长且山高路险，油气井测试工作量和难度大，这些因素共同造就了技术素质和思想素质高的油气井测试队伍。对高压（井口压力35.0MPa以上）、超深井（5000m左右）的井下油气井测试作业，该地区的油气井测试队伍具有丰富的作业经验。在川东地区高压、含H_2S气井成功进行了几百余次井下测温测压、产能油气井测试和不稳定油气井测试等作业。作业井最高井口压力达到80.0MPa，仪器下入深度最深达近7km，压力计停点井斜角最大达53°，井下测试时开井产量最高达$143×10^4 m^3/d$，H_2S含量最高达14%，作业均获得成功。高压、高产、高含H_2S的罗家11H水平气井钢丝试井作业成功，属国内首次。

第二节　油气井测试主要内容

油气井测试作为油田开发过程中的一种作业，是用专门的仪表定时测量部分生产井和注入井的压力、产油、气量与含水量的相对变化及温度等的一种方法。油气井测试的目的是：(1)监测井的生产状况是否正常；(2)测定生产层的水动力学参数；(3)分析油气藏的动态，做出预测。油气井测试通常采取井口测试、钢丝测试、电缆测试3种方式，其中井口测试能进行井口油套压和真重的录取、井口压力温度连续监测、油管内和油套环空液面或异物探测以及机抽井测示功图绘制等。钢丝测试是用录井钢丝作为载体将压力计下至井内预定位置，以测取井内压力、温度等资料，该工艺是目前应用最多的油气井测试工艺之一。油气田大部分井的流压、静压测试都采用此工艺。钢丝测试还可进行井下工具的投捞作业，如井下开关滑套、井下节流器的坐放和打捞维护等。钢丝测试主要还是用于井下压力温度测试，其中包括通井、探砂面、井下流动压力温度测试、井下静止压力温度测试、井下取样、井下稳定试井、井下不稳定试井（测井下压力恢复曲线、测井下压力降落曲线、井间干扰测试等）。电缆测试则是用电缆作为载体将压力计下至井内预定位置，在地面上读取井内压力、温度等资料，还可利用电缆进行测井相关工作，如井下油套管腐蚀监测、井下摄像等测试。该工艺对于资料录取品质的提高有很大贡献，可直观地了解井下压力温度的实时情况，相比钢丝测试来说，电缆测试的优点在于测试结果的实效性得到了增强，可节约测试时间，但缺点是测试工艺复杂，风险控制环节多，人力、物力消耗大。

以上提及的所有测试实际上都是为动态监测服务的。动态监测是油气田开发整个过程中的一项系统工程和基础工作，它贯穿于油气藏开发的始终。所谓动态监测，就是运用各种仪器仪表，采用不同的测试手段和测量方法，测出油气田开发过程中动态和静态的有关资料，动态监测包含了试井、测井、采油、采气、分析化验等相关作业，为油气田动态分析和开发调整提供第一手科学数据。

油气田动态监测的内容，大致分为以下几类：地层压力监测；流体流量监测；流体性质监测；油气层水淹监测；采收率监测；油气水井井下技术状况监测。动态监测对象主要包括生产井、排水井、凝析气田注气井、观察井以及气田水回注井等，监测内容主要包括压力、温度、产量、产出剖面、流体性质及组分、气水界面和边界监测等。动态监测类型可分为日常监测、常规监测和特殊专项监测三大类。

一、日常监测内容

依托现有的地面采气工艺流程即可完成动态监测，此工作主要是采油气井场的操作员工利用安装在采油树及采输设备上的压力表、压力变送器、差压流量计、温度计等计量设备仪器定期读取数据，完成资料的录取和收集。如井口压力、温度和产量监测等工作，不需要专门的施工作业装备和队伍，这类动态监测归类于日常监测。

二、常规监测内容

油气藏在开发过程中，油气藏内流体不断运动，流体的分布就不断发生变化，而这种变化取决于油气层性质和油气层压力。但油气层性质的不均质性或地质构造的特点决定了油气层压力的差异，从而导致油气藏内各部位流体运动存在差异。因此，研究分析油气层压力的变化是十分重要的。油气层压力监测要求在油藏开发初期就测得油藏的原始油层压力，绘制出原始油层压力等压图，以确定油藏的水动力学系统；开发以后，每间隔一段时间（一个月或一季度），定期重复测定油气井地层压力，绘制地层压力分布图。这样，通过不同时期的压力对比，可以比较简单而又直观地了解油气层压力的重新分布和变化情况。

油气藏开发过程中，流体的性质影响流体在地下的流动，同时也与地面集输系统的设计有关，因此，必须对流体性质进行监测。开发初期要进行高压物性取样，使取得的样品能够保持原始地层油气状态，然后对样品进行实验室测验，求得原始气油的高压物性资料。根据这些资料，绘制出油气藏饱和压力平面分布图和等原始气油比图，掌握原始油气地下黏度、密度、体积系数、溶解系数。另外，还要通过深井取样对天然气进行分析化验，确定其组分和性质。地下水要确定水的类型、矿化度和氯离子含量。在深井取样的同时，也要对流体进行井口取样，通过化验，掌握在地面条件下油、气、水的物理性质。在开发过程中，仍然要定期对油、气、水进行井口取样化验，以确定流体性质的变化。

此类监测，如井筒静温、静压、流温、流压梯度监测，流量监测，取样、流体组分分析等，需要专门的施工作业装备和队伍来完成，作业应具备相关岗位操作卡和作业指导书，不需要在监测作业施工前做作业设计，油气井测试要完成的常规监测内容主要如下。

（一）井下压力测试

井下压力测试是通过钢丝或电缆牵引压力计下入井内预定深度进行的测试。在油气井开发状态下测取的产层压力称为井底流动压力。在油气井关井状态下测取的中部井深压力称为井底静止压力，从未生产过的井测取的井底静止压力称为原始地层压力，已生产的井测得的产层压力为目前地层压力。

为了测取精确的地层压力，最好的方法就是将压力计直接下到产层深度进行测试，但由于各种测试或工艺上的原因，往往不能直接将压力计下到产层深度进行测试，因此就通过对不同深度的压力进行测试后计算出不同深度之间的压力梯度，再通过压力梯度换算出产层深度的压力并作为地层压力。为了减小误差，通常在计算产层压力的时候，都是取最接近产层深度的那个压力和压力梯度进行计算，如果测试结果计算出的压力梯度有突变值，还应考虑井内有液面的存在，计算产层压力时应考虑测试井的实际情况、压力以及压力梯度值，如：通过压力梯度值判断，确定有纯液柱梯度，可直接利用该梯度计算；若只测试出混合梯度的，则要用纯液梯度来计算。通过井下不同深度的测试结果，计算出不同深度之间的压力梯度，通过压力梯度突变值判断是否存在液面，再通过不同深度测试的压力值以及压力梯度值计算出井下液面深度。

（二）井下温度测试

井温是油气田动态监测中必不可少的一个测量参数，几乎所有的电子压力计都包含此项测量内容。准确的井温测量对于地质资料解释和油气井监测等都具有十分重要的意义，尤其在稠油热采工艺中，井温的监测显得尤为重要。目前常规的井温测量方法与井下压力测试的方法一致。由于每种测量仪感温传感器的安装位置不同，传感器的热平衡时间也不同，传感器的移动会影响井下原始温度场的分布，根据温度传感器感温特性，来规定测温的停点时间。受温度传感器工艺的影响，无法在特高温、特高压环境下对井下的温度场分布进行长期的监测。

通常井下温度测试主要是在测井下流压、静压的同时测井底（油气层中部）最高温度、井温剖面等。

（三）井下取样

在钻井、试油过程中通常会在井筒内取样进行流体性质和成分分析，生产井、井口（分离器）若发现有水，则需取样作半分析化验，若发现有边水存在的井，还需进行井下取样做地下水溶解气量实验及油气层条件下的黏度实验，根据需要有些井还要进行井下高压物性取样。

井下取样的操作流程与井下压力测试操作工艺类似，只是测试压力计换成井下取样器，利用钢丝牵引下放至预定深度进行取样，将井下介质储存在取样筒中，随钢丝上起至井口，在地面进行转样操作。根据取样器的不同，操作程序也有所不同。对于一些新井还应进行高压物性取样，所谓高压物性取样是指在保持原始压力和温度条件下对样品进行分析。即新井在测取原始地层压力后，进行第一次高压物性取样，稳定试井后进行第二次取样，以后 1~2 年进行一次高压物性取样。

（四）通井和探砂面

通井是对井径的检查，通过通井规通井，了解井筒是否能够顺利通畅地下入各种井下工具，是一种最直接、简单、方便的井筒检测手段。常规来讲，油气井测试作业都是由通井开始的，在做任何测试作业前，比如井下压力温度测试、井下取样等，在下仪器或下工具之前，都必须先下一趟通井规。确保井内无卡点、井眼通畅后，才进行油气井测试。这里的通井作业实际上就是利用通井工具串模拟仪器串在井筒内运行，确保井筒通畅后才能进行下一步的测试工作。因此要求通井工具串的外径和长度必须大于仪器串的最大外径和长度，尽可能接近仪器串的外形尺寸。探砂面则是利用通井规入井下到砂面处遇阻，此时的遇阻深度即为砂面深度。

还有一些特殊作业的通井，则是利用通井规进行清管，通常会附带震击器一起进行通井，可将井筒内的污物清除，确保下井工具的顺利入井，如绳索作业前的通井作业。

三、特殊专项监测内容

根据录取资料的类型划分，特殊专项监测包括压力、温度、产量、注入量、流体性质、工程测井及工艺措施井工况参数等监测内容，其中，以井下录取资料的专项监测方式居多。根据监测目的划分，特殊专项监测包括产能评价、渗流特征诊断、动态储量计算、水侵影响判断、井间和层间连通性分析、探边、产出剖面分析、井筒流体分布分析、井筒工况分析等监测内容。

特殊专项监测同样需要专门施工作业装备和队伍，同时需要在监测作业施工前做作业设计，如：油气井测试、生产测井、工程测井等。这里主要针对油气井测试方面的知识进行讲述。

油气井测试是对油气井的一种现场试验方法，是认识气藏动态特征和油气井动态的重要手段。

流体在地下的渗流是不稳定状态的油气井测试称为不稳定油气井测试。不稳定油气井测试有压力恢复测试和压力降落测试。

流体在地下的渗流是稳定状态的试井称为稳定油气井测试，按其录取资料要求的不同有正常回压法油气井测试、不能关井的回压法油气井测试和一点法油气井测试，它适用于高、中渗透性能的油气井。等时油气井测试是在不稳定渗流状态下的油气井测试，但它是按回压法油气井测试的方法求取产能的，故也列入回压法油气井测试，它对高、中、低渗透性油气井都适用，主要用于低渗透性能的油气井。

（一）井下压力恢复测试

井下压力恢复测试就是在稳定生产状态下，将压力计下至目的深度，测取关井后压力随时间的变化数据，通过取得的井下压力恢复测试数据进行解释可求得地层压力、地层温度、地层有效渗透率、表皮系数、井筒储存系数、探测气藏边界等参数。

压力恢复测试一般要求关井前，油气井以恒定产量生产，当油气井的井底压力达到稳定状态后，再关井测量井底压力随时间的变化数据。

（二）井下压力降落测试

压力降落测试是在油气藏压力已稳定后开井生产，油气藏压力下降，这时测量油气井的产量、井底流动压力随时间的变化。

压力降落测试适用于新投产或不具备关井条件的井，一般以恒定的产量生产，进行压力降落的试井测试。此方法还可用于回注井的测试，当一口井以恒定注入量注入时，瞬间关井，测量关井前的注入量和关井后井底压力随时间降落的一种测试方法。

（三）井下稳定油气井测试

稳定油气井测试也可称为产能油气井测试。井下稳定油气井测试是在井底压力稳定并接近地层压力时，将压力计下放至目的深度后，开井生产，依次改变井的工作制度，待每种工作制度下的生产处于稳定时，测量其产量和压力及其他有关资料；然后根据这些资料绘制指示曲线、系统油气井测试曲线、流入动态曲线；得出井的产能方程，确定井的生产能力、合理工作制度和油藏参数。

（四）井下干扰测试

油气井测试时，一般以一口中心井作激动井，同时观测周围几口邻井。激动井改变工作制度，引起地层压力变化（常称为"干扰"信号）。在观测井中下入高精度的压力计测试，记录因激动井工作制度改变造成的地层压力变化。从观测井能否接收到"干扰"压力响应，便可判断观测井与激动井之间是否连通，从接收到的压力变化规律及时间，可以计算井间的流动参数等。

干扰油气井测试是最常用的多井油气井测试，通常测试前将激动井与观测井提前关闭或保持某一工作制度恒定不变，在观测井中下入压力计，测井底压力变化趋势，而后再开或关激动井，造成干扰源，改变激动井的工作制度，应尽可能地增大激动井的产量变化值（常称"激动量"），使得观测井能接收到尽可能大的压力变化值（常称"干扰"值）。依据储层和生产情况决定测试时间。

通过干扰油气井测试可以确定激动井与观测井之间地层连通性，由此可以解决许多与之有关的问题。

对于纯气井（即干气井、井内无积液的井）可通过井口测试来完成上述的测试工作。

第三节 油气井测试工基本素质

油气井测试工是操作并管理试井测试仪器、仪表及配套设备，按测试工艺流程进行作业，对油、气、水井进行各类资料采集、整理及井下绳索作业的操作人员。从事该行业的操作人员大部分时间在野外，部分在室内作业。野外作业大都是在采油气井站场进行高处带压作业，长期工作在易燃、易爆、有毒、有噪声的环境下，因此要求油气井测试工必须身体健康，具有一定的理解、表达、分析、计算、判断能力和形体知觉、色觉、听觉、嗅觉能力，动作协调灵活。本职业共设五个等级，分别为：初级（国家职业资格五级）、中级（国家职业资格四级）、高级（国家职业资格三级）、技师（国家职业资格二级）、高级技师（国家职业资格一级）。

一、油气井测试工应掌握的基本知识

（一）石油地质基础

（1）油气藏和油气田的基本知识；

（2）储油气层主要物性。

（二）钻井地质基础

（1）钻井的基本概念；

（2）钻井质量对油气井的影响；

（3）油气井的完井方法及其对采油、采气的影响；

（4）井身结构、油管串结构和井口装置。

（三）流体的主要物理化学性质

（1）流体的组成和分类；

（2）流体的主要物理化学性质；

（3）油气田水的主要物理化学性质。

（四）试井基础知识

（1）产能试井基础知识；

（2）不稳定试井基础知识。

（五）管理基础知识

（1）生产工艺流程基础知识；

（2）录取整理资料知识；

（3）油气田开发基础知识。

（六）测试仪器仪表及配套设备维护保养知识

（1）仪器仪表维护保养基础知识；

（2）配套设备维护保养基础知识。

（七）常用工具及机械基础知识

（1）常用工具使用基础知识；

（2）机械加工基础知识。

（八）石油天然气安全、消防、环保基础知识

（1）安全操作规程；

（2）防火、防爆、防中毒、防雷、防电知识；

（3）常用消防器材使用、保养知识；

（4）测试作业环保基础知识；

（5）HSE 管理体系知识。

（九）常用法定计量单位的概念及换算

（1）国际单位制基本单位；

（2）基本单位换算。

二、油气井测试工工作要求

对初级、中级、高级、技师、高级技师的要求依次递进，高级别包括低级别的要求。

（一）初级工

1. 知识要素

（1）掌握油气田开发的基础知识；

（2）掌握常规油气井测试的原理、方法、工艺流程和技术要求；

（3）熟悉油气井压力、温度、液面的测量原理以及测试岗位的操作规程、技术标准和安全生产规定；

（4）掌握常规油气井测试的资料质量标准和测试作业的技术要求；

（5）熟悉油气田的防火、防爆、防毒的安全知识；

（6）了解电工、钳工的基本知识；

（7）掌握试井绞车的工作原理和技术规范；

（8）掌握常用试井测试仪器仪表的工作原理和操作规范。

2. 技能要求

（1）能录取油气井测试资料；

（2）会操作、维护、保养常规测试仪器、仪表；

（3）能测取压力、温度、液面、砂面数据，计算产层压力和温度；

（4）能看懂螺栓、接头等简单的机械零件图；

（5）会换算有关的法定计量单位。

3. 工作实例

（1）根据试井装备及工具串工作外径，选择合适尺寸的扳手和管钳，正确使用；

（2）绕制普通型录井钢丝绳结；

（3）根据测试井口压力及入井工具串的几何尺寸，合理组装井口防喷装置；

（4）操作试井绞车；

（5）现场组装工具串；

（6）现场组装调试井下压力计；

（7）佩戴正压式呼吸器进行常规操作和救护；

（8）使用灭火器扑灭初期火险；

（9）正确填写各类现场测试记录表。

（二）中级工

1. 知识要素

（1）熟悉油气田的油气井测试工艺原理及测试的基础理论知识；

（2）掌握现场高压油气井的油气井测试作业方法、步骤、技术要求和安全措施，了解过油管等特殊试井作业方法；

（3）熟悉常用油气井测试仪器仪表装备的结构、工作原理及检定规程；

（4）掌握电缆测试相关知识；

（5）掌握技术经济指标的意义及计算方法；

（6）了解机械原理、力学、电工学的有关知识；

（7）熟悉全面质量管理的知识。

2. 技能要求

（1）会分析、判断、处理油气井测试作业的常见故障，并提出处理措施；

（2）能用油气井测试资料分析、判断油气井生产状况，并提出合理开采建议；

（3）能熟练地对油气井测试仪器、仪表进行安装、调试和质量检查；

（4）能看懂机械装配图，并能熟练地装配、拆卸；

（5）能对试井绞车及部位进行拆卸、调试、安装；

（6）能参与电缆测试作业；

（7）能操作各类电子压力计和取样器。

3. 工作实例

（1）整理和分析油气水井的测试资料；

（2）绕制圆盘形录井钢丝绳结；

（3）操作电缆绞车；

（4）组装电缆测试工具串；

（5）各类电子压力计和取样器的操作。

（三）高级工

1. 知识要素

（1）掌握特殊油气井的采气测试方法；

（2）掌握钻井、试油、修井的一般知识；

（3）掌握常用金属材料性质及防腐方法；

（4）掌握有关电子电路的基本知识；

（5）掌握井下工具的工作原理、结构和维护保养知识；

（6）掌握油气井测试的工艺技术。

2. 技能要求

（1）能根据测试资料提出油气井修井和增产措施建议；

（2）能对不同的油气井提出测试方案；

（3）能熟练地调试和鉴定测试装备、仪器的性能，并排除存在的故障；

（4）能绘制油气井测试仪器仪表的装配示意图；

（5）熟练地进行电缆测试作业；

（6）熟练地进行井下投捞作业；

（7）能根据系统测试资料，提出油气井工作制度。

3. 工作实例

（1）验收和识别油气井测试资料；

（2）组织一口复杂的油气水井试井作业，并写出测试报告；

（3）参与电缆测试各岗位作业；

（4）独立进行井下投捞的绞车操作；

（5）对所使用的测试设备、仪器、仪表的性能作出鉴定并得出结论。

（四）技师

1. 知识要素

（1）熟悉油气井测试相关的国家、行业、企业标准和规范；

（2）掌握油气井测试基础理论和知识；

（3）掌握机械制图方法和机械制图原理；

（4）熟悉企业的 QHSE 管理体系；

（5）了解油气井测试新工艺、新技术；

（6）熟悉各类应急预案和处置措施。

2. 技能要求

（1）能组织完成各种测试任务；

（2）能解决测试中出现的技术问题；

（3）能分析事故发生的原因，并制定事故的处理措施与方法；

（4）能组织完成井下落物的打捞工作；

（5）能制作测试资料图表，分析测试资料质量；

（6）能进行各类简单部件的机械制图；

（7）能依据施工计划组织实施现场测试；

（8）能发现生产运行过程与现行管理体系相冲突的问题，并提出相应的建议措施；

（9）掌握试井新工艺、新技术，能对仪器设备进行简单的技术革新改造；

（10）能进行油气井测试初、中、高级工的培训；

（11）能编写 HSE 作业文件和油气井测试应急方案。

3. 工作实例

（1）组织完成油气井测试；

（2）处理井下事故；

（3）分析测试资料；

（4）绘制机械加工图；

（5）判断试井仪器故障；

（6）操作井下投捞工具；

（7）革新技术；

（8）进行油气井测试工的技术培训；

（9）编写 HSE 作业文件和油气井测试应急方案。

（五）高级技师

1. 知识要素

（1）熟悉各种仪器仪表的结构、性能、工作原理以及仪器仪表标定的有关知识；

（2）掌握机械制图和机械原理有关知识；

（3）熟悉质量管理体系相关知识；

（4）掌握油气井测试新工艺、新技术；

（5）熟悉设计要求、规范和应用规程；

（6）了解论文撰写规范；

（7）掌握简单的专业英语词汇；

（8）掌握油气井测试安全评估及风险控制削减相关知识；

（9）熟悉 HSE 作业文件和油气井测试应急方案的审定要求。

2. 技能要求

（1）能分析和排除仪器仪表在使用中发生的复杂故障；

（2）能对仪器仪表进行质量判定；

（3）能设计制作井下打捞工具；

（4）能组织引导测试操作人员参加全面质量管理，贯彻执行质量责任制；

（5）能对测试资料的质量进行鉴定；

（6）能编写 HSE 工作计划书、岗位作业指导书、HSE 现场检查表；

（7）能解决测试中出现的技术难题，进行事故的判断处理；

（8）能推广应用新技术、新工艺、新设备等，并能编写新技术推广应用技术总结报告；

（9）能协助其他科研人员进行科研项目攻关；

（10）能撰写有关技术论文和独立编写各种测试技术总结报告；

（11）能借助词典查阅简单外文专业资料；

（12）能组织开展系统的油气井测试初、中、高级工、技师的专业技术培训；

（13）能编写测试理论知识和编写油气井测试工培训教程；

（14）能够对油气井测试作业安全状况进行综合评估，并提出风险削减措施；

（15）能够对 HSE 作业文件和油气井测试应急方案进行审定。

3. 工作实例

（1）管理试井仪器仪表；

（2）设计制作井下打捞工具；

（3）油气井测试生产和质量方面的管理工作；

（4）革新技术的推广应用；

（5）撰写技术报告和论文；

（6）技术难题攻关；

（7）进行油气井测试工的技术培训；

（8）编制 HSE 作业文件和油气井测试应急方案，并参与审定。

习　题

简答题

（1）什么是油气井测试？

（2）常规测试的主要内容？

（3）油气井测试的目的？

（4）目前动态监测分别有哪几类？

（5）什么是井下压力恢复测试？

（6）油气井测试工的定义是什么？

（7）油气井测试工职业共设几个技术等级，请分别说明？

（8）了解油气井测试工各等级工作要求。

第二章

油气井测试基础知识

第一节　油气田和油气藏

一、油气的成因

石油和天然气的成因问题，是石油地质学界的主要研究对象之一，也是自然科学领域中争论最激烈的一个重大研究课题。多年来，这一问题一直吸引着国内外地质学家、生物化学家和地球化学家。18 世纪 70 年代以来，对油气成因问题的认识，基本上可归纳为无机生成和有机生成两大学派。当时，实验室研究成果对两大学派都起了很大作用，人们模拟实际地质情况开展实验室研究，根据各自获得的烃类的各种化学反应，并结合油气勘探和开采中所取得的资料进行地质推论，产生了各种假说。

石油的"无机成因"学说在 18 世纪末至 19 世纪中期曾一度占主导地位。到了 20 世纪，随着科学的发展和实践的检验，"无机成因"学说暴露了它的片面性和致命的弱点。相反，石油"有机成因"学说则占了优势地位，并富有成效地指导了世界油气勘探实践。现在证明，天然气可分为无机成因气和有机成因气，但石油是有机成因的。

在若干万年前，陆地上和海洋中的生物随着地球的演变和自然环境的变化逐渐死亡，并随着泥沙被水流搬迁到海盆地或湖盆地，日复一日，一层又一层地沉积到盆地中，形成有机污泥。地壳的运动促使盆地不断下降，含有机质的泥沙不断沉积，先沉积的有机污泥被后沉积的泥沙覆盖，与空气隔绝。在这种缺氧的还原环境中，有机质在高温、高压、放射性元素、厌氧细菌、催化剂等多种因素的共同作用下，经过一系列复杂的物理和化学变化，逐渐变成石油和天然气。大量的实践证明，石油和天然气往往是伴生的。但有的地方只有油而无天然气，或者只有气而未见油，这说明石油和天然气在成因上既有联系又有一定的区别。越来越多的资料表明，只要有丰富的有机质，就可能生成天然气，地层内储集的天然气有近 90% 是煤系的变质产物，煤在变质过程中，变质程度越高，产生的天然气越多。天然气和石油在成因上有共性，但又各有特点，天然气生成的条件没有石油严格。无论原始物质和生成环境如何，生成天然气比生成石油更普遍、迅速、容易，而且石油也可以演变为天然气。具备生油气条件，且能生成一定数量的油气的地层称为生油气层。生油气层是有机物堆积、保存，并转换成石油、天然气的岩层。它们的颜色一般较深，含有丰富的有机质和生物化石。

油气层中生成的石油和天然气开始是零星分散的，后来受压力差、毛细管力、浓度扩散、地壳运动等因素的作用，逐渐向邻近具有一定空隙或裂缝的地层移动，并储存在这些地层中。油气在地层中的移动，称为油气运移。能使石油和天然气在空隙（孔、洞、裂缝）中流动、聚集和储存的岩层称为储层，储集石油的岩层称为储油层，储集天然气的岩层称为储气层。油气勘探实践表明，储层可能是生油气层，也可能不是生油气层。如黏土岩层是很好的生油气层，但它不是储层，而是保存油气的良好盖层和底层。砂岩层是储层。碳酸盐岩层是生油气岩层，也是良好的储层。四川盆地地层层序见附件一。

二、油气藏和油气田

（一）油气藏

油气藏是油气在单一圈闭中的聚集，具有统一的压力系统和油水界面，是油气在地壳中聚集的基本单位。圈闭中只聚集了油，就是油藏，只聚集了气，就是气藏；既有油又有气，则为油气藏。所谓工业性油气藏是指油气聚集的数量足够大，具有开采价值的油气藏，一般用单井日产油量来衡量。如陆上 3000m 井深，工业油流标准为 3t／日·井；海上 3000m 井深，工业油流标准为 30t／日·井。工业性和非工业性的划分标准是相对的，它取决于一个国家的油气资源丰富程度及工艺技术水平。

油气藏按圈闭的成因分为：构造油气藏，包括背斜油气藏、断层油气藏、裂缝性背斜油气藏和刺穿油气藏；地层油气藏，包括岩性油气藏、地层不整合油气藏、地层超覆油气藏和生物礁块油气藏；水动力油气藏，包括构造型水动力油气藏和单斜型水动力油气藏；复合油气藏，包括构造—地层复合油气藏、构造—水动力复合油气藏、地层—水动力复合油气藏和构造—地层—水动力复合油气藏。除上述分类外，还有过去流传较广的布罗德分类。布罗德分类根据储层的形态把油气藏分为：层状油气藏，包括背斜穹窿油气藏和遮挡油气藏；块状油气藏，包括构造突起油气藏、侵蚀突起油气藏和生物成因突起油气藏；不规则油气藏，包括在正常沉积岩中的透镜体油气藏、在古地形凹处的砂岩体油气藏、在孔隙度和渗透率增高地带中的油气藏以及在古地形的微小突起中的油气藏。

油气藏物性是指油气储层的岩石物理性质、储层内流体的物理化学性质及其在地层条件下的相态和体积特性，以及岩石—流体的分子表面现象和相互作用，油、气、水的驱替机理等。研究油气藏物性可为油气田开发设计、开发动态分析，以及提高最终采收率提供参数和依据，因此是油气田开发重要研究课题之一。

石油和天然气在形成初期呈分散状态，存在于生油气地层中，它们必须经过迁移、聚集才能形成可供开采的工业油气藏，这就需要具备一定的地质条件。这些条件概括为"生、储、盖、圈、运、保"六个字。

生油气层：具备生油条件的含油气的地层。它富含有机质，是在还原环境下沉积的，结构细腻、颜色较深，主要由泥质岩类和碳酸盐类岩石组成。生油气层可以是海相的，也可以是陆相的。另外生油气层必须具备一定的地质作用过程，即达到成熟，才能有油气形成。

储层：能够储存石油和天然气，又能输出油气的岩层。它具有良好的孔隙度和渗透率，通常由砂岩、石灰岩、白云岩及裂隙发育的页岩、火山岩及变质岩构成。

盖层：覆盖于储油气层之上、渗透性差、油气不易穿过的岩层。它起着遮挡作用，防止油气外逸。页岩、泥岩、蒸发岩等是常见的盖层。

圈闭：储层中的油气在运移过程中，遇到某种遮挡物，使其不能继续向前运动，而在储层的局部地区聚集起来，这种聚集油气的场所就叫圈闭。如背斜、穹隆圈闭，或断层与单斜岩层构成的圈闭等。

运移：油气在生油气层中形成后，因压力作用、毛细管作用、扩散作用等，转移到有孔隙的储油气层中。一般认为转移到储油气层的油气呈分散状态或胶状。由于重力作用，油气质点上浮到储油气层顶面，但还不能大量集中，只有当构造运动形成圈闭时，储油气层的油、气、水在压力、重力以及水动力等作用下，继续运移并在圈闭中聚集，才能成为有工业价值的油气藏。

保存：油气要保存，必须有适宜的条件。只有在构造运动不剧烈、岩浆活动不频繁、变质程度不深的情况下，才利于油气的保存。相反，张性断裂大量发育，剥蚀深度大，甚至岩浆活动的地区，油气是无法保存的。

由于重力的作用，油、气、水的分布常常是天然气聚集在上部，气下面是油，油下面是边（底）水。若是纯油藏，则油在上部，水在下部；若是纯气藏，则气在上部，水在下部。以图 2-1 所示的气藏为例，说明有关气藏的基本知识。

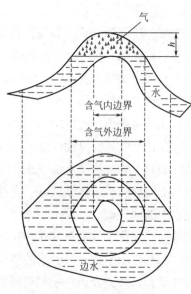

图 2-1　气藏示意图

（1）含气高度（或气藏高度）h：气水接触面与气藏顶部最高点间的高差。

（2）含气内边界：气水界面与气层底面的交线。

（3）含气外边界：气水界面与储气层顶面的交线。

（4）含气面积：气水界面与气藏顶面的交线所圈闭的面积。

油气藏驱动类型依据油藏地质条件可以划分为以下几类：

（1）水压驱动，包括①刚性水压驱动；②弹性水压驱动。

（2）溶解气驱动。

（3）气压驱动。

（4）重力驱动。

（二）油气田

油气田是指受单一局部构造单位所控制的同一面积内的油藏、气藏、油气藏的总和。如果在这个局部构造范围内只有油藏，称为油田；只有气藏，称为气田。

在严格的石油地质含义上，油气田指从地面上看相对独立而且连片分布的工业油气存储的地区或油气聚集的地质体，根据含油、气、凝析气的不同分为油田、油气田、气田、凝析（油）气田。在勘探上，油气田指已获得探明储量的圈闭，仅有油气发现或仅有控制、预测储量的，一般称含油气构造（圈闭）。在勘探开发中油气田概念允许有些变通。如一个基本统一的油田被分割命名。松辽盆地大庆长垣的若干构造高点间油气藏分布连片、有统一的油水界面和压力系统。按照定义它是一个特大型油田，但在实际工作中，为了方便，基本上与每个构造高点相应地称作一个油田，如喇嘛甸油田、萨尔图油田、杏树岗油田等。此外，有时平面上相近（不相连）的两个油（气）藏也可合称一个油（气）田，如四川盆地桐梓园的两个气藏分别位于同一构造上两个被断层分割的高点上，二者在平、剖面上均未相连，但亦合称为一个气田。在行政和经营管理上，常把一个油气区称为油田。在中国它实际是流行的非正规称谓，如大庆油田指松辽盆地北部、黑龙江省内的油气田及其相应的经营管理单位的俗称。

石油地质学家总结实践经验，提出油气田形成要具备生、储、盖、圈四大要素，要经历运移、聚集、保存等过程。生、储、盖、圈四大要素分别是指生油层、储层、盖层和圈闭。生油层生成的油气，运移到储层，再在储层经过横向和纵向运移，进入到圈闭中，即形成油气田。油气田形成后，还要经受地壳运动的"考验"，有的油气田的盖层或圈闭遭到破坏，油气逸散到地表，有的则保存至今，成为能源生产基地。

油气聚集的场所一般不是油气生成的地方，油气藏是油气经过运移、聚集才形成的。油气田是油气现在聚集的场所。石油和天然气之所以能够聚集起来，是由于这里受局部构造单位控制，形成了各种圈闭。这类局部构造单位可以是穹隆、背斜、单斜、刺穿构造等，在它们控制的范围内往往伴生多种圈闭，从而能够形成多种油气藏。这些受单一局部构造单位控制的同一面积内油藏、气藏的总称，就是油气田。

人们通常所说的大庆油田、胜利油田、四川气田等则主要是针对地理意义上或者是指行政管理单位而言。实际上，他们内部含有多个地质意义上的油田或气田。

对油气田的理解应该包含以下几个概念：

（1）油气田是指石油和天然气现在聚集的场所。

（2）一个油气田总是受某一局部构造单位控制，这个"局部构造"是广义的，它可以是背斜、单斜、断块、盐丘等，也可以是礁块、不整合、古潜山、古沙洲等构造单位。

（3）一个油气田占有一定的面积，这个面积无论大小，总是受单一局部构造单元控制的。

（4）一个油气田产油面积内可以包括一个或若干个油藏或气藏。

气田按其生产过程中显示的特点，可分为干气气田、湿气气田和凝析气田。干气气田的天然气中，几乎不含戊烷以上的组分（或含 0.1%~0.2%）。凝析气田是一种经济价值很高的特殊气田，在开采中可同时采出天然气和凝析油。湿气气田中戊烷以上组分的含量比凝析气田低，在地面条件下，由于温度降低，可分离出少量的凝析油。

（三）储层主要物性

在自然界中，把具有一定储集空间并能使储集在其中的流体在一定压差下流动的岩石称为储集岩。由储集岩所构成的地层称为储集层，简称储层。储层中可以阻止油气向前继续运移，并使油气在其中贮存聚集起来的一种场所，称为圈闭或储油气圈闭。

储层是构成油气藏的基本要素之一。储层必须具备储存石油和天然气的空间和能使油气流动的条件。如储层中储存了油气则称含油气层。绝大多数油气藏的含油气层是沉积岩（主要是砂岩、灰岩、白云岩），只有少数油气藏的含油气层是岩浆岩和变质岩。储层是控制油气分布、储量及产能（给出石油、天然气的能力）的主要因素。

1. 孔隙度

地壳中不存在没有孔隙的岩石，但不同的岩石，其孔隙大小、形状和发育程度是不同的。储层的孔隙（包括裂缝和孔洞）是指岩石中未被固体物质充填的空间。因此，岩石孔隙发育程度直接影响储存油气的数量。岩石孔隙发育程度用孔隙度来表示，即岩石的孔隙体积与岩石体积之比（以百分数表示）。岩石的孔隙度有绝对孔隙度与有效孔隙度之分。绝对孔隙度是岩石孔隙体积与岩石外观体积之比，一般用百分数表示，符号为"$\phi_{总}$"。用公式表示如下：

$$\phi_{总} = \frac{V_{孔}}{V_{总}} \times 100\% \qquad (2-1)$$

式中　$V_{孔}$——岩石孔隙体积，cm^3；

　　　$V_{总}$——岩石外观体积，cm^3。

自然界岩石的孔隙有连通孔隙和不连通孔隙。此外，孔隙的大小也是直接影响油气在其中流动的重要因素。绝对孔隙度只表明了储层中可以容纳油气的孔隙容积占多少，实际上只有那些油气能够在其中流动的孔隙才有意义，这就要引入有效孔隙度的概念。有效孔隙度是岩石中相互连通，油气能在其中流动的孔隙体积与岩石外观体积之比，也用百分数表示，符号为"$\phi_{有效}$"，用公式表示如下：

$$\phi_{有效} = \frac{V_{有效}}{V_{总}} \times 100\% \qquad (2-2)$$

式中　$V_{有效}$——岩石中有效孔隙体积，cm^3；

　　　$V_{总}$——岩石外观体积，cm^3。

一般来说，绝对孔隙度大于有效孔隙度。疏松的砂岩，绝对孔隙度与有效孔隙度差别不大，而致密的砂岩和碳酸盐岩的绝对孔隙度与有效孔隙度差别很大。岩石的类型不同，其孔隙度差别很大，而同类岩石孔隙度变化也很大。砂岩的有效孔隙度一般在10%~25%之间，甚至在5%~40%之间。碳酸盐岩孔隙度一般小于5%。对于同一岩层来讲，孔隙度在纵向、横向上都是变化的。裂缝性储油气层的裂缝发育的部位孔隙度大，而裂缝不发育的部位孔隙度就小。储油气层孔隙度的变化可引起含油气情况出现差异，因此一个油气层，某个地方含油气好，而另一个地方含油气可能变差，甚至不含油气。

2. 渗透率

渗透率是指压力梯度为 1 时，动力黏滞系数为 1 的液体在介质中的渗透速度，是表征土或岩石本身传导液体能力的参数。其大小与孔隙度、液体渗透方向上孔隙的几何形状、颗粒大小以及排列方向等因素有关，而与在介质中运动的液体性质无关。在一定压差下，岩石允许流体通过的性质称为渗透性。渗透性是决定油气层产油气能力最重要的因素。渗透性的好坏可用渗透率来表示，符号为 K。渗透率的数值可用达西直线渗透定律来求得：

$$K = \frac{Q\mu\Delta L}{10A\Delta p} \tag{2-3}$$

式中　K——渗透率，$10^{-3}\mu m^2$；

$\quad\quad Q$——流量，cm^3/s；

$\quad\quad \mu$——流体的黏度，$mPa\cdot s$；

$\quad\quad \Delta L$——流体通过岩石的长度，cm；

$\quad\quad A$——岩石的横截面积，cm^2；

$\quad\quad \Delta p$——岩石两端的压力差，MPa。

当单相流体通过横截面积为 A、长度为 L、压力差为 Δp 的一段孔隙介质且呈层状流动时，若流体黏度为 μ，则单位时间内通过这段岩石孔隙的流体量为：$Q = K\Delta pA/\mu L$。当单相流体通过孔隙介质且呈层状流动时，单位时间内通过岩石截面的液体流量与压差和截面积的大小成正比，而与液体通过岩石的长度以及液体的黏度成反比。

岩石的绝对渗透率是岩石孔隙中只有一种流体（单相）存在，流体不与岩石起任何物理和化学反应，且流体的流动符合达西直线渗滤定律时，测得的渗透率。由于气体受压力影响十分明显，当气体沿岩石由高压流向低压时，气体体积要发生膨胀，通过各处截面积时其体积流量都是变数，故达西公式中的体积流量应是通过岩石的平均流量。

多相流体在多孔介质中渗流时，其中某一项流体的渗透率称为该项流体的有效渗透率，又叫相渗透率。多相流体在多孔介质中渗流时，其中某一项流体在该饱和度下的渗透系数与该介质的饱和渗透系数的比值叫相对渗透率，是无量纲量。

影响渗透率的因素很多，如组成岩石的颗粒大小、圆度、分选和排列情况，孔隙截面积的大小、形状和相互的连通性，岩石的成分（矿物和胶结物），裂缝的发育情况等。一般来讲，颗粒圆度好、分选好，渗透率高。孔隙截面积大、形状单一、连通性好，渗透率高。裂缝越发育，其渗透率越高。有效孔隙度与渗透率关系密切，一般来说，有效孔隙度越大，渗透率也越大。

3. 含油气饱和度

油层的孔隙中含有油的多少，表示油层中储存油的性能，也就是油层的油饱和性能。油层的油饱和性能用含油饱和度表示，又叫饱和度，符号为"$S_{油}$"。含油饱和度是岩石孔隙中含油体积与岩石孔隙体积之比，用百分比表示，计算式如下：

$$S_{油} = \frac{V_{油}}{V_{孔}} \times 100\% \tag{2-4}$$

式中　$V_油$——岩石孔隙中的含油体积，m^3；

　　　$V_孔$——岩石孔隙体积，m^3。

同样道理，可得岩层的含气饱和度 $S_气$ 和含水饱和度 $S_水$。对于有水油藏，$S_油$ 与 $S_水$ 之和为 1。对于有边底水的气藏，$S_气$ 与 $S_水$ 之和也为 1。对于有水的油气藏，$S_油$、$S_气$ 与 $S_水$ 之和为 1。

4. 地层温度

地层温度是指地层中流体的温度，油气层埋藏越深，其温度越高。由于地球内热力场并不一致，不同地区的地层，相同的深度，其地层温度也可能不同。

距离地表越深，地层温度受大气的影响越小，到某一深处（约为几米），地层温度不再受大气影响，这个地层称为恒温层，其温度是恒定不变的。

在恒温层以下，随着地层埋藏深度的增加，地层温度受地球内部地热场的影响也逐渐加大。地层温度每增加 1℃ 时，地层深度增加的距离，叫作地温级率，也称为地热增温率。用符号"M"表示，单位为 m/℃。地温级率的计算式为：

$$M = \frac{H-h}{T_地 - T_恒} \tag{2-5}$$

式中　M——地温级率，m/℃；

　　　H——地层深度，m；

　　　h——恒温层深度，m；

　　　$T_地$——地层温度，℃；

　　　$T_恒$——恒温层温度，℃。

将公式（2-5）变换后，可得地层温度的计算公式：

$$T_地 = T_恒 + \frac{H-h}{M} \tag{2-6}$$

由于地球热力场不均匀等因素的影响，各处地温级率不尽相同，例如玉门油田古（新）近系地层的地温级率为 26m/℃，而四川气田川南的二、三叠系地层的地温级率为 41.5m/℃。

在油气勘探与开发中，经常用到地温梯度，用来表示地层深度每增加 100m 时温度的增加值，用"$T_梯$"表示，单位为℃/100m，计算式为：

$$T_梯 = \frac{100(T_地 - T_大气)}{H-h} \tag{2-7}$$

式中　$T_梯$——地温级率，℃/100m；

　　　H——地层深度，m；

　　　h——恒温层深度，m；

　　　$T_地$——地层温度，℃；

　　　$T_大气$——大气年平均温度，℃。

用式（2-7）也可以计算地层温度。地温梯度在地球各处也是不同的，如四川威远震旦地温梯度为 3.87℃/100m，玉门古近—新近系的地温梯度为 3.8℃/100m。

5. 地层压力

油气层中流体所承受的压力称为地层压力，如果是储油层，亦称为油层压力；如果是储气层，亦称为气层压力。对气层而言，其气层压力是气层能量的反映，它是推动流体从气层流向井筒的动力。未开发的气层中，压力处于平衡状态，气体不流动。一旦投入开发，气井开始生产，气层平衡状态被打破，表现为井底压力低于气层压力，气层与井底之间形成压差，天然气就从气层流入井内，然后再被采到地面来。

1）原始地层压力和压力异常

油气藏未开发前的气层压力称为原始地层压力，用符号"p_i"或"$p_{原地}$"表示，单位为MPa。油气藏上第一口井钻完后，关井测得的井底压力为原始地层压力，它表示油气藏开采前所具有的能量。原始地层压力越高，地层的能量也就越大。气藏在含气面积、储集空间一定的情况下，原始地层压力越高，气藏的储量就越大。

原始地层压力的大小，与其埋藏深度有直接关系。某些统计资料表明，多数油气层的埋藏深度平均每增加10m，其压力增加0.07~0.12MPa。也有少数油气层的压力变化例外，这称为压力异常。埋藏深度每增加10m，其压力增加低于0.07MPa的为低压异常，高于0.12MPa的称为高压异常。

2）目前地层压力

油气层投入开发之后，在某一时间关井，待压力恢复平稳后，所求得的井底压力称为该时的目前地层压力，用符号"p_{is}"或"$p_{目前}$"表示。地层压力的大小反映地层的能量，地层压力下降的速度，反映了地层能量变化的情况，在同一气量开采下，地层压力下降慢的地层能量大。

3）折算地层压力

地层中任一点的压力与埋藏深度有关，构造顶部位置高，压力低；构造底部位置低，压力高。在静态时，各点的能量等于位能与压能之和。因此，压力还不能完全反映地层各点能量的大小，为了便于地层各点间的能量对比，就必须消除位置高差不同带来的位能影响，为此引入折算压力。折算压力是将油气层各点的压力折算到同一平面（基准面）上，从而消除了构造因素的影响。其计算公式如下：

$$p_{折} = p - \frac{H-h}{100}\rho g \tag{2-8}$$

式中　$p_{折}$——折算压力，MPa；

　　　p——地层压力，MPa；

　　　ρ——油气的密度，kg/m³；

　　　H——基准面海拔高度，m；

　　　h——油气层中部海拔高度，m；

　　　g——重力加速度，$g = 9.8\text{m/s}^2$。

4）地层压力梯度

"压力梯度"在工具书中的解释为：沿流体流动方向，单位路程长度上的压力变化。可用增量形式 $\Delta p/\Delta L$ 或微分形式 dp/dL 表示，式中 p 为压力，L 为距离。

"地层压力梯度"在石油行业中的解释：地层压力梯度指从地面算起，地层垂直深度每增加单位深度时压力的增量。在油田系统应用时，常用名为压力梯度，省略前面"地层"二字，且单位深度常用值为100m。需要注意的是，压力梯度是和深度对应的，同一口井，不同深度，压力梯度并不是同一个值。由压力梯度可大致判断出井筒内的流体分布。

某深度对应的压力与该深度形成的关系曲线叫压力梯度曲线。当油层压力值与深度对应曲线在一条直线上时，由压力梯度曲线可以判断各油层流体性质是一致的。

第二节　流体性质

井下流体主要是指石油、天然气和油气田水，它们的化学组成及物理性质是评价油气质量的主要指标，是了解油气成因、运移和演化的重要资料，也是拟定开发加工工艺的可靠依据。

一、石油的组成和性质

（一）石油的组成成分

石油是一种成分十分复杂的天然有机化合物的混合物，其中的主要成分是液态烃。在地下呈液态，开发到地面于常温、常压下也呈液态的烃类混合物，在加工提炼以前称为原油。在地下呈气态，因开发降压而呈液态的烃类混合物称为凝析油。

石油主要由碳（C）、氢（H）及少量的氧（O）、硫（S）、氮（N）元素组成，碳、氢和少量氧硫氮分别占85%、13%和1%左右，此外，石油中还存在各种同位素以及铁（Fe）、硅（Si）等33种微量元素。

（二）石油的分类

石油中的主要元素不是呈游离状态存在的，而是结合成化合物存在，其中以碳氢化合物（也称为烃）为主，石油中碳氢两种元素组成的化合物成分很复杂，并且随产地不同而各有差异。碳氢化合物按结构可分为烷烃（包括直链和支链烷烃）、环烷烃（多数是烷基环戊烷、烷基环己烷）和芳香烃（多数是烷基苯），一般石油中不含烯烃。此外还有由氧、硫、氮等元素组成的非烃化合物。石油中的非烃化合物有酸类、酚、硫化物、胶质沥青质和灰分等。根据含烃的成分不同，一般将石油分为烷烃基石油、环烷基石油、混合基石油和芳烃基石油等几大类。原油按组成分类有石蜡基原油、环烷基原油和中间基原油三类；按硫含量分类有超低硫原油、低硫原油、含硫原油和高硫原油四类；按密度分类有轻质原油、中质原油、重质原油三类。

石油有天然石油和人造石油之分。通常指的天然石油是一种化石燃料，由远古海洋或湖泊中的生物在地下经过漫长的地球化学演化而形成，从深部地层中开采出的黑褐色或暗绿色的可燃性黏稠液体，常与天然气并存。石油因产地不同，其理化性质有很大差异。未经加工的石油称为原油。原油经加工后可制成汽油、喷气燃料、煤油、柴油等，还可提取润滑油、润滑脂等。原油也是发展石油化工的重要基础原料。在石油炼制工业中，原油经过一系列石油炼制过程和石油产品精制加工可得到各种产品，通常按照其主要用途可分为如下几类：（1）石油燃料，如液化石油气、汽油喷气燃料、煤油、柴油、燃料油等；（2）石油溶剂和化工原料，如汽油型溶剂、煤油型溶剂、纯芳烃和化工原料等；（3）润滑剂和有关产品，如各种润滑油和润滑脂等；（4）其他有关石油产品，如石油蜡、石油沥青、石油焦等。每类产品还可按照应用领域再细分为若干组。

（三）石油的物理性质

石油的性质包含物理性质和化学性质两个方面。物理性质包括颜色、密度、黏度、凝点、溶解性、发热量、导电性、荧光性、旋光性等；化学性质包括化学组成、组分组成和杂质含量等。

石油的物理性质因其化学组成的不同而有明显的差异。不同性质的石油对开发、集输、储存、加工等工艺影响较大，因此其经济性评价也各不相同。

1. 石油的颜色

石油的颜色不一，一般为棕褐色、黑褐色、黑绿色、也有黄色，棕黄色和浅红色，少数石油为无色透明状。

颜色与原油中胶质、沥青质含量的多少有密切关系。深色原油密度大、黏度高。液性明显的原油多呈淡色，甚至无色；黏性感强的原油大多色暗，从深棕、墨绿到黑色。我国玉门、大庆等油田的原油多呈黑褐色；新疆克拉玛依油田的原油呈茶褐色；青海柴达木盆地的原油多呈淡黄色；四川、塔里木、东海等盆地的一些凝析气田所产的凝析油从浅黄色到无色。

2. 石油的密度

石油的密度指在地面标准条件（0.1MPa，20℃）下，脱气原油单位体积的质量，以吨每立方米（t/m³）或克每立方厘米（g/cm³）表示。石油相对密度是 15.5℃ 或 20℃ 下原油密度与 4℃ 下水的密度的比值。国际上常用 API 度作为决定油价的标准。API 度与相对密度的相关关系式为：API 度（15.5℃）=（141.5/相对密度）−131.5，API 度越大，相对密度越小。水的 API 度为 10。密度大小与石油的化学组成、杂质含量有关：胶质、沥青质含量高，密度大；低分子质量烃含量高，密度小。

3. 石油的黏度

黏度是指石油在流动时引起的内部分子之间的摩擦阻力，以 mPa·s 表示。石油黏度大小决定着石油在地下、在管道中的流动性能，而它取决于温度、压力、溶解气量及石油的化学组成。温度增高石油黏度降低，压力增高石油黏度升高，溶解气量增加石油黏度降低，轻质油组分增加石油黏度降低。石油黏度的变化较大，一般在 1~100mPa·s 之间，有些重油还要高得多。黏度大的原油俗称稠油，稠油由于流动性差而开发难度较大。一般来说，黏度大的原油的密度也较大。通常原油中含烷烃多、颜色浅、温度高、气溶量大时，黏度小。而压力增大黏度也随之变大。地下原油黏度比地面的原油黏度小。

根据黏度的大小，可将原油划分为常规油（<100mPa·s）、稠油（100~10000mPa·s）、特稠油（10,000~50,000mPa·s）和超特稠油或称沥青（>50,000mPa·s）4类。

由于测定绝对黏度较繁杂，在研究中常用恩氏黏度计测定相对黏度。相对黏度是指液体的绝对黏度与同温条件下水的绝对黏度的比值。

我国原油黏度变化范围较大。大庆白垩系原油（50℃）黏度在19~22mPa·s之间，任丘震旦亚界原油（50℃）黏度为53~84mPa·s，胜利孤岛原油（50℃）黏度为103~6451mPa·s。

4. 石油的臭味

石油因成分不同，其臭味各异。这是原油中含不同挥发组分而引起的。含芳香族碳氢化合物的有芳香味，含有硫化物较高的原油则散发着强烈刺鼻的臭味。

5. 石油的溶解性

石油不溶于水，但可溶于有机溶剂，如苯、香精、醚、三氯甲烷、硫化碳、四氯化碳等，也能局部溶解于酒精。原油又能溶解气体烃和固体烃化物以及脂膏—树脂、硫和碘等。

6. 石油的凝点与含蜡量

凝点是指原油从流动的液态变为不能流动的固态时的温度。凝点的高低与石油中各组分的含量有关，轻质组分含量高，凝点低；重质组分含量高，尤其是石蜡含量高，凝点就高。在不同温度的地区，尤其是低温地区考虑贮运条件时，凝点是非常重要的指标。根据凝点的高低，石油可分为高凝油（≥40℃）、常规油（-10~40℃）、低凝油（<-10℃）三类。我国多数油田所产原油的凝点在15~30℃之间。

石油含蜡量是指原油中含石蜡的百分数。石蜡在其熔点温度（37~76℃）时溶于石油，一旦低于熔点温度，原油中就出现石蜡结晶。我国主要油田所产原油的含蜡量较高，大约在20%~30%之间。大庆萨尔图油田的含蜡量多在22.6%~24.1%，河南魏岗油田为42%~52%，江汉王场油田为2.8%~11.4%，克拉玛依油田仅在7%左右。含蜡量高的原油凝点也高。

7. 石油的燃烧特性

石油和成品油可燃程度随温度变化而变化，这表现在闪点、燃点和自燃点的差异。"闪点"指石油在容器内受热，容器口遇火出现闪火但随之又熄灭时的温度。"燃点"指受热温度继续升高，遇火不但出现闪火而且引起燃烧时的温度。"自燃点"指原油受热已达到相当高的温度，即便不接触火种也出现自燃现象时的温度。石油是由具有不同沸点的烃类化合物组成的混合物，与水（沸点为100℃）不同，石油没有固定的沸点。其闪点随不同沸点化合物含量比例的不同而各有差异。沸点越高，闪点也越高，如石油产品中煤油闪点在40℃以上，柴油在50~65℃之间，重油在80~120℃之间，润滑油达到300℃左右。自燃点却相反，沸点高的成品油，自燃点低，如汽油自燃点为415~530℃，裂化残渣油自燃点约为270℃，石油沥青则低至230~240℃。石油作为一种混合物，其闪点在-20~100℃之间，而自燃点则在380~530℃之间。

8. 石油的导电性

石油是不良导体，电阻率较高。电法测井就是以此为依据来判断是否存在油气层。

9. 石油的馏分组成

石油是一种不同沸点馏分的复杂混合物，根据石油的各种化合物具有不同沸点的这一特征，可将原油分成不同沸程的若干个馏分，一般石油可分为五个主要的馏分，即汽油馏分（170℃）、煤油馏分（170~230℃），轻柴油馏分（230~270℃）、重柴油馏分（270~350℃）和润滑油馏分。

二、天然气的组成和性质

从广义的定义来说，天然气是指自然界中天然存在的一切气体，包括大气圈、水圈、生物圈和岩石圈中各种自然过程形成的气体。而人们长期以来通用的"天然气"的定义是从能量角度出发的狭义定义，是指天然蕴藏于地层中的烃类和非烃类气体的混合物，是地下的古生物经过亿万年的高温和高压等条件的作用而形成的可燃气，是一种无色无味无毒、热值高、燃烧稳定、洁净环保的优质能源，主要存在于油田气、气田气、煤层气、泥火山气和生物生成气中。天然气又可分为伴生气和非伴生气两种。伴随原油共生，与原油同时被采出的油田气称为伴生气；非伴生气包括纯气田天然气和凝析气田天然气两种，在地层中都以气态存在。凝析气田天然气从地层流出井口后，随着压力和温度的下降，分离为气液两相，气相是凝析气田天然气，液相是凝析液，称为凝析油。

与煤炭、石油等能源相比，天然气在燃烧过程中产生影响人类呼吸系统健康的物质极少，产生的二氧化碳仅为煤的40%左右，产生的二氧化硫也很少。天然气燃烧后无废渣、废水产生，具有使用安全、热值高、洁净等优势。但是，从温室效应方面而言，天然气跟煤炭、石油一样会产生二氧化碳。因此，不能把天然气当作新能源。

（一）天然气的组成成分

天然气是一种多组分的混合气体，天然气的主要元素为：42%~78%的碳，14%~24%的氢，0.3%~44%的氧、硫、氮。天然气中的主要元素以化合物的形式存在。天然气的主要成分是气态低分子碳氢化合物（烷烃）。其中甲烷含量占80%~99.5%，热值为8500kcal/m^3，是一种主要由甲烷组成的气态化石燃料，爆炸极限为5%~15%，压力温度分别为0.1MPa、162℃时可液化成LPG，气液比625∶1。丙烷、丁烷的含量低于5%，戊烷的含量低于0.3%，C_5以上组分基本没有。除此之外，天然气中还含有少量的二氧化碳、一氧化碳、硫化氢及水汽等非烃化合物以及微量的惰性气体，如氦和氩等。无硫化氢时为无色无臭易燃易爆气体，密度多在0.6~0.8g/cm^3，比空气轻。通常将甲烷含量高于90%的天然气称为干气，甲烷含量低于90%的天然气称为湿气。

（二）天然气的分类

天然气按照组分划分可分为：干气、湿气、凝析气；烃类气、非烃类气；贫气、富气。按照来源划分可分为：有机和无机来源气。按照有机母质类型划分可分为：腐殖型气（煤型气）、腐泥型气（油型气）、腐泥腐殖型气（陆源有机气）。按照有机演化阶段划分可分为：生物气、生物—热催化过渡带气、热解气（热催化、热裂解）、高温热裂解气。按照生储盖组合划分可分为：自生自储、古生新储和新生古储等类型。按照相态划分（物质气、液、固三态及其相互的转换称为相态）可分为：游离气、溶解气、吸附气、固体气（天然气水合物）。天然气凝液（NGL）是从气田气、油田伴生气、凝析气田气中通过冷凝而回收得到的烃类液体，因此国内从原油角度将NGL 称为轻烃。它包括 3 部分：乙烷、液化石油气（C_3+C_4，LPG）和稳定轻烃（也称稳定凝析油、轻油、天然汽油）。天然气的分类方法很多，现根据气藏工程需要，简要介绍如下。

天然气按照烃类组分关系分类，主要分为干气、湿气、贫气、富气四大类。

（1）干气。

通常将甲烷含量高于90%的天然气称为干气。干气在地层中呈气态，采出后在一般地面设备和管线中不析出液态烃。按 C_5 界定法，干气是指 $1m^3$ 井口流出物中 C_5 以上液烃含量低于 $13.5cm^3$ 的天然气。

（2）湿气。

通常将甲烷含量低于90%的天然气称为湿气。湿气在地层中呈气态，采出后在一般地面设备的温度、压力下会有液态烃析出。按 C_5 界定法，湿气是指在 $1m^3$ 井口流出物中 C_5 以上烃液含量高于 $13.5cm^3$ 的天然气。

（3）贫气。

贫气是指丙烷及以上烃类含量少于 $100cm^3/m^3$ 的天然气。

（4）富气。

富气是指丙烷及以上烃类含量大于 $100cm^3/m^3$ 的天然气。

天然气按照矿藏特点分类，主要分为纯气藏天然气、凝析气藏天然气和油田伴生天然气三类。

（1）纯气藏天然气。

在开采的任何阶段，纯气藏天然气在地层中呈气态，但根据成分的不同，采到地面后，在分离器或管道中可能有部分液态烃析出。

（2）凝析气藏天然气。

凝析气藏天然气在地层原始状态下呈气态，但开采到一定阶段，随地层压力下降，流体状态跨过露点线进入相态反凝析区，部分烃类在地层中即呈液态析出。

（3）油田伴生天然气。

油田伴生天然气在地层中与原油共存（溶解气和气顶气），采油过程中与原油同时被采出，经油、气分离后所得的天然气。

按硫化氢、二氧化碳含量分类，油田伴生天然气可分为以下两类。

① 酸气。

含有硫化氢和二氧化碳等酸性气体，需要进行净化处理才能达到管输标准的天然气称为酸气，一般 $1m^3$ 酸气中含 1g 以上硫或相当数量的二氧化碳。

② 洁气。

不需要净化处理就可以直接使用天然气称为洁气，一般洁气中含硫量在 $1g/m^3$ 以下。

（三）天然气的物理性质

天然气是气态物质，具有膨胀性和可压缩性，由于它以烃类气体为主，因此具有可燃性和爆炸性。

1. 天然气视分子质量

天然气是多种气体组成的混合物，其组分和组成不固定，本身无明确的分子式，也无固定的分子量。工程上为计算上的方便，常把 0℃、101.325kPa 压力下，体积为 22.4L 的天然气称为 1mol 天然气。1mol 天然气的质量即为天然气的摩尔质量。通常把天然气摩尔质量的数值，看作天然气的分子质量，称为天然气的视分子质量。

分子质量常用的计算方法是当已知天然气中各组分 i 的摩尔组成 y_i 和分子质量 M_i 后，天然气的分子质量按照加和法则可由下式求得：

$$M = \sum_{i=1}^{n} (y_i M_i) \tag{2-9}$$

式中　M——天然气视分子质量，g；

　　　y_i——天然气各组分的摩尔组成，mol；

　　　M_i——组分 i 的摩尔分子质量，g/mol。

2. 天然气密度

天然气的密度定义为单位体积天然气的质量。在理想条件下，可用下式表示：

$$\rho_g = \frac{m}{V} = \frac{pM}{RT} \tag{2-10}$$

式中　ρ_g——气体密度，kg/m^3；

　　　m——气体质量，kg；

　　　V——气体体积，m^3；

　　　p——绝对压力，MPa；

　　　T——热力学温度，K；

　　　M——气体相对分子质量；

　　　R——气体常数，$0.008471 \dfrac{MPa \cdot m^3}{kmol \cdot K}$。

对于理想气体混合物，用混合气体的视相对分子质量 MW_a 代替单组分气体的相对分子质量 M，可得到混合气体的密度方程：

$$\rho_g = \frac{pMW_a}{RT} \tag{2-11}$$

3. 天然气相对密度

天然气相对密度定义为：在相同温度压力下，天然气的密度与空气密度之比。相对密度常用符号 γ_g 表示。则天然气相对密度的计算公式为：

$$\gamma_g = \rho_g / \rho_a \qquad (2-12)$$

式中　ρ_g——天然气密度，kg/m^3；

　　　ρ_a——空气密度，kg/m^3。

因为空气的相对分子质量为 28.96，故：

$$\gamma_g = M/28.96 \qquad (2-13)$$

一般天然气的相对密度在 0.5~0.7 之间，个别含重烃多的油田气或其他非烃类组分多的天然气相对密度可能大于 1。

4. 天然气的热值

天然气的热值是其完全燃烧（燃烧反应后生成最稳定的氧化物或单质）所发出的热量，用每千克或每立方米千焦表示，单位为 kJ/m^3，其中，4.1868kJ = 1kcal（千卡）。天然气热值有高热值（或总热值）和低热值（或净热值）之分。天然气自身完全燃烧后产生的热量加上燃烧生成的水蒸气凝析成水所放出的汽化潜热的热值为高热值，水的汽化潜热为 2256.7kJ/kg。气体燃烧时，由于烟囱内烟道气温很高，水蒸气通常不可凝析成水，汽化潜热通常不能利用，所以低热值就是从高热值中减去这部分汽化潜热所获得的净热值，工程上通常用这部分热值。

薪柴和化石燃料的热值和氢碳比见表 2-1。

表 2-1　薪柴和化石燃料热值和氢碳比

项目	薪柴	煤	石油	天然气
总热值 kJ/kg	6280~8374	20934~29308	41868~46055	54428
氢碳比	1:10	1:1	2:1	4:1

5. 天然气的爆炸性

天然气在空气中的含量达到一定比例时，会形成爆炸性的混合气体，这种气体遇到火源就会发生燃烧和爆炸。

爆炸下限：天然气与空气在形成爆炸的混合气体中天然气的最低含量，低于该值不会爆炸。

爆炸上限：天然气与空气在形成爆炸的混合气体中天然气的最高含量，高于此值不会爆炸。

爆炸上、爆炸下限之间称爆炸范围或爆炸极限，天然气的爆炸范围为 5%~15%。压力对爆炸范围是有影响的。当压力低于 50mmHg 柱时，混合气体不会爆炸，随着压力增加，爆炸上限急剧增加，如：压力为 15MPa 时，上限可达 58%。压力越高爆炸范围越大。天然气含量低于 4% 时不会发生爆炸。

6. 天然气的溶解度和溶解系数

天然气可以不同程度地溶于石油和水。在一定压力下，单位体积的石油所溶解的天然气量称为该气体在石油中的溶解度。天然气在石油中的溶解量随压力的升高而增加，随温度的升高而降低。天然气在石油中的溶解能力可用溶解系数来表示。溶解系数是指当压力增加 0.1MPa 时，溶解于单位体积石油中的天然气的量。在相同条件下，天然气在石油中的溶解度远远大于其在水中的溶解度。例如：甲烷在石油中的溶解度比在水中的大 10 倍左右，甲烷在油中的溶解度为 $0.3 m^3/m^3$ 油，而在水中的溶解度为 $0.033 m^3/m^3$ 水。

7. 天然气的水露点和烃露点

天然气的水露点是指在一定压力下与天然气的饱和水蒸气量相对应的温度；天然气的烃露点是指在一定压力下，气相中析出第一滴"微小"的烃类液体的平衡温度。天然气的水露点可以通过实验测定，也可由天然气的水含量数据表查到。天然气的烃露点可由仪器测量得到，也可由天然气烃组成的延伸分析数据计算得到。与一般气体不同的是，天然气的烃露点还取决于压力与组成，组成中天然气中较高碳数组分的含量对烃露点影响最大。

8. 天然气的黏度

黏度是流体抵抗剪切作用能力的一种量度。牛顿流体的动力黏度 μ 定义为以下比值：

$$\mu = -\tau_{xy}/(\partial u_x/\partial y) \tag{2-14}$$

式中 τ_{xy}——剪切应力，N/m^2；

u_x——在施加剪应力的 x 方向上的流体速度，m/s；

$\partial u_x/\partial y$——在与 x 垂直的 y 方向上的速度 u_x 梯度，s^{-1}。

对纯流体而言，黏度是温度、压力和分子类型的函数；对混合物而言，黏度除了与温度、压力有关外，还与混合物的组成有关。对非牛顿流体而言，黏度同时也是局部速度梯度的函数。

方程式（2-15）定义的黏度称为绝对黏度，也称动力黏度。动力黏度的单位是 Pa·S（帕·秒），可由方程式（2-15）导出。而最常用的黏度单位是厘泊，它与帕·秒的关系为：

$$1 \text{ 帕·秒}[g/(cm·s)] = 10 \text{ 泊} = 1000 \text{ 厘泊}；$$

$$1 \text{ 泊} = 1 dyn·s/cm^2。$$

此外，流体的黏度还可以用运动黏度来表示。运动黏度定义为绝对黏度 μ 与同温、同压下该流体密度 ρ 的比值：

$$\nu = \frac{\mu}{\rho} \tag{2-15}$$

式中 ν——运动黏度，mm^2/s；

μ——绝对（动力）黏度，$mPa·s$；

ρ——真空密度，kg/m^3。

除了上述两种黏度外，石油产品规格中还有赛氏黏度、雷氏黏度以及恩氏黏度，它们均为条件黏度，是用特定仪器在规定条件下测定的。不同黏度计测定黏度的单位和表示方法均不相同。

9. 天然气的偏差系数

天然气具有可压缩性，尤其在高压地层条件下（温度一定时），天然气的体积会被压缩，为了表明天然气的压缩性，引入了"偏差系数"的概念。

理想气体的体积与压力和温度的关系，用于真实气体（天然气）的体积与压力和温度的关系，就会产生一个误差，用于校正这一误差的系数称为偏差系数，通常小于1。天然气偏差系数反映了实际气体偏离理想气体状态的程度。一方面，实际气体分子有大小、有体积，另一方面分子间存在着吸引（或排斥）力。偏差系数是计算地层压力、储量和天然气产量必不可少的数据。

天然气偏差系数的确定是以范德华对应状态原理为基础的，各种物质的性质差异可反映在许多方面，临界压力和临界温度也是一个方面，但在临界点，各种物质都气、液不分，所以临界点又反映了各种物质的共同点。现以临界点为基准点，引入新的状态参数：对比压力和对比温度。当各种物质具有相同的对比压力和对比温度时（称此时处于对应状态），实验证明，它们偏离理想性质的程度也相同，即具有相同的偏差系数，采用偏差系数应按性质相近的同族气体来比较，如烃类气体、N_2、H_2较适合，而对NH_4、水蒸气等误差要大。

10. 天然气的比容

天然气的比容定义为天然气单位质量所占据的体积，在理想条件下，可写成：

$$v = \frac{V}{m} = \frac{RT}{p \cdot MW_a} = \frac{1}{\rho_g} \tag{2-16}$$

式中　v——比容，m^3/kg。

例 2-1　由表 2-2 所列的理想气体性质，求在 6.89MPa 和 311.1K 条件下，

（1）视分子质量；

（2）气体相对密度；

（3）气体密度；

（4）气体比容。

表 2-2　理想气体性质

组分	摩尔分数 y_i	相对分子质量 MW_i	视相对分子质量 $y_i \cdot MW_i$
C_1	0.75	16.04	12.030
C_2	0.07	30.07	2.105
C_3	0.05	44.10	2.205
C_4	0.04	58.12	2.325
C_5	0.04	72.15	2.886
C_6	0.03	86.18	2.585
C_7	0.02	100.21	2.004

解：

（1）

$$MW_a = \sum_{i=1}^{n} y_i \cdot MW_i = 26.14$$

（2）应用式（2-13）求 γ_g：

$$\gamma_g = \frac{26.14}{28.96} = 0.903$$

（3）应用式（2-10）求气体密度：

$$\rho_g = \frac{(6.89)(26.14)}{(0.008315)(311.1)} = 69.62 \text{kg/m}^3$$

（4）应用式（2-17）求比容：

$$v = \frac{1}{69.62} = 0.0144 \text{m}^3/\text{kg}$$

真实气体可应用气体偏差系数 Z 修正气体压力、温度和组分的影响，用真实气体定律结合相对分子质量，可得出真实气体密度的关系式：

$$\rho_g = \frac{1}{v} = \frac{pMW_a}{ZRT} \tag{2-17}$$

三、油气田水的组成和性质

油气田水是一种深埋地下的地层水，它与石油、天然气关系密切，是油气田区域内的地下水。油气田水长期与石油和天然气共存，或相距较远，同处在封闭环境中，还含有与油气有直接关系的特殊化学成分。因此研究油气田水的性质对油气的勘探、开发都具有十分重要的意义。广义的油气田水是指油气田内的地下水，包括油气层水和非油气层水。狭义的油气田水是指油气田范围内直接与油气层连通的地下水，即油气层水。

（一）油气田水的化学组成

油气田水的化学组成非常复杂，所含的物质种类甚多，实质上油气田水的化学组成是指溶于油气田水的溶质的化学组成。最常见的阳离子有：钠离子、钾离子、钙离子、镁离子、氢离子、铁离子。阴离子有：氯离子、硫酸根、碳酸根、碳酸氢根。其中以钠、钾、镁、钙及氯离子、硫酸根、碳酸氢根、碳酸根为主，其中又以氯离子和钠离子最多。所以油气田水中氯化钠最为丰富，碳酸钠和碳酸氢钠、氯化镁、氯化钙次之。钙、镁的碳酸盐含量不高，硫酸盐含量很低，或不含。油气田水的化学组成包括无机组成、有机组成、溶解气及微量元素等。

1. 无机组成

常量组分：Na^+、K^+、Ca^{2+}、Mg^{2+}、Cl^-、SO_4^{2-}、HCO_3^-、CO_3^{2-}；

微量组分：I、Br、B、Ba、Fe、Al、Cu、Ag、Sr 等。

2. 有机组成

油气田水中常见的有机组成有：烃类、酚和有机酸。油气层水中的烃类有气态烃和液态烃，而非油气层水中通常只含有少量的甲烷。酚在油气层水中含量较高，一般大于 0.1mg/L，最高可达 10~15mg/L，且以邻甲酚和甲酚为主；而在非油气层水中的含量较低，且以苯酚为主。油气田水中常含数量不等的环烷酸、脂肪酸和氨基酸等。其中环烷酸是石油环烷烃的衍生物，常作为找油的重要水化学指标。

（二）油气田水的物理性质

由于油气田水的化学成分复杂，因此物理性质也很复杂。油气田水因溶有各种物质，其物性同纯水有些不同，主要表现在相对密度、矿化度、离子浓度、颜色及透明度、黏度、味道及臭味、导电性等方面。

1. 相对密度

油气田水因溶有数量不等的盐类，相对密度一般大于1。如酒泉盆地油田水相对密度为1.01~1.05，四川盆地三叠系气田水的相对密度为1.001~1.010。一般情况下，含盐量越高，相对密度越大。

2. 矿化度

单位体积油气田水中所含溶解状态的固体物质的总量称为矿化度，即单位体积水中各种离子、元素及化合物总含量。用g/l、mg/l、ppm（百万分之一）表示。

3. 离子浓度

离子浓度是指某种离子在单位体积油气田水中的含量。Cl^-浓度较稳定，与矿化度正相关性。

4. 颜色及透明度

油气田水通常是有颜色的，其颜色与化学组成有关。含H_2S时呈淡青绿色，含铁质胶状体时常呈淡红色、褐色或淡黄色。油气田水一般透明度较差，常呈混浊状。

5. 黏度

油气田水因含盐分，黏度比纯水高，且随矿化度的增加而增加。温度对黏度影响较大，随温度升高，油气田水的黏度快速降低。

6. 味道及臭味

当水中混有少量的石油时，往往有汽油或煤油味；含H_2S气体时，常有一种刺鼻的臭鸡蛋味。溶有氯化钠时为咸味，溶有硫酸镁则使水呈苦味。

7. 导电性

水是极性化合物，纯水是不良导体。油气田水中因为常含有各种离子，所以能够导电。油气田水的导电性随矿化度和温度的增加而增加。

（三）油气田水分类

严格来说，与油气的生成、运移、聚集、逸散有关的地下水，均可称之为油气田水，它是油气区地下水的一部分，并与油气组成统一的流体系统。通常所说的油气田水是指油田范围内直接与油气层连通的地下水，即油气层水。

油气田水的分类必须解决的实质性问题包括：（1）油气田水化学标志及其与非油气田水的区别；（2）不同类型油气田水的特征及区别。自1911年美国帕斯梅尔提出第一个油气田水分类方案至今，油气田水分类方案虽然做过多次修改和补充，但基本上都是以Na^+、Mg^{2+}、Ca^{2+}和Cl^-、SO_4^{2-}、HCO_3^-的含量及其组合关系作为分类基础。在各分类方案中，苏林（B. A. ЩУЛИН）分类较为简明，被国内外广泛采用，因而在此着重介绍苏林分类。

天然水就其形成环境而言，主要是大陆水和海水两大类。大陆水含盐度低（一般小于500mg/L），其化学组成具有$HCO_3^->SO_4^{2-}>Cl^-$、$Ca^{2+}>Na^+<Mg^{2+}$的相互关系，且$Na^+>Cl^-$，

Na^+/Cl^-（当量比）>1。海水的含盐度较高（一般约为 35,000mg/L），其化学组成具有 $Cl^->SO_4^{2-}>HCO_3^-$，$Na^+>Mg^{2+}<Ca^{2+}$，且 $Cl^->Na^+$，Na^+/Cl^-（当量比）<1 的特点。大陆淡水中重碳酸钙含量较高，并含有硫酸钠；而海水中不存在硫酸钠。

根据上述认识，以 Na^+/Cl^-、$(Na^+-Cl^-)/SO_4^{2-}$ 和 $(Cl^--Na^+)/Mg^{2+}$ 这三个成因系数，苏林将天然水划分成四个基本类型。

苏林认为，裸露的地质构造中的地下水可能属于硫酸钠型，与地表大气降水隔绝的封闭水则多属于氯化钙型，两者之间的过渡带为氯化镁型。油气田地层剖面的上部地层水以碳酸氢钠型为主；随着埋深增加，地层水过渡为氯化镁型；最后成为氯化钙型。有时碳酸氢钠型直接被氯化钙型替代，缺少过渡型。油气田水的水化学类型以氯化钙型为主，碳酸氢钠型次之，硫酸钠型和氯化镁型较为罕见。

苏林分类存在的问题在于：（1）把地下水完全看成是地表水渗入形成的，没有考虑其他成因水的加入，以及自然界经常发生的水的混合作用和由此产生的水中成分的多种分异和组合；（2）将本具有成因联系，可作为一个整体的大量无机组分，简化成仅是天然水和盐类成分的分类，过于简单；（3）忽略了水中气体成分及微量元素等一些具有标型性质的组分，同时缺少作为区分油气田水与非油气田水的特征参数。随着油气勘探的进展和对油气田水地球化学研究的深入，比较普遍的意见是应把矿化度和阴离子组合作为油气田水化学分类的基础，再根据油气田水的特征参数或标志区分油气田水和非油气田水。但提出的分类方案大都过于复杂，应用不便，难于推广，未被普遍接受。

第三节　井身结构和完井

一、井的概念及井身结构

（一）井的概念

石油和天然气埋藏在地下几十米至几千米的油气层中，要把它们开采出来，需要在地面和地下油气层之间建立一条油气通道，这条通道就是井。在油气勘探和开发过程中，凡是为了从地下获得油气而钻的井，统称为石油井。

对于一口钻完进尺的井眼，井内有钻井液和滤饼保护井壁，这时的井称之为裸眼井。

裸眼井下入套管，再用水泥浆封固套管与井壁之间的环形空间，封隔油气水层后，就形成了可以开采油气的石油井。为达到不同的勘探目的及适应油气田开发的需要，在油气田的不同部位上，分别钻有不同类型的井。石油井主要分如下几种。

探井：在经过地球物理勘探证实有希望存在油气的地质构造上，为探明地下构造及含油气情况，寻找油田而钻的井。

资料井：为了取得编制油田开发方案所需要的资料而钻的井。这种井要求全部或部分取岩心。

生产井：用来采油、采气的井。

注水井：用来向油层内注水保持油层压力的井。

观察井：在油田开发过程中，专门用来观察油田地下动态的井。如观察各类油层的压力、含水变化规律和单层水淹规律等。观察井一般不负担生产任务。

检查井：在油田开发过程中，为了检查油层开发效果而钻的井。

调整井：为挽回死油区的储量损失，改善断层遮挡地区的注水开发效果，进而调整平面矛盾严重地段的开发效果而补钻的井。调整井能够扩大扫油面积，提高采油速度，改善开发效果。

（二）井身结构

井身结构是指由直径、深度和作用各不相同，且均注水泥封固环形空间而形成的轴心线重合的一组套管与水泥环的组合。

1. 井身结构的组成及作用

井身结构主要由导管、表层套管、技术套管、油层套管和各层套管外的水泥环等组成。

（1）导管：井身结构中靠近裸眼井壁的第一层套管。作用：钻井开始时保护井口附近的地表层不被冲垮，建立循环钻井液通路、引导钻具钻进，保证井眼垂直钻凿等。一般下入深度在 2~40m 之间，直径一般为 450mm 和 375mm。

（2）表层套管：井身结构中第二层套管。表层套管下入后，用水泥浆固井并返至地面。作用：封隔地下水层、加固疏松岩层的井壁，保护井眼和安装封井器。一般下入深度 30~150m，直径一般为 400mm 和 324mm。

（3）技术套管：表层套管与油层套管之间的套管，是钻井中途遇到高压油气水层、漏失层和坍塌层等复杂地层时为钻至目的地层而下的套管，其层次根据复杂层的多少而定。作用：封隔难以控制的复杂地层，保持钻井工作顺利进行。

（4）油层套管：井身结构中最内部的一层套管。油层套管的下入深度取决于油井的完钻深度和完井方法。一般要求固井水泥返至最上部油气层顶部 100~150m。作用：封隔油气水层，建立一条长期开采油气的通道。

（5）水泥返高：固井时，水泥浆沿套管与井壁之间和环形空间上返面到转盘平面之间的距离。

2. 相关名词及术语

（1）完钻井深：从转盘上平面到钻井完成时钻头所钻的最后位置之间的距离。

（2）套管深度：从转盘上平面到套管鞋的深度。

（3）人工井底：钻井或试油时，在套管内留下的水泥塞面。其深度是转盘上平面到人工井底之间的距离。

（三）井身结构的绘制

如图 2-2 和 2-3 所示，井身结构包括以下内容：

（1）井号；

（2）钻井日期，包括开钻日期，完钻日期；

（3）海拔高度，包括井口地面海拔，补心海拔（钻井时转盘方补心海拔）；

（4）钻头程序，包括钻井时所用钻头规范及钻头钻达井深；

（5）套管程序、规范及下入井深，水泥浆返高试泵数据；

（6）产油气层位、产油气层段、产层中部井深；

（7）油管规范及下入井深；

（8）特殊井下工具；

（9）井下落鱼等。

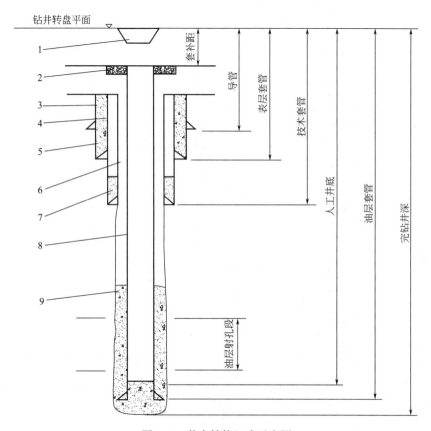

图 2-2　井身结构组成示意图

1—方补心；2—套管头；3—导管；4—表层套管；5—表层套管水泥；
6—技术套管；7—技术套管水泥环；8—油层套管；9—油层套管水泥环

二、完井方法

完井作业是油气田开发工程的重要组成部分，与钻井作业一样，在完井作业过程中也会造成油气层伤害。如果处理不当，就会严重影响油气井的产量。因此，了解完井过程中油气层伤害的特点以及保护油气层的完井技术，选择最适合油层特点的完井方法十分重要。

地面海拔：346.79m   补心海拔：354.29m

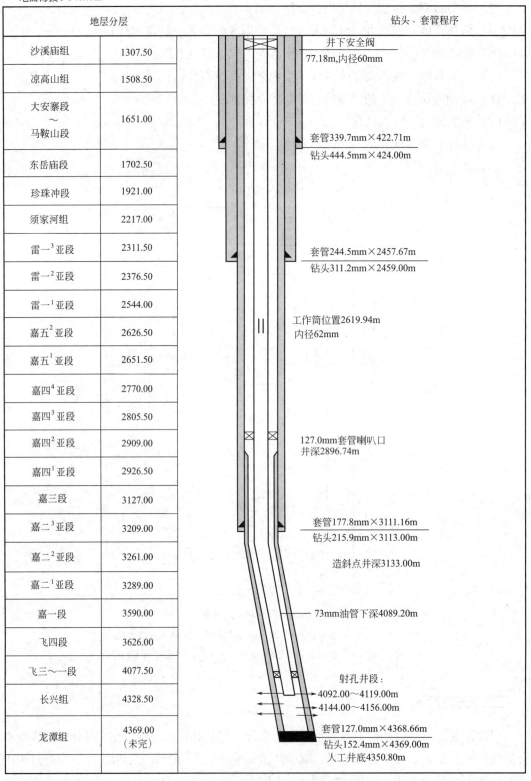

地层分层		钻头、套管程序
沙溪庙组	1307.50	井下安全阀 77.18m，内径60mm
凉高山组	1508.50	
大安寨段 ～ 马鞍山段	1651.00	套管339.7mm×422.71m 钻头444.5mm×424.00m
东岳庙段	1702.50	
珍珠冲段	1921.00	
须家河组	2217.00	
雷一³亚段	2311.50	套管244.5mm×2457.67m 钻头311.2mm×2459.00m
雷一²亚段	2376.50	
雷一¹亚段	2544.00	
嘉五²亚段	2626.50	工作筒位置2619.94m 内径62mm
嘉五¹亚段	2651.50	
嘉四⁴亚段	2770.00	
嘉四³亚段	2805.50	
嘉四²亚段	2909.00	127.0mm套管喇叭口 井深2896.74m
嘉四¹亚段	2926.50	
嘉三段	3127.00	
嘉二³亚段	3209.00	套管177.8mm×3111.16m 钻头215.9mm×3113.00m
嘉二²亚段	3261.00	造斜点井深3133.00m
嘉二¹亚段	3289.00	
嘉一段	3590.00	73mm油管下深4089.20m
飞四段	3626.00	
飞三～一段	4077.50	射孔井段： 4092.00～4119.00m 4144.00～4156.00m
长兴组	4328.50	
龙潭组	4369.00 （未完）	套管127.0mm×4368.66m 钻头152.4mm×4369.00m 人工井底4350.80m

图2-3　某地区井身结构示意图

（一）完井的目的和意义

完井方法是指油气井筒与油气层的连通方式，以及为实现这种连通方式所采用的井身结构、井口装置及有关技术措施。

完井作业的任何一个环节，如钻开油气层、注水泥、射孔、试油、酸化压裂等，都会引起不同程度的产层伤害。一般产层伤害有 3 种类型：

（1）岩石孔隙通道被钻井液、固井液、修井液固体颗粒堵塞；

（2）进入地层的淡水引起黏土膨胀和分散；

（3）渗进地层的液体形成乳化液。

这些伤害造成产层渗透率减低，油井产量下降。因此，选择合适的完井方法可减少油气层的伤害，提高油气产量，延长油气井寿命。

国内外对完井特别重视，进行了大量研究，美国油气井完井方法设计要收集地质、工程、油层损害等方面的 29 项数据，然后用完井设计软件进行处理，选择出最优的完井方法。苏联研制了一套完善井底结构的优化程序，把产层分为裂缝型、裂缝孔隙型、孔隙裂缝型及孔隙型四类。按产层的厚度、岩石强度、渗透率、岩石颗粒的均匀性及压力梯度等数据优选出 11 种完井井底结构。

（二）完井方法类型及特点

目前国内外常见的完井方法有裸眼完井、射孔完井、衬管完井、砾石充填完井等。

1. 裸眼完井

所谓裸眼完井是指将套管下至油气层顶部或稍进入油气层，然后注水泥固井，待水泥凝固后钻开油气层完井，如图 2-4 所示。

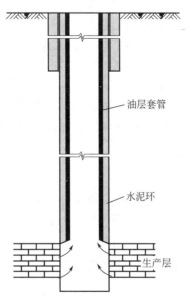

油层套管

水泥环

生产层

图 2-4　裸眼完井示意图

1）先期裸眼完井

先期裸眼完井是指钻至油气层顶部下套管固井，然后钻开油气层完井。当厚油层上部有气顶或顶界有水层时，可将套管下过油层顶界进行裸眼完井，必要时需射开其中的含油层，这种完井方法称为复合型裸眼完井。

2）后期裸眼完井

后期裸眼完井是指直接钻开油气层，然后下套管至油气层顶部注水泥固井的完井方法。

2. 射孔完井

射孔完井是指将套管下入油气层底部注水泥固井，然后进行射孔将油层与井眼连通起来的完井方法。射孔完井示意图如图2-5所示。

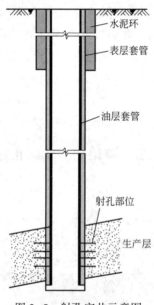

水泥环

表层套管

油层套管

射孔部位

生产层

图2-5　射孔完井示意图

1）套管射孔完井

套管射孔完井是指用同一尺寸的钻疗钻穿油层直至设计井深，然后下油层套管至油层底部并注水泥固井，最后射孔，射孔弹射穿油层套管、水泥环穿透油层一定深度，从而建立起油（气）流流动通道的完井方法。

2）尾管射孔完井

尾管射孔完井需要钻至油层顶界，下技术套管注水泥固井，然后钻开油气层至设计井深，将油层套管用钻柱下入预定位置，用尾管悬挂器将油层尾管悬挂在技术套管上（注意尾管与技术套管必须重合50m以上），再注水泥固井，最后对其进行射孔作业。尾管射孔完井储层伤害小，还可节约成本。尾管射孔完井一般用于较深的油气井。

3）单管射孔完井

单管射孔完井就是单一套管射孔完井。其主要特点是在一口井内下一根油管柱，一次开采一层或多层产层性能和压力相近的多油气层。如果各层压力相差很大，则需要分层开采，一般是从底部向上逐层开采。

4）多管射孔完井

多管射孔完井又叫多层完井或平行管多层完井，是指在油层套管内下入两根或两根以上的油管柱，以便能够同时开采多层压力不同的油气层的完井方法。如果采用这种完井方法，各个油气层需要用封隔器进行分隔。

5）封隔器射孔完井

封隔器射孔完井是指将封隔器装在套管上下入油层部位，注水泥时封隔器靠液压作用张开封隔地层，然后射孔的完井方法。其主要特点是能够有效封隔油气层、防止产层伤害和油气窜流。

3. 割缝衬管完井

割缝衬管完井需要将油层套管下到油气层顶部并固井，然后钻开油气层，并在油气层部位下入预先加工好的割缝套管或打孔套管，用衬管悬挂器将其悬挂在油层套管上，并将套管和衬管的环空密封起来。而油气流经过割缝衬管的缝或打孔套管的孔进入井筒。如图 2-6 所示。

4. 砾石充填完井

砾石充填完井是指将绕丝筛管下入油层部位，然后在筛管与井眼环空充填砾石，封隔筛管以上的环空进行完井。这种方法的特点是能够防止油层出砂和提高产层的产量。

砾石充填完井可用于地层结构疏松、出砂严重、厚度大、不含水的单一油层，该方法可消除注水泥和射孔作业对油层的伤害。一般稠油井都采用砾石充填完井。砾石充填完井又分为预充填和井下充填、裸眼充填和管内充填。如图 2-7 所示。

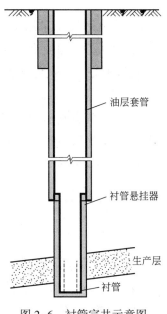

图 2-6　衬管完井示意图

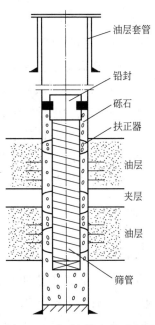

图 2-7　砾石充填完井示意图

（三）水平井完井方法

随着水平井钻井技术的发展，水平井的数量越来越多。它的发展极大地促进了完井技术的发展，水平井完井工艺日益完善，新工艺、新设备不断地被用于水平井完井。

目前水平井完井方法可以分为裸眼完井、割缝衬管完井、割缝衬管带管外封隔器完井和衬管固井/射孔完井 4 种完井方法。由于钻水平井的造斜率不同，这 4 种方法并不完全适用于各类水平井。短半径水平井由于造斜曲率半径小，只能采用裸眼或割缝衬管完井方法。长半径、中半径水平井提高了完井的灵活性，可以采用以上任意一种完井方法。

1. 水平井裸眼完井

裸眼完井费用不高，但仅限于致密岩石地层，此外，裸眼井难以进行增产措施，且沿井段难以控制注入量和产量，早期水平井采用裸眼完井，但现在已逐步放弃此方法。目前只有在具有天然裂缝的碳酸盐岩油气藏且油气井的泄油半径很小时使用裸眼完井。

2. 割缝衬管完井

该方法是预先在地面将套管割好缝，然后下入油气层水平井段的一种完井方式。

优点：（1）可防止地层坍塌；（2）可选择性的防止地层出砂；（3）井筒完善程度高；（4）完井成本低。

缺点：（1）分层开采难度大；（2）分层进行储层改造的难度大。

3. 割缝衬管加管外封隔器

割缝衬管加管外封隔器完井是将割缝衬管与管外封隔器一起下入水平段，将水平段分隔成若干段，可达到沿井段采用增产措施和进行生产控制的目的。由于水平井并非绝对水平，一口井一般都有多个弯曲处，因此管带几个封隔器有时难以下入衬管。

4. 衬管固井/射孔完井

衬管固井/射孔完井只能在中、长曲率半径井中实施。当水平井中采用水泥固井时，自由水成分较直井降低得多，这是因为在水平井中，由于密度关系，自由水在油井顶部即分离，密度较高的水泥沉在底部，其结果是水泥固井的质量不好。为避免这种现象的发生，应做一些相关的试验进行测试。

尽管完井方法很多，但目前主要还是以射孔完井为主，射孔完井约占全部完井作业的90%以上。我国采用的完井方法也以固井射孔为主，个别地层采用裸眼完井，少数热采井或出砂井采用砾石充填完井，也有的油气井采用永久完井、无油管或多管完井。

三、完井管串

（一）油管管柱

油管是指悬挂在油气井里的管柱，通常为钢制空心管也有玻璃钢管，一般下到产层中部，但裸眼完井中只能下到套管鞋位置，以防止裸眼中地层垮塌卡住。其主要用作生产管柱将地层产出的油气水从井底输送到井口。压井、洗井、压裂酸化等作业中以及下封隔器等井下工具时都需要油管。

油管管柱包括油管挂、油管、油管接箍、筛管和油管鞋等，井史资料中应包括油管规格及下入井深数据等。

（二）油套管规格

油套管规格详见附件二。

（三）井下特殊工具

1. 井下安全阀

井下安全阀是井中流体非正常流动时的控制装置，生产设施发生火警、管线破裂等非正常状况时，能够实现井中流体的流动控制，是完井生产管柱的重要组成部分。井下安全阀按照控制方式可分为地面控制和井下流体自动控制两类，地面控制井下安全阀又分钢丝回收式和油管携带环空安全阀，目前常使用的是油管携带安全阀（TRSV），示意图如图2-8所示。按照有关法规规定，只要地层能量能够将井液举升到泥面以上，则必须安装井下安全阀；任何气井都必须安装井下安全阀；海上油气井必须安装井下安全阀。安全阀的安装深度必须同时满足以下两个条件：

（1）至少位于泥面嵌固点以下30m；

（2）至少位于结蜡点以下100m。

1）井下安全阀工作原理

当地面泵压通过控制管线传至液压缸时，液压推动活塞下行，并压缩动力弹簧，活门下面的高压通过平衡孔进入活门以上的油管内，等一段时间后，活门两边的压力即可完全平衡。只要保持额定控制压力，活门即可自行打开。一旦控制管线里的压力低到某一个压力值时，活门将自行关闭。正常关闭时，应全部放空控制管线里的压力。

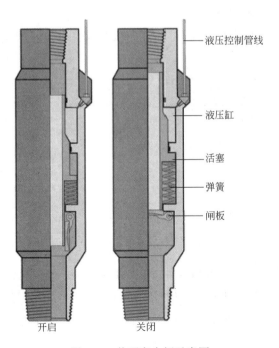

图2-8　井下安全阀示意图

2. 封隔器

封隔器是封隔层段的井下工具。作用：分层开采、分层注水及实施井下作业工艺措施时封隔层段，也可利用丢手封隔器悬挂防砂衬管，代替水泥塞封堵。

1）封隔器工作原理

坐封：将封隔器与配套丢手连接好后，用油管输送至设计井段，从油管加液压，液体进入封隔器坐封工作腔，推动连接套向下移动，剪断销钉，推动小锥体移动，撑开卡瓦锚定，在连接套移动的同时，释放锁块，使压缩套向上移动，挤压胶筒、密封油、环形空间，封隔器坐封完毕。

丢手：封隔器坐封完毕后，继续加压，液压推动丢手活塞移动，剪断销钉，使丢手锁紧筒移动，释放锁块，丢手下接头与封隔器留在井内，实现丢手。

解封：下专用捞矛，捞住丢手下接头的母扣，直接上提剪切封隔器销钉即可解封并将封隔器提出井筒。

2）封隔器类型

按照结构原理的不同，封隔器可分为支撑式、卡瓦式、皮碗式、水力扩张式、水力自封式、水力密闭式、水力压缩式和水力机械式八种类型。

按照封隔件（密封胶筒）的工作原理的不同，封隔器又可分为自封式（通过封隔件外径与套管内径的过盈和压差实现密封）、压缩式（通过轴向力压缩封隔件使封隔件直径变大实现密封）、楔入式（通过楔入件楔入封隔件使封隔件直径变大实现密封）、扩张式（通过液体压力作用于封隔件内腔使封隔件直径变大实现密封）和组合式五种类型。

3）封隔器型号编制的基本方法

封隔器型号是按照封隔器分类代号、支撑方式代号、坐封方式代号、解封方式代号及封隔器钢体最大外径、工作温度、工作压差等参数依次排列进行编制的。型号编制说明如图 2-9 所示。

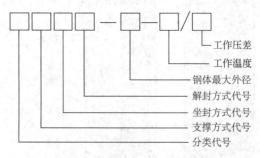

图 2-9　封隔器型号编制说明

分类代号用分类名称的第一个汉字拼音的大写字母表示，组合式用各种方式的分类代号组合表示，支撑方式代号、坐封方式代号和解封方式代号均用阿拉伯数字表示（表 2-3、表 2-4、表 2-5 和表 2-6），钢体最大外径、工作温度、工作压差也均用阿拉伯数字表示，单位分别为毫米（mm）、摄氏度（℃）、兆帕（MPa）。

例如：Y2ll—114—120/15 型封隔器，表示该封隔器为压缩式，单向卡瓦固定，提放管柱坐封，提放管柱解封，钢体最大外径为 114mm，工作温度为 120℃，工作压力为 15MPa；YK341—114—90/100 型封隔器，表示该封隔器为压缩、扩张组合式，悬挂式固定，液压坐封，提放管柱解封，钢体最大外径为 114mm，工作温度为 90℃，工作压差为 100MPa。

表 2-3　分类代号

分类名称	自封式	压缩式	楔入式	扩张式	组合式
分类代号	Z	Y	X	K	用各式的分类代号组合表示

表 2-4　支撑方式代号

支撑方式名称	尾管支撑	单向卡瓦	无支撑	双向卡瓦	锚瓦
支撑方式代号	1	2	3	.4	5

表 2-5　坐封方式代号

坐封方式名称	提放管柱	转动管柱	自封	液压	下工具	热力
坐封方式代号	1	2	3	4	5	6

表 2-6　解封方式代号

解封方式名称	提放管柱	转动管柱	钻铣	液压	下工具	热力
解封方式代号	1	2	3	4	5	6

3. 油管密封部分

油管密封部分是靠工作筒、堵塞器来完成的。使用时工作筒接在管柱的最底部，随下井管柱下入井内。下井之前在地面上将堵塞器装入工作筒内，下完全部油管后再捞出堵塞器，油管内即畅通可投产。如果要起油管，则在起油管之前投入堵塞器，即可密封油管顺利起出井内管柱。油管密封部分的作用：施工过程中密封油管，防止液体从油管喷出。

1）工作筒

工作筒由工作筒主体、密封短节组成，工作筒示意图如图 2-10 所示。

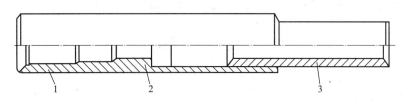

图 2-10　工作筒

1—上接头；2—台阶；3—密封短节

2）堵塞器

堵塞器由打捞头、提升销钉、支撑卡体、调节环、密封圈、密封圈座、心轴、螺母、导向头等组成，堵塞器示意图如图 2-11 所示。它的作用是装（投）入工作筒内，密封油管。

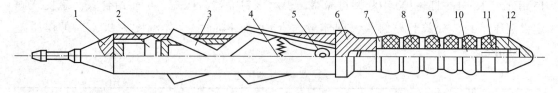

图 2-11　堵塞器

1—打捞头；2—提升销钉；3—支撑卡；4—弹簧；5—心轴；6—支撑卡体；7—调节环；

8—密封圈；9—密封圈座；10—密封圆心轴；11—螺母；12—导向螺母

3）打捞器和安全接头

打捞器是打捞井内堵塞器的专用工具。常用的是爪块式打捞器，由本体、扭簧、销钉、打捞爪组成，结构如图 2-12 所示。

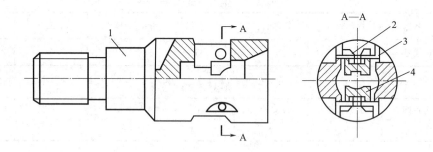

图 2-12　打捞器

1—本体；2—扭簧；3—销钉；4—打捞爪

安全接头是与打捞器配套使用的工具，结构如图 2-13 所示。

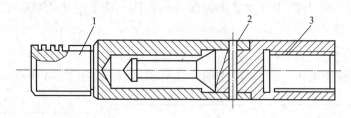

图 2-13　安全接头

1—上接头；2—安全销钉；3—下接头

打捞堵塞器打捞工具的连接顺序由上而下依次为钢丝绳、加重杆、安全接头、打捞器。

4. 滑套

首先必须将合适规格的专用"定位工具"连接到标准钢丝绳工具串上，先将工具串下过滑套总成，然后慢慢上提工具串，一旦"定位工具"上的弹性键与关闭套的弹性爪下端面接触，工具即无法继续上行。这时向下震击，震击力作用于关闭套弹性爪的内方台肩上，经过几次向下震击后，关闭套上的平衡孔正好和连接套上的孔相通，油套环空压力逐渐平衡。当压力完全平衡后，继续向下震击，关闭套到全打开位置。这时，关闭套弹性爪的下端正好位于第二个沟槽位置，并通过弹性爪将关闭套固定在全开位置。

若要关闭滑套，将"定位工具"反向连接到标准钢丝绳工具串上，先下入工具串并令其通过滑套总成，然后上提工具串，"定位工具"上的弹性键作用于关闭套上端弹性爪的内台肩上，这时向上震击，一旦关闭套达到完全关闭位置，"定位工具"和滑套自动脱离，即可起出工具串。

为了保证作业安全，"定位工具"上安装有应急剪切释放销钉。遇卡时，只需向上（或向下）施加较大震击力剪断释放销钉即可。

滑套的用途是沟通油套环空、上部内腔可坐堵塞器和井下流量调节器。

5. 气举阀

气举阀是气压举升作业时使用的井下工具，是现代采油、采水过程中经济效益最好的方法之一，气举可以不受油气水井深度的限制，注入气可以自上而下逐次通过各级气举阀深入液体内部，使油管底部以上的液体重量变轻，并降低对油气层的回压，从而保证油气井顺利连续生产。

气举阀的工作原理很简单，就是打开或关闭气体的进出通道。以套压操作阀（最常用）为例，套管压力作用在封包面上，同时油管内压力作用在球阀上，这两个力大于封包内的压力时，封包（就是气室，注的一般是氮气）被压缩，球阀提起，气举气开始进入油管。气体高速进入油管后，将与管内流体混合，使混合物密度降低，进而降低压力梯度，使油水能够高速上升，如同自喷。

气举阀的类型主要有 2 种：套压操作阀，油压操作阀。套压操作阀由套压来操作开启和关闭，油压操作阀由油压控制。比较常用的是套压操作阀，因为操作相对简单，可控性要好。气举阀工作示意图如图 2-14 所示。

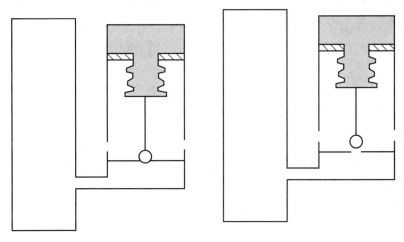

图 2-14　气举阀工作示意图

气举阀的排液效果取决于一个合理的管柱结构，也就是各级气举阀的深度和气举孔径的大小。第一级阀要考虑气压所能达到的深度，就目前的设备能力而言，一般第一级阀下至600~900m，气举孔径3~6mm；最后一级阀的下入深度要考虑套管结构和地层的产液状况，一般下入深度为1200~2000m。深井可下入更深位置，气举孔径6~8mm；气举阀之间的间隔距离从上至下应逐渐减小，气举孔尺寸逐级增大；气举阀的级数要考虑井深、流压、产层性质等综合因素。

第四节　井口装置

油气井完井后，为了采气和安全生产，安装在井口上的一套装置叫作井口装置。在油气田勘探开发过程中，需要大量的井口装置以满足现场使用需求。而采油气井口装置又是控制油气生产的重要地面设备之一。它的综合技术性能及产品质量的好坏直接关系到油气井的经济效益、设备和操作人员安全等重要问题。特别是长期在酸性气体中承受内压的采气井井口装置，这类井口装置的每个零部件都要受到各种不同介质的腐蚀。据资料估计，每年世界各国开采金属的三分之一因为腐蚀而被消耗。更何况井口装置的零部件是直接在酸性气体中工作的，当然会受到更为严重的腐蚀。

经过几十年的现场使用发现，金属材料的腐蚀、结构设计与制造的不完善，造成个别生产井口装置中的闸阀开关失灵、密封失效，有些零件表面出现点蚀、坑蚀、甚至断裂。轻则影响生产井的正常生产或正常供气，重则造成井毁人亡、资源浪费、污染等严重事故，给国家、企业、个人造成巨大甚至不可弥补的损失。

四川气田大量气井含硫化氢、二氧化碳等腐蚀介质，部分井天然气中硫化氢含量高于$200g/m^3$。因此，在强腐蚀介质中长期工作的井口装置必须具备抗腐蚀、耐高温的特性，各种机械性能都要达到经久耐用、安全可靠的要求，还要适应各种气温变化而不影响工作性能。要达到以上技术要求就要研制适宜的井口材料，但这项工作却存在一定的难度。自20世纪60年代中期开始直至现在，通过不断努力，国内研制的抗硫采气井口装置完全能满足国内各油气田勘探生产的需要。但与国外发达国家生产的同类产品相比，其机械性能、密封性能、加工制造工艺和产品质量都还存在一定的差距。

一、采油气井口装置的组成和作用

采油气井口装置是控制油气生产的重要地面设备之一。它主要由套管头、油管头和采油气树三大部分组成。其中，由套管头和油管头构成井口装置的基础部分，防喷器安装在井口装置上方，即构成钻井井口装置；卸去防喷器，将采油气树安装在井口装置上方，即构成采油气井口装置。

采油气井口装置的作用有以下几个方面：

（1）开关控制和引导井内油气流，即在开采过程中，从油管内将油和气引到地面上，并对油气流量、压力、方向进行控制。

（2）悬挂油管，即悬挂下入井中的油管柱。

（3）连接井下套管，承托下入油气井中的各层套管柱。

（4）密封套管和油管之间的环形空间。

（5）创造测试和井下作业条件，便于测压、清蜡、洗井、循环、压井和油气井增产等各种措施的实施。

二、采油气井口装置的结构形式

采油气井口装置的种类很多，仅按照连接方式的不同，井口装置即可分为螺纹式、卡箍式和法兰式三种。螺纹式井口装置结构紧凑，通常只用于通径较小、压力级别较低的生产井。卡箍式井口装置拆装方便，螺栓所受载荷小，能够承受的最大工作压力为70MPa。法兰式井口装置如图2-15所示，这种井口装置尺寸较大，应用范围广，适用于各种压力级别和通径规格。采气井口装置目前主要使用的是法兰连接形式。

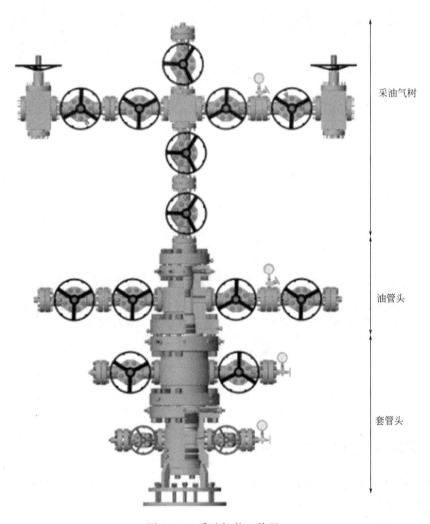

采油气树

油管头

套管头

图2-15　采油气井口装置

采油气井口装置还可分为单翼式和双翼式。但单翼式只有一侧可作为生产管线,它简化了管线的连接,可为用户节省装备费用;双翼式采油气井口装置有两个工作翼,一翼作为生产管线,另一翼作为备用管线,必要时两个工作翼也可同时工作。目前现场普遍使用的是双翼式采油气井口装置,该井口装置每个阀门都有相应的编号。双翼式采气井口装置如图 2-15 所示。

井口装置的编号顺序:正对采气树,从 1 号总阀开始,按逆时针方向从内向外依次编号为 1 号、2 号、3 号、4 号、5 号、6 号、7 号、8 号、9 号、10 号、11 号,采气井口装置阀门编号如图 2-16 所示。表层套管、技术套管闸阀不编号。

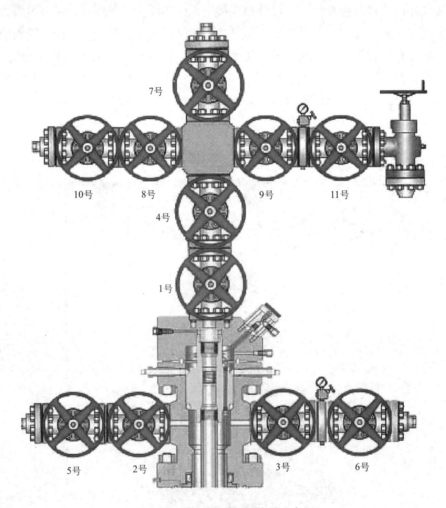

图 2-16　井口装置阀门编号示意图

三、采油气井口装置的主要部件

采油气井口装置的主要部件有套管头、油管头和采油气树三部分。闸阀、三通和四通又是组成井口装置最基础的部件。按照最新的 API 6A 19 版标准的要求,套管头、套管四通、油管头统称井口装置,采油气树是指油管头变径法兰以上的部分。

（一）套管头

套管头属于井口装置的基础部分。套管头的功能是：固定钻井井下套管柱；可靠地密封各层套管空间；钻进时，套管头上可装防喷器等设备；采油气时，则可安装采油气树。通常，随着井深的增加，需要封隔的井下地层的层数增多，下入井内的套管长度也相应增加。因此，套管头有单层、双层之分。套管头的结构应能保证：可靠地密封套管的各环形空间；控制套管空间的压力；快速而又可靠地连接套管柱；互换性好；防止钻具磨损地表附近的套管；井下温度高时套管柱有垂直移动的可能性；钻井和长期采油气过程中，悬挂器密封件的可靠性好；套管头高度尽可能低；在各种载荷作用下，套管头应坚固耐用。

此外，在钻井条件复杂的情况下，如钻含腐蚀性介质的油气井时，套管头和某些部件应能耐腐蚀和抗磨损。

套管头的选择需根据油气井设计和井身结构而定，即根据井深和地层压力等因素而定。套管头是与油气井寿命共始终的部件，选择时，不仅应考虑目前所开采的油气层，还需预计到油气井以后可能开采的其他油气层的情况。

（二）油管头

在钻穿油气层前，要将油管头安装在最上层的套管头上，再与防喷器连接。完钻后，利用油管头悬挂油管柱、密封油管与生产套管之间的环形空间并进行各种工艺作业。油管头由油管四通、悬挂封隔机构（油管挂）和平板阀等组成，根据采油气工艺的需要，它既可悬挂单根油管柱，也可悬挂多根油管柱。油管头结构如图2-17所示。

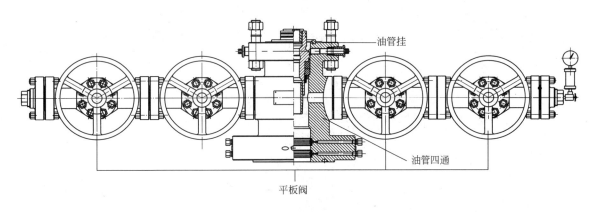

图2-17　油管头示意图

油管头的一侧旁通可安装压力表，以便观察和控制油管柱与套管柱之间环形空间内的压力变化，在两侧旁通都安装闸阀，可控制套管压力以满足井下特殊作业的需要。

油管四通的两侧可先固定闸阀，下完油管后，最后接上带有双公短节的油管挂，油管柱就悬挂在这个油管挂上。双公短节上车有油管螺纹。油管挂与油管四通内壁之间的间隙用一组方形密封圈和 O 形密封圈密封，也可采用金属密封圈进行密封。油管四通的顶丝孔内还装有 V 形圈和压环，用密封圈压帽压紧密封圈将顶丝光杆部分密封住，顶丝的作用是防止井内液体作用在油管挂上的上顶力将油管挂顶出。

为防止在安装或井下作业时损坏油管挂上部的内螺纹，油管挂上端内部还旋有一个护丝，在井上安装采气树时，可将护丝去掉。

（三）采油气树

采油气树（图 2-18）主要由阀门（包括闸阀和角式节流阀）、大小头、小四通或三通、采油气树帽、油管头变径法兰、缓冲器、截止阀（旋塞阀）和压力表等组成。采油气树安装在油管头上部，作用是控制和调节油气井的流量和井口压力，并将油气流导入地面流程，必要时可以用来关闭井口。

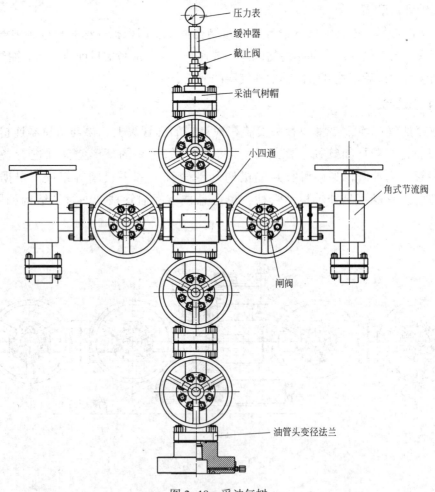

压力表
缓冲器
截止阀
采油气树帽
小四通
角式节流阀
闸阀
油管头变径法兰

图 2-18 采油气树

采油气树的结构形式由用户根据油气层储油气量、开采油气层数、油气井的压力和使用的场合等因素确定，然后由制造单位根据用户的要求进行设计和生产制造。采油气树的连接形式有法兰式、卡箍式和螺纹式。

（1）总闸阀是安装在采油树变径法兰和小四通之间的阀门，通常有两只闸阀，现场一般将紧靠油管头的第一个闸阀称为总闸阀，也就是 1 号主阀，也是备用的主阀，上面是 4 号主阀。1 号总闸阀以上是可控制部分，以下是不可控制部分。总闸阀是控制油气流进入采油气树的主要通道，因此，在正常生产情况下，它都是开着的，只有在需要长期关井或其他特殊情况下才关闭总闸阀。总闸阀关闭后，总闸阀以外不会有油气流。

（2）生产闸阀位于总闸阀的上方，油管小四通的两侧（双翼采油气树）。自喷井的生产闸阀总是开着的。

（3）清蜡闸阀是装在采油气树最上端的一个闸阀，它上部可连接清蜡装置、防喷管等。清蜡时打开，清完蜡后，把刮片起到防喷管中，然后关闭清蜡闸阀。

（4）节流阀是控制自喷井产量的部件，有可调式和固定式节流阀两种。它们均有控制流体流量的限流孔或节流孔，节流阀绝不允许作为截止阀使用。可调式角式节流阀有一个从外部控制节流面积的孔和相应的指示机构，可以观察节流阀调节流量的开度指示。可调式节流阀和固定式节流阀的流向是旁进直出，不允许反向使用。

四、采油气井口装置和采油气树的设备规范

井口装置的产品代号用汉语拼音字母表示，有时包括生产厂家（代号）；井口装置尺寸以总闸阀尺寸为准，用阿拉伯数字表示，单位为 mm；井口装置额定工作压力用阿拉伯数字，单位为 MPa。标准代号通常可以省略。

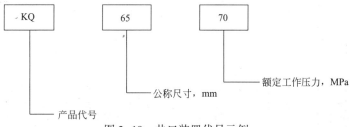

图 2-19 井口装置代号示例

例：闸阀尺寸为 65mm，额定工作压力为 70MPa，采用 GB/T 22513—2013《石油天然气工业 钻井和采油设备 井口装置和采油树》标准生产的采气井口装置的可表示为 KQ65-70（KQ 表示抗硫采气树）。

通常采气井口装置按额定工作压力分为 14MPa、21MPa、35MPa、70MPa、105MPa、140MPa 六个压力等级；常用总闸阀尺寸 65mm，特殊总闸阀尺寸有 78mm、103mm、180mm 等。

因产品的连接尺寸，闸阀的端距等都是严格按照 API 6A 19 版标准来设计、生产的，所以工作压力和通径相同的产品具有良好的互换性（注：不包括楔形闸阀的井口装置和采油气树）。

五、法兰、钢圈、螺栓基本数据

法兰、钢圈、螺栓基本数据详见表 2-7。

表2-7 法兰、钢圈、螺栓基本数据汇总

公称尺寸		压力	法兰数据					钢圈数据						螺栓数据	
公制 mm	英制 in	MPa	外径 A mm	台阶 B mm	槽深 G mm	通孔 H mm	厚度 I mm	型号 标准	型号 耐压	外径 C mm	轴距 D mm	内径 E mm	宽度 F mm	数量 K 个	轴距 M mm
46	1 13/16	68.95	187	104.8	5.56	46	42.1	—	BX151	77.77	—	—	11.84	8	146.1
46	1 13/16	103.43	208	106.4	5.56	46	45.2	—	BX151	77.77	—	—	11.84	8	160.3
46	1 13/16	137.9	257	117.5	5.56	46	63.5	—	BX151	77.77	—	—	11.84	8	203.2
52.4	2 1/16	13.79	165	—	7.94	52.4	33.3	R23	RX23	94.46	82.55	70.64	11.91	8	127.0
52.4	2 1/16	34.48	216	—	7.94	52.4	46	R24	RX24	107.16	95.25	83.34	11.91	8	165.1
52.4	2 1/16	68.95	200	111.1	5.95	52.4	44.1	—	BX152	86.23	—	—	12.65	8	158.8
52.4	2 1/16	103.43	222	114.3	5.95	52.4	50.8	—	BX152	86.23	—	—	12.65	8	174.6
52.4	2 1/16	137.9	287	131.8	5.95	52.4	71.4	—	BX152	86.23	—	—	12.65	8	230.2
65.1	2 9/16	13.79	191	—	7.94	65.1	36.5	R26	RX26	113.51	101.6	89.69	11.91	8	149.2
65.1	2 9/16	34.48	244	—	7.94	65.1	49.2	R27	RX27	119.86	107.95	96.04	11.91	8	190.5
65.1	2 9/16	68.95	232	131.8	6.75	65.1	51.2	—	BX153	102.77	—	—	14.07	8	184.2
65.1	2 9/16	103.43	254	133.4	6.75	65.1	57.2	—	BX153	102.77	—	—	14.07	8	200.0

续表

公称尺寸		法兰数据						钢圈数据						螺栓数据	
公制 mm	英制 in	压力 MPa	外径 A mm	台阶 B mm	槽深 G mm	通孔 H mm	厚度 I mm	型号 标准	型号 耐压	外径 C mm	轴距 D mm	内径 E mm	宽度 F mm	数量 K 个	轴距 M mm
65.1	2 9/16	137.9	325	150.8	6.75	65.1	79.4	—	BX153	102.77	—	—	14.07	8	261.9
79.4	3 1/8	13.79	210	—	7.94	79.4	39.7	R31	RX31	135.74	123.83	111.92	11.91	8	168.3
79.4	3 1/8	20.69	241	—	7.94	79.4	46	R31	RX31	135.74	123.83	111.92	11.91	8	190.5
79.4	3 1/8	34.48	267	—	7.94	79.4	55.6	R35	RX35	148.44	136.53	124.62	11.91	8	203.2
77.8	3 1/16	68.95	270	152.4	7.54	77.8	58.3	—	BX154	119	—	—	15.39	8	215.9
77.8	3 1/16	103.43	287	154	7.54	77.8	64.3	—	BX154	119	—	—	15.39	8	230.2
77.8	3 1/16	137.9	357	171.5	7.54	77.8	85.7	—	BX154	119	—	—	15.39	8	287.3
103.2	4 1/16	13.79	273	—	7.94	103.2	46	R37	RX37	161.14	149.23	137.32	11.91	8	215.9
103.2	4 1/16	20.69	292	—	7.94	103.2	52.4	R37	RX37	161.14	149.23	137.32	11.91	8	235.0
103.2	4 1/16	34.48	311	—	7.94	103.2	61.9	R39	RX39	173.84	161.93	150.02	11.91	8	241.3
103.2	4 1/16	68.95	316	184.9	8.33	103.2	70.2	—	BX155	150.62	—	—	17.73	8	258.8
103.2	4 1/16	103.43	360	193.7	8.33	103.2	78.6	—	BX155	150.62	—	—	17.73	8	290.5
103.2	4 1/16	137.9	446	219.1	8.33	103.2	106.4	—	BX155	150.62	—	—	17.73	8	357.2
130.2	5 1/8	13.79	330	—	7.94	130.2	52.4	R41	RX41	192.89	180.98	169.07	11.91	8	266.7
130.2	5 1/8	20.69	349	—	7.94	130.2	58.7	R41	RX41	192.89	180.98	169.07	11.91	8	279.4
130.2	5 1/8	34.48	375	—	7.94	130.2	81	R44	RX44	205.59	193.68	181.77	11.91	8	292.1
130.2	5 1/8	68.95	357	220.7	9.53	130.2	79.4	—	BX169	176.66	—	—	16.92	12	300.0
179.4	7 1/16	13.79	356	—	7.94	179.4	55.6	R45	RX45	223.05	211.14	199.23	11.91	12	292.1
179.4	7 1/16	20.69	381	—	7.94	179.4	63.5	R45	RX45	223.05	211.14	199.23	11.91	12	317.5

续表

| 公称尺寸 | | 压力 | 法兰数据 | | | | | 钢圈数据 | | | | | | 螺栓数据 | |
公制 mm	英制 in	MPa	外径 A mm	台阶 B mm	槽深 G mm	通孔 H mm	厚度 I mm	型号 标准	型号 耐压	外径 C mm	轴距 D mm	内径 E mm	宽度 F mm	数量 K 个	轴距 M mm
179.4	7 1/16	34.48	394	—	9.53	179.4	92.1	R46	RX46	224.63	211.14	197.65	13.49	12	317.5
179.4	7 1/16	68.95	479	301.6	11.11	179.4	103.2	—	BX156	241.83	—	—	23.39	12	403.2
179.4	7 1/16	103.43	505	304.8	11.11	179.4	119.1	—	BX156	241.83	—	—	23.39	16	428.6
179.4	7 1/16	137.9	656	352.4	11.11	179.4	165.11	—	BX156	241.83	—	—	23.39	16	554.0
228.6	9	13.79	419	—	7.94	228.6	63.5	R49	RX49	281.78	269.88	257.97	11.91	12	349.3
228.6	9	20.69	470	—	7.94	228.6	71.4	R49	RX49	281.78	269.88	257.97	11.91	12	393.7
228.6	9	34.48	483	—	11.11	228.6	103.2	R50	RX50	286.55	269.88	257.97	16.67	12	393.7
228.6	9	68.95	552	358.8	12.7	228.6	123.8	—	BX157	299.06	—	—	26.39	16	476.3
228.6	9	103.43	648	381	12.7	228.6	146.1	—	BX157	299.06	—	—	26.39	16	552.5
228.6	9	137.9	804.9	441.3	12.7	228.6	204.8	—	BX157	299.06	—	—	26.39	16	685.8
279.4	11	13.79	508	—	7.94	279.4	71.4	R53	RX53	335.76	323.85	311.94	11.91	16	431.8
279.4	11	20.69	546	—	7.94	279.4	77.8	R53	RX53	335.76	323.85	311.94	11.91	16	469.9
279.4	11	34.48	584	—	11.11	279.4	119.1	R54	RX54	340.52	323.85	307.18	16.67	12	482.6
279.4	11	68.95	654	428.6	14.29	279.4	141.3	—	BX158	357.23	—	—	29.18	16	565.2
279.4	11	103.43	813	454	14.29	279.4	187.3	—	BX158	357.23	—	—	29.18	20	711.2
279.4	11	137.9	882.7	504.8	14.29	279.4	223.8	—	BX158	357.23	—	—	29.18	16	749.3
346.1	13 5/8	13.79	559	—	7.94	346.1	74.6	R57	RX57	392.91	381	369.09	11.91	20	489.0
346.1	13 5/8	20.69	610	—	7.94	346.1	87.3	R57	RX57	392.91	381	369.09	11.91	20	533.4

续表

公称尺寸 公制 mm	英制 in	压力 MPa	法兰数据 外径 A mm	台阶 B mm	槽深 G mm	通孔 H mm	厚度 I mm	钢圈数据 型号 标准	型号 耐压	外径 C mm	轴距 D mm	内径 E mm	宽度 F mm	螺栓数量 K 个	轴距 M mm
346.1	13⅝	34.48	673	457.2	14.29	346.1	112.7	—	BX160	408	—	—	19.96	16	590.6
346.1	13⅝	68.95	768	517.5	15.88	346.1	168.3	—	BX159	432.64	—	—	32.49	20	673.1
346.1	13⅝	103.43	886	541.3	15.88	346.1	204.8	—	BX159	432.64	—	—	32.49	20	771.5
346.1	13⅝	137.9	1162.1	614.4	15.88	346.1	292.1	—	BX159	432.64	—	—	32.49	20	
425.5	16¾	13.79	686	—	7.94	425.5	84.1	R65	RX65	481.81	469.9	457.99	11.91	20	603.3
425.5	16¾	20.69	705	—	11.11	425.5	100	R66	RX66	486.57	469.9	453.23	16.67	20	616.0
425.5	16¾	34.48	772	535	8.33	425.5	130.2	—	BX162	478.33	—	—	17.91	16	676.3
425.5	16¾	68.95	872	576.3	8.33	425.5	168.3	—	BX162	478.33	—	—	17.91	24	776.3
476.3	18¾	34.48	905	627.1	18.26	476.3	165.9	—	BX163	563.5	—	—	25.55	20	803.3
476.3	18¾	68.95	1040	696.9	18.26	476.3	223	—	BX164	577.9	—	—	32.77	24	925.5
476.3	18¾	103.43	1162.1	722.3	18.26	476.3	255.6	—	BX164	577.9	—	—	32.77	20	
539.8	21¼	13.79	813	—	9.53	539.8	98.4	R73	RX73	597.69	584.2	570.71	13.49	24	723.9
527.1	20¾	20.69	857	—	12.7	527.1	120.7	R74	RX74	604.04	584.2	564.36	19.84	20	749.3
539.8	21¼	34.48	991	701.7	19.2	539.8	181	—	BX165	632.56	—	—	27.2	24	885.8
539.8	21¼	68.95	1143	781.1	19.2	539.8	241.3	—	BX166	647.88	—	—	34.87	24	
679.5	26¾	13.79	1041	804.9	21.51	679.5	126.2	—	BX167	768.32	—	—	22.19	20	952.5
679.5	26¾	20.69	1102	831.9	21.51	679.5	161.1	—	BX168	774.22	—	—	25.86	24	
762	30	13.79	1122.4	908.1	22.6	762	134.1	—	BX303	862.3	—	—	27.4	32	

第五节　油气井测试常用知识

在油气井测试过程中，经常会使用大量的电子设备和仪器仪表，因此掌握一定的电子电工基础知识对于深入了解电子设备及仪器仪表的结构原理、进行故障判断和维修都是很有必要的，因此是油气井测试工在工作中必备的技能。

一、电子电工基础知识

（一）直流电路基础知识

电路主要是由电源、电阻、电容、电感及各种用电器组成。基本物理量包括电量 Q，电压 U，电流 I，电阻 R，电容 C，电感 L。

1. 电流

电荷有规律的定向移动叫作电流。在导体中，电流是由电子的定向移动形成的。习惯上规定正电荷定向移动的方向为电流的方向，这跟金属导体里电子实际移动的方向正好相反。

表示电流的大小的物理量叫作电流强度，它是指单位时间内穿过导体横截面的电量。电流强度用字母"I"表示，单位是"安培"，简称"安"，用符号 A 表示。常用的单位还有"千安"，用符号 kA 表示；"毫安"用符号 mA 表示；"微安"，用符号 μA 表示。各单位之间的关系是：

$$1kA = 10^3 A$$
$$1A = 10^3 mA$$
$$1mA = 10^3 \mu A$$

2. 电压

如果电路中两点之间存在电场，电场会对电荷产生作用力，使电荷产生定向移动而做功。将单位正电荷从导体的一端移动到另一端的电场力所做的功的多少叫作电路两端的电压，用字母"U"表示。

通过线路电流的大小取决于电池组正负两端之间的电压差，电压差越大，电流越大。这个电压差就是电池组正、负两端之间的电压。因此，在电路中可以把电压理解为表征产生电流能力大小的参数。电压的单位是"伏特"，简称"伏"，用符号 V 表示。常用的单位还有"千伏"（kV）、"毫伏"（mV）和"微伏"（μV）。它们之间的关系是：

$$1kV = 10^3 V$$
$$1V = 10^3 mV$$
$$1mV = 10^3 \mu V$$

3. 电阻

物体一方面具有允许电流通过即导电的能力，另一方面又具有阻碍电流通过的作用，这种作用称作电阻。电阻用字母"R"表示。电阻的单位是"欧姆"，简称"欧"，用符号 Ω 表示。阻值大的电阻还常用"千欧"（kΩ），"兆欧"（MΩ）作单位。它们之间的关系是：

$$1k\Omega = 10^3\Omega$$

$$1M\Omega = 10^6\Omega$$

物体的电阻值与其长度 L 成正比，与其横截面积 S 成反比，并与材料本身的导电性质有关，用公式表示为：

$$R = \rho \times \frac{L}{S} \qquad (2-18)$$

式中　R——物体的电阻，Ω；

　　　　L——物体的长度，m；

　　　　S——物体的横截面积，m^2；

　　　　ρ——电阻率，$\Omega \cdot m$。

电阻率表示长度为 1m，横截面积是 $1m^2$ 的物体具有的电阻值。电阻率的符号是 ρ，单位是"欧姆米"，用符号 $\Omega \cdot m$ 表示。例如在 20℃ 时，铜的电阻率是 $1.7 \times 10^{-8}\Omega \cdot m$，铝的电阻率是 $2.9 \times 10^{-8}\Omega \cdot m$，镍铬的电阻率是 $1.13 \times 10^{-2}\Omega \cdot m$。

物体的电阻除与材料的性质、尺寸有关外，还与温度有关，大多数金属的电阻随温度的升高而升高。利用电阻随温度而变化的特性，可将其制成电阻温度计，用来测量温度。

导体是具有良好的导电能力，即电阻率很小的物体。良导体的电阻率一般在 $10^{-8} \sim 10^{-6}\Omega \cdot m$ 范围内，一般金属材料属良导体，如银、铜、铝等。金属导体在工业上的电气线路、电气装置中应用极广，如发电机和变压器的绕组，高、低压输电线，电动机的线圈，开关的触头，都是良导体。

电阻率极大，导电能力非常差，阻碍电流通过的能力极强的物体称为绝缘体。绝缘体的电阻率一般在 $10^6\Omega \cdot m$ 以上，所以一般认为绝缘体是不能导电的。常见的绝缘体有橡胶、塑料、云母、陶瓷、油类、石棉及干燥的木材等。

导电性能介于导体和绝缘体之间的材料称为半导体。半导体的电阻率在 $10^2\Omega \cdot m$ 左右，这类材料有硅、锗、硒等。半导体材料应用很广泛，如整流用的硅二极管，电子工业中不可缺少的半导体三极管，可控硅元件、集成块，都是用半导体材料制成的。

电路中的元件或部件排列得使电流全部通过每一部件或元件而不分流的一种电路连接方式叫串联。把电路中的元件并列地接到电路中的两点间，电路中的电流分为几个分支，分别流经几个元件的连接方式叫并联。含有两个或两个以上的串、并联电路称为混联电路。

4. 欧姆定律

欧姆定律：在一个闭合电路中，电流与电动势成正比，与电路的电阻成反比，或当一电路元件中没有电动势时，其中的电流与元件两端的电位差成正比，与元件的电阻成反比。在为交流电的情况下，上述电阻应为阻抗。欧姆定律可用公式表示为：

$$I = \frac{U}{R} \qquad (2-19)$$

式中　I——电流，A；

U——电压，V；

R——电阻，Ω。

（二）电容器基础知识

1. 电容器的基本概念

电容器是一种能储存电场能量的部件。电容的应用极为广泛，电容器品种、规格各异，但就其构成原理来说，电容器都是同上间隔以不同介质（如云母、绝缘纸、电解质等）的两块金属极板组成。在极板上施加电压后，极板上就会分别聚集起等量的正、负电荷，并在介质中建立电场进而具有电场能量，将电源移去后电荷可继续聚集在极板上，电场继续存在。电容元件就是反映这种物理现象的电路模型。

2. 电容器的充、放电

外电路给电容器聚集电量或电容器释放电量给外电路的过程分别叫作电容器的充、放电。

电容器串联、并联时，总电容（C）分别为：

$$串联\ C = \frac{C_1 C_2}{C_1 + C_2}$$

$$并联\ C = C_1 + C_2$$

其中，C_1、C_2 分别为串（并）联电路中两个电容器的电容。

（三）交流电路基础知识

1. 交流电的定义

在直流电路中，直流电的电压、电流在线路中的方向是始终不变的。而交流电则不同，它的电压在线路的两端是交叉的，电流在导线中流动的方向也是来回变化的，而且，电压、电流的大小随着方向的变化而呈周期性变化。

大小和方向随时间作周期性变化的电动势、电压和电流，分别叫作交变电动势、交变电压和交变电流，统称为交流电。交流电通过的电路称为交流电路。

2. 交流电的基本物理量

交流电的基本物理量包括：最大电压 U_{max}，最小电压 U_{min}，有效电压 $U_{有效}$，最大电流 I_{max}，最小电流 I_{min}，有效电流 $I_{有效}$，相位 φ，频率 f，有功功率 P，无功功率 Q。

二、力学基础知识

掌握力学基础知识有助于分析油气井测试下井过程中井下工具串和钢丝的受力情况，能有效判断井下工具串遇阻、遇卡现象，从而达到安全生产的目的。

1. 二力平衡条件

二力平衡条件：二力的大小相等，方向相反，并且作用在同一个作用点上。

2. 加减平衡力系原理和力的可传动性原理

加减平衡力系原理：若一个物体在两个或两个以上大小方向不变力作用下保持合力为零，那么加或减一个力时，合力的方向大小与该力相等，方向相同或相反。

力的可传动性原理：当一个力作用在叠加在一起的几个物体上，那么所有的物体都受到该力的作用。

3. 力的平行四边形法则

力的平行四边形法则又称共点力的合成法则：以表示两个共点力的有向线段为邻边作一平行四边形，该两邻边之间的对角线即表示两个力的合力的大小和方向。

由力的平行四边形法则可知，两个共点力的合力不仅与两个力的大小有关，且与两个力的夹角有关。当两个力的大小一定时，其合力的大小将随两个力夹角的变化在两个力之和与两个力之差的范围内变化。

4. 作用和反作用定律

一物体对另一物体作用的同时引起另一物体对此物体大小相等、方向相反的反作用，而且这两力在一条直线上，即两物体间的一对相互作用，永远等值反向，且在同一直线上。这个定律称作作用和反作用定律。

三、油气井测试常用工具及基本钳工知识

（一）常用工具

1. 管钳

管钳是油气井测试作业常用工具之一，在使用时要根据工件的外径选择适当规格的管钳，具体参数见表 2-8。

表 2-8　管钳规格与工件外径尺寸

管钳长度	in	6	8	10	12	14	18	24	36	48
	mm	150	200	250	300	350	450	600	900	1200
夹持管子最大外径，mm		20	25	30	40	50	60	70	80	100

管钳使用前应检查：钳牙是否脱落、磨平；固定销是否断裂，或有无裂纹；钳口开合是否灵活。

管钳的使用：打开钳口，调至合适开度，咬住管子，一手扶钳头，一手按住钳柄上扣或卸扣。在松扣或紧扣时，管子另一端要固定好。顺时针为紧扣，逆时针为卸扣。上扣时，应先用手上扣，当不能转动时再用管钳上扣；拆卸时，卸松以后能用手转动时，应取下管钳用手松扣。在井口操作时，使用管钳应往内扳，严禁往外推，防止管钳滑脱伤人。

2. 活动扳手

使用活动扳手作业时，要根据螺栓或螺帽的直径选用合适的扳手，具体参数见表 2-9。

表 2-9　螺栓或螺帽与扳手的关系

规格	in	6	8	10	12	15	18	24
	mm	150	200	250	300	375	450	600
最大开口	mm	19	24	30	36	46	55	65
适用螺母范围	mm	10 以下	6~12	10~16	12~22	18~27	20~30	25~40

扳手使用前应检查扳手本体和活动部分是否有损坏、失效。调节扳手开口到合适开度，夹紧螺母，不松不旷，顺时针扳动紧扣，逆时针扳动松扣。扳动时活动部分在前，使力量集中在虎口固定部位上，不能反向扳动。扳手用力方向应与扳手柄成直角，是扳动而不是推压。不得在扳手柄套上加力管或用手锤敲击扳手。

3. 手钢锯

根据工件选择锯弓、锯条，厚、软工件选 18 齿粗齿或 24 齿中齿；薄、硬工件选 32 齿细齿。

安装锯条时，应锯齿向前，不能装反；调节锯条张紧度，保证松紧程度合适。

4. 管子割刀

根据工件选用割刀，其使用规范见表 2-10。

表 2-10　管子割刀使用规范

管子割刀规格名号	割刀范围，mm	割轮直径，mm	滚子直径，mm
2	3～50	32	27
3	25～75	40	32
4	50～100	45	38
6	100～150	45	38

5. 管子板牙

根据管子的直径选择好管子板牙和牙块的型号、规格。管子绞板规格见表 2-11。

表 2-11　管子绞板规格

型号	套制管螺纹公称直径，mm	每套板牙具有的牙块规格，mm
104、114	12.7～50	12.7～19　25.4～32　38～50
117	57～100	57～76　89～100

（二）基本钳工知识

在不同的行业中，钳工的工作内容是有差异的，但一些基本的操作技能，例如量具与检测工具的使用、画线、金属凿削、锉削、金属切割、钻孔和扩孔、攻丝和套丝、刮削以及研磨等，是钳工必须掌握的。油气井测试队伍目前多数未配置专门的钳工工种，但在检修设备的工作中有时需要用到一部分钳工知识和技能。因此，在此处就钳工的操作内容及注意事项作一粗略介绍。

1. 测量

测量尺寸是一项基本工作，在油气井测试和设备维修工作中经常使用的测量工具有：钢圈尺、钢板尺和游标卡尺。使用游标卡尺测量尺寸时，应轻拉轻推，接触面松紧应适度，否则容易损坏游标卡尺，且导致测量数据产生较大误差。钢板尺和游标卡尺均应轻拿轻放，钢卷尺注意不能挤压，注意保养，禁止用其他物品敲击测量工具或用测量工具敲打其他物件。

2. 手钢锯的使用方法

（1）装夹工件：圆柱形工件用龙门压力钳，板型工件用台虎钳，夹紧力要合适。薄板和薄壁管子应加衬垫，衬垫金属的硬度应比工件硬度低。

（2）锯割工件：右手握住锯柄，左手压在锯弓前端，推锯时对锯弓加压，回程时不可加压，起锯角度要小，锯速要适中，用力要均匀，锯条往返应走直线。薄板工件可连同衬垫一起锯掉，管子锯到一定深度（锯穿内壁前）应将管子顺锯齿方向转动后再锯，将要锯完时速度要慢，压力要轻，行程要小，并用手扶着工件，防止工件落地损坏，砸伤或损坏锯口断面。

（3）锯割时，可用油或水冷却工件、锯条。

3. 管子割刀的使用方法

（1）装夹工件：用龙门压力钳将管子夹紧。

（2）逆时针旋转割刀手柄，待滚轮退回后，把刀架套在管子上，顺时针旋转手柄，压下刀片使其与管子外壁接触，刀片要对准刀割处，割刀片和滚轮要与管子垂直。

（3）顺时针慢慢转动刀架，让刀片割入管壁，在转动刀架的同时，不断旋转手柄螺杆进刀，直至割断管子为止。切割第一圈时进刀量可稍大些，以便割出比较深的刀槽，以后每次进刀以不超过螺杆半转为宜。

（4）切割时，在切割处和割刀各活动部分加少量润滑油。管子快切割断时应扶正管子，防止管子掉落损坏刀片。

4. 管子套扣

（1）装夹工件：用龙门压力钳把管子夹紧，管子过长时，尾端要抬平。

（2）装牙：将扳机按顺时针方向转到极限位置，松开小把，转动前盖，使两条 A 刻线对正。然后将要用的板牙按 1、2、3、4 序号对应地装入牙架的 4 个牙槽内，将扳机转到逆时针方向的极限位置。

（3）上板：转动后盖，调节三爪（三爪不要过紧，起到扶正工件的作用即可），将板架套入管子上。

（4）套扣：为了保证管扣质量，延长牙块寿命，套扣应分二到三板进行。每次均要调节套圈的位置。首板，转动大盖，使管径刻度线接近"0"线，紧固手柄进行套扣。第二板，首板套到一定扣数后，退牙，以上述方法使管径刻度线对正"0"线再套。

（5）退牙：管子套到所需扣数后，要逐渐向回退牙，边退边松扳机。第二板套进时应注意管头扣的深度，不要错扣，由深而浅呈锥状。

（6）卸牙：按顺时针方向将扳机和大盖转到极限位置，取下牙块。

5. 其他操作

（1）锉削工件：工件应在台虎钳上夹紧，选择好锉刀，先粗后细进行锉削，不断检查加工表面和尺寸，确保加工面和尺寸符合要求。锉削工件时，人要站稳，用力不得过猛，以免碰伤他人或自己跌伤。

（2）攻丝和套丝：首先应选择对应尺寸的丝锥和板牙，需要攻丝的坯件孔径应合适，需要套丝的圆杆直径也应合适，否则螺纹不合，无法使用。攻丝和套丝都应将工件夹紧夹牢，用力均匀且平稳，以免引起丝锥折断和板牙损坏，影响工作。

（3）利用小型台钻钻孔，打尺寸孔时，一般先钻小孔，再扩钻为符合尺寸的孔，小尺寸孔可一次完成。钻孔时用力均匀，送进缓慢平稳，必要时添加冷却剂，并应注意铁屑，避免其飞溅伤人。

四、国际单位制基本单位

国际单位制基本单位是一系列由物理学家订定的基本标准单位，缩写为 SI。1960 年 10 月十一届国际计量大会确定了国际通用的国际单位制，简称 SI 制。

SI 制共有 7 个基本单位：长度 m，时间 s，质量 kg，热力学温度（Kelvin 温度）K，电流单位 A，光强度单位 cd，物质的量 mol。2 个辅助单位：平面角弧度 rad，立体角球面度 Sr。

（一）国际单位制定义

米（长度单位）：光在真空中于 1/299，792，458s 的时间间隔内经过路径的长度。[第 17 届国际计量大会（1983）]

千克（质量单位）：国际千克原器的质量，$1m^3$ 的纯水在 4℃时的质量。[第 1 届国际计量大会（1889）和第 3 届国际计量大会（1901）]

秒（时间单位）：铯–133 原子基态的两个超精细能级之间跃迁所对应的辐射的 9,192,631,770 个周期的持续时间。[第 13 届国际计量大会（1967），决议 1]

安培（电流单位）：在真空中，截面积可忽略的两根相距 1m 的无限长平行圆直导线内通以等量恒定电流时，若导线间相互作用力在每米长度上为 $2×10^{-7}N$，则每根导线中的电流为 1A。[国际计量委员会（1946）决议 2。第 9 届国际计量大会（1948）批准]

开尔文（热力学温度）：水三相点热力学温度的 1/273.16。[第 13 届国际计量大会（1967），决议 4]

摩尔（物质量）：一系统的物质的量，该系统中所包含的基本单元（原子、分子、离子、电子及其他粒子，或这些粒子的特定组合）数与 0.012kg 碳 12 的原子数目相等。[第 14 届国际计量大会（1971），决议 3]

坎德拉（光强度单位）：一光源在给定方向上的发光强度，该光源发出频率为 $540×10^{12}Hz$ 的单色辐射，且在此方向上的辐射强度为（1/683）W/sr。[第 16 届国际计量大会（1979），决议 3]

国际单位制基本单位见表 2-12。

表 2-12　国际单位制基本单位

量	常用符号	单位名称	单位符号
长度	L	米	m
质量	m	千克	kg
时间	t	秒	s
电流	I	安[培]	A

量	常用符号	单位名称	单位符号
热力学温度	T	开［尔文］	K
物质的量	n	摩［尔］	mol
发光强度	Iv	坎［德拉］	cd

（二）单位基本换算

单位基本换算详见附件三。

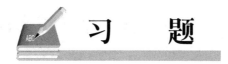

习　　题

简答题

（1）油气是怎样形成的？

（2）什么是油气藏和油气田？

（3）什么是储油气圈闭？

（4）地层压力的定义是什么？

（5）压力、温度梯度的计算方法和表示形式分别是什么？

（6）石油的主要用途有哪些？

（7）天然气的主要化学组成成分有哪些？

（8）天然气的爆炸范围是什么？

（9）有哪些油气田水类型？

（10）油气田有哪些不同类型的井？

（11）井身结构的组成主要包括哪几部分？

（12）目前有哪些完井方法？

（13）完井的目的是什么？

（14）通常完井管串中有哪些井下特殊工具？

（15）熟悉采油气井口装置的主要部件以及阀门的编号顺序。

（16）采油气树中节流阀的作用是什么？

（17）熟悉 KQ65-70、KQ65-105、KQ78-70 采气井口法兰、钢圈和螺栓的规格和参数。

（18）什么是欧姆定律？

（19）国际单位制的基本单位有哪些？

（20）熟悉常用长度、质量、压力、压强、温度各种单位的换算。

第三章

测试仪器及设备

第一节　井下、井口电子压力温度计

一、压力温度计概述

压力计是一种测量流体压力的仪器，将被测压力与某个参考压力（如大气压力、其他给定压力）进行比较，测得相对压力或压力差。压力计分机械式和电子式两种。由于油气井井下的特殊性，所以出现了井下测压的专用仪器。

由于机械压力计的精度低，随着电子技术的发展，电子压力温度计已取代了机械式压力计。电子压力温度计中都带有测量温度的温度传感器，因此电子压力温度计是广泛应用于测量和记录油气田地层中的油气水等介质的压力及温度值的电子设备，也是一种具有高实时性、高精确度、高分辨率"三高"特征的井场压力及温度测试装置。

(一) 电子压力温度计的种类

根据使用的传感器分类，电子压力温度计有四类，分别为：应变电阻、电容式、硅–蓝宝石及石英晶体电子压力温度计。电容式电子压力温度计传感器稳定性较差，现在使用的一般都是应变电阻、硅–蓝宝石、石英晶体电子压力温度计，石英晶体传感器性能稳定，精度高。

根据测试位置划分，压力温度计分为井下电子压力温度计、地面电子压力温度计，它们的主要区别在于工作温度不同，井下电子压力温度计一般可以在常温到高温（200℃）的环境下工作，地面电子压力温度计工作一般在−20~80℃下工作，其工作原理和校验方法基本相同。

根据测试位置划分，压力温度计分为存储式、直读式两种。存储式的优点是使用简单，使用成本低，可靠性高。

(二) 电子压力温度计的结构

以常用的井下电子压力温度计为例，它们一般由压力、温度传感器、传压部分、电子存储部分、外壳、电子接口适配器、计算机及配套的软件等组成。具体结构如图 3–1 所示。

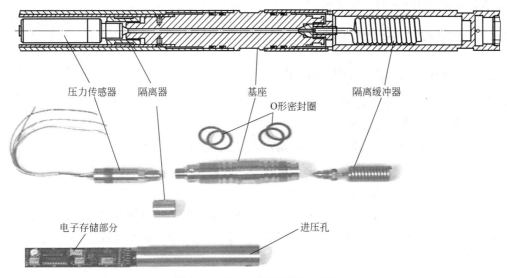

图 3-1　电子压力温度计示意图

（三）电子压力温度计的工作原理

电子压力温度计的核心部件是压力传感器和温度传感器，电子压力温度计包含两个测量电路：压力测量电路和温度测量电路。被测介质的压力/温度通过传压部件作用在传感器上，压力传感器输出一个被测介质压力对应的电信号，温度传感器输出一个被测介质温度对应的电信号，通过 A/D 转换为数字信号，电子存储部件记录数字信号，通过专用的接口箱与计算机连接，将电子存储部件记录的数字信号回放到计算机，用标定数据将信号还原成真实的压力、温度值。

（四）电子压力温度计的性能指标

以常见电子压力温度计为例，介绍电子压力温度计的性能指标。

1. 电子压力温度计的精度、分辨率、量程

（1）精度，也称准确度，表示电子压力温度计的示值与实际真实值之间偏差的大小。

（2）分辨率，也称灵敏度，表示电子压力温度计的最小信号感受值，分辨率的高低不仅反映了测试误差的大小，而且对压力传播半径和渗透率的测试值都有很大的影响。

（3）量程，指从电子压力温度计的最小测量值到最大测量值的测量范围，分压力、温度量程。

①压力量程：压力计的压力测量范围。

②温度量程：压力计的温度测量范围。

2. 井下电子压力温度计的材料及外形尺寸

（1）外径：常用的外径有 $\phi19mm$、$\phi32mm$、$\phi38mm$ 三种。

（2）长度：根据生产厂家的不同，井下电子压力温度计的长度各不相同。

（3）材料：不同的测试介质对井下电子压力温度计的外壳材质要求不同，一般需要高抗硫材质时选用 INC718 不锈钢。

二、压力温度计的操作

（一）电子压力温度计的操作步骤

电子压力温度计的操作主要包括以下 9 个步骤。

（1）安装操作软件及驱动。

在计算机上安装压力温度计的专用操作软件及相关的驱动程序，用于连接电子压力温度计。

（2）打开专用软件并连接仪器。

在计算机上打开压力温度计的专用操作软件，连接电子压力温度计，当计算机不能连接仪器时，应检查计算机的端口是否设置正确，是否安装仪器的驱动程序。

（3）压力温度计编程。

根据设计要求进行编程，编程时需要输入采样时间间隔和采样时间，采样时间间隔就是在某段时间内按一定的时间进行采样，比如 0~1h 以 2s 的采样间隔采样，那么这 1h 的采样点就是 1800 个，1~2h 以 5s 的采样间隔采样，那么这 1h 的采样点就是 720 个，依次类推，2s、5s 就是采样时间间隔，0~1h、1~2h 就是采样时间，采样点就是所有采样点的和，采样点的总和不能超过电子压力温度计存储的总量。

（4）检查压力计。

检查更换电子压力温度计的 O 形圈，电子压力温度计传感器有隔离器的需要加注隔离液并保证传压通道畅通。

（5）电池安装测试。

安装电池时需要对电池的电量进行检测，标准的 150℃ AA 锂电池的电压是 3.6~3.9V，高温锂电池若长时间没有使用应进行活化。电池长时间储存，电池的容量和性能都比较差，因为电极上使用的活性物质表面会产生一层氧化薄膜，阻止锂离子的嵌入和脱嵌过程，也就是表面的活性不足，这时需要采用非常小的电流，进行活化，使得活性材料的表面的氧化层还原，提高活性，随着活化的进行，电池的容量逐渐提高，经过一段时间的小电流的放电循环，活性物质充分活化以后，电池的容量就会达到最佳。

（6）启动压力计。

安装电池，观察电子压力温度计是否工作正常，记录通电时间。

（7）连接压力计。

涂抹适量的螺纹油，防止螺纹粘连，使用专业工具上紧各个连接处。

（8）压力测试数据回放。

电子压力温度计数据回放，当测试结束后就对电子压力温度计中存储的数据进行回放，用电子压力温度计的专用接口线与计算机连接，打开电子压力温度计的专用软件，选择回放菜单，输入数据回放的路径及文件名，某些压力温度计是默认路径和文件名，回放时一般有回放进度显示，数据回放完成后，一般需要数据转换，有的是自动转换，转换后的数据就可显示在计算机的专用压力温度计软件上。

（9）仪器清洁。

数据回放完成后需要对压力温度计进行清洁，以备下次使用。

（二）电子压力温度计的校验

电子压力温度计压力和温度探头的感应曲线都是有一定规律的非线性变化曲线，标定的作用就是通过更高等级的压力和温度标准器来校对压力、温度变化曲线。

1. 电子压力温度计标定条件

（1）电子压力温度计标定环境条件要求见表3-1。

表3-1　电子压力温度计标定环境条件要求

电子压力温度计准确度等级	环境温度，℃	相对湿度，%	其他
0.02，0.025，0.05，0.1	20±1	<80	防震、远离强磁场
0.2，0.5	20±3	<80	
1.0	20±5	<80	

（2）电子压力温度计校准设备要求见表3-2。

表3-2　电子压力温度计校准设备要求

电子压力温度计准确度等级	压力计检定装置	恒温浴温场偏差，℃	砝码等级	低温装置温场偏差，℃
0.02，0.025	0.005	±0.5	三等标准	±1
0.05，0.1	0.02	±1		±2
0.2，0.5，1.0	0.05	±3	四等标准	±3

2. 电子压力温度计标定过程

（1）外观检查、振动与冲击检查、密封性检查。

（2）电子压力温度计校准示值要求见表3-3。

表3-3　电子压力温度计校准示值要求

适用范围	温度点	压力点	循环次数
新制造、修理后	4	11	3
使用中	2	6	3

校准点应在被校准电子压力温度计的测量范围内均匀分布。被校准电子压力温度计垂直安装在恒温器内，按确定的压力、温度校准点，每个温度点从压力的测量下限开始，平稳地逐点升至测量上限值（正行程），然后接原校准点倒序往回校准压力（反行程），分别记录正、反行程输出示值为一次循环。

（三）电子压力温度计的维护、保养及注意事项

清洁压力计及螺纹。根据井下工作环境选用或更换相应的密封圈，润滑压力计螺纹。

卸下导锥或过渡接头，清理传压孔和传压通道。如果传压孔被堵塞，会影响数据采集的准确性。冲洗传感器表面时，不能触碰传感器表面隔膜，否则会引起传感器损坏。仪器保养完成后应装上导锥，保护传感器不受损伤。

压力计属精密电子仪器，应轻拿轻放。压力计不使用或运输过程中，应将仪器存放在专用仪器箱内。

仪器未组装好之前，不能浸入液体，以避免电路损坏。

(四) 井下电子压力温度计操作警告

压力计具有承受相当大的机械物质和化学物质侵蚀的能力，然而，压力计的内部构成，包括传感器都是非常敏感的，用户需要采取预防措施避免压力计受到损害。

1. 运行速度

压力计容易受到末端机械振动的影响，尤其是型号较小的压力计，因为它的直径很小，所以不能经受较大的振动。通常井下压力计末端有抗机械振动的功能，为了避免振动，用户需要把运行速度限定在 30.5 或 45.7m/s 以内。

2. 化学物质的侵蚀

电子压力温度计传感器和 O 形圈都极易受化学物质的侵蚀，可以通过经常性的检查和更换 O 形圈减少侵蚀。

如果油井中含有硫化氢或者其他的腐蚀性化学物品，就需要保护直接接触传感器的液体油。通常采用润滑油来防止井内介质直接接触压力计的敏感部位。因为油脂最终会被消耗掉，所以使用者需要经常清洗工具更换油脂。

第二节　活塞式压力计

活塞式压力计常简称为活塞压力计或压力计，也可称为压力天平，主要用于计量室、实验室以及生产，或在科学实验环节作为压力基准器使用，也可将活塞式压力计直接应用于高可靠性监测环节，以便对当地其他仪表进行表决监测。

一、活塞式压力计工作原理

活塞式压力计是基于帕斯卡定律及流体静力学平衡原理的一种高准确度、高复现性和高可信度的标准压力计量仪器，主要由手摇压力发生器、标准活塞测量头、标准砝码组、液压系统以及各种操控阀门组成。当油杯阀处于开启状态时，可通过手摇压力发生器（或称压力校验器）为系统填充介质；当油杯阀处于关闭状态时，活塞式压力计便成为一个密闭的压力系统。再通过手摇压力发生器为这一密闭的系统进行压力操控。在整个工作进程中，活塞式压力计将遵循流体静力学平衡原理稳定工作。当您在活塞底盘上添加或减少砝码后，系统的压力会随之发生变化。要使系统的压力与活塞底盘及其连接件和当时所承载的标准砝码的质量总和的作用力平衡，还需通过手摇压力发生器为系统升压（降压）操控，使活塞底盘升（降）到指定位置。处于这种状态下的系统压力就是一个标准的压力值。显然，这就是压力概念定义的实践，这一压力量值的准确程度将完全取决于活塞系统的有效面积和专用砝码的质量精度。如果需要解除系统的密闭状态，只要通过手摇压力发生器将系统压力下调到活塞底盘的初始位置后，缓慢开启油杯针阀即可。

二、活塞式压力计结构、型号及性能指标

（一）活塞式压力计结构

活塞式压力计由活塞、活塞套、压力发生器、传压介质、进油阀、砝码托盘、砝码、标准压力表组成，如图 3-2 所示。

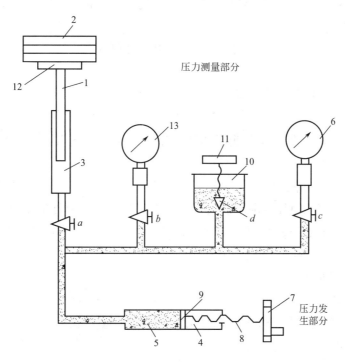

图 3-2　活塞式压力计结构示意图

1—测量活塞；2—砝码；3—活塞柱；4—手摇泵；5—工作液；6—被校压力表；7—手轮；
8—丝杆；9—手摇泵活塞；10—油杯；11—进油阀手轮；12—托盘；13—标准压力表
a，b，c—切断阀；d—进油阀

活塞和活塞套采用高强度、高硬度和低温度膨胀系数的合金钢、碳化钨等材料制成，温度膨胀系数小、变形量小，能够保证活塞有效面积周期变化率较小，从而保证活塞压力计有极高的灵敏度。

（二）常见活塞式压力计型号及性能指标

常见活塞式压力计的型号包括 YS-6、YS-60、YS-250、YS-600、YS-1000 及 YS-2500 等。

常见活塞式压力计的测量范围包括 0.04～0.6MPa、0.1～6MPa、0.5～25MPa、1～60MPa、2～100MPa 及 2～250MPa 等。

常见活塞式压力计准确度包括 0.005 级（±0.005%）、0.02 级（±0.02%）及 0.05 级（±0.05%）。

常见活塞式压力计型号工作介质：25MPa 以下为变压器油或变压器油与煤油的混合油；25MPa 以上（含 25MPa）为癸二酸酯（癸二酸二异戊酯或癸二酸二异辛酯），俗称蓖麻油。

三、活塞式压力计的操作

（1）调节水平。

用水平调节螺钉调节水平，使压力计水平器气泡处于中心位置。

（2）加减砝码。

根据被检仪器（表）的压力值应加上同样压力值的砝码。

（3）恒温。

在规定的环境温度下恒温放置压力计，一般为 1~2h。

（4）排空。

打开右侧截止阀，再打开左侧泄压阀，用预压泵排去内腔空气，随即关闭左侧泄压阀。

（5）检查活塞工作位置。

接通电源后，当压力计数字表示数在零左右时，表示压力计活塞已经落到底（无压力或压力过小），当数字表示数在零以上 3mm 以内时，表示压力计已经正常工作，压力值是准确的，如果超过 3mm，则表示压力过大。

（6）用预压泵加压。

在用预压泵加压时，当手感内腔已有压力后，可一边继续加压，一边退出调压器丝杆，最长退出长度不得超过 50mm，随即关闭右侧截止阀（注意：退调压器时不要用力过猛，以免损坏丝杆）。

（7）加压。

在压力计上加入与被测量压力相应的砝码，先转动砝码使其转动，转速大约为 30~60r/min，再用调压器加压，使活塞上升。当活塞工作位置指示器上指针达到零位附近时读数。

（8）连续升压。

第一点读数后，应先用调压器降压，使活塞下降至最低位置，然后在压力计上加放与第二点测量相应的砝码值，再用调压器加压并读数，直至正行程测量完毕。

（9）反行程。

反行程测量时，仍需先用调压器降压。操作中避免用泄压阀降压，特别在高压测量时，此操作很可能震断活塞从而损坏压力计。

（10）测量结束。

测量完毕，应打开左侧泄压阀，将调压器旋入，恢复原状。取下被测量仪器，并在快速接头处加放堵头。

四、活塞式压力计维护保养

（一）存储环境

存储环境应可保持活塞式压力计清洁，避免将活塞式压力计放在湿度过大的环境中，以免锈蚀。

（二）接头及密封圈

快速接头和活塞缸下端密封圈易损坏，若发现泄漏应及时更换。

（三）预压系统

油杯中液面应经常高于油杯过滤器罩子上端面。

空气进入预压泵中会造成预压泵失效。这时应拧松预压泵进油接头，使空气随液体流出，当液体连续流出时拧紧接头，恢复预压泵功能。

五、年检校准

（一）环境条件

若在检定（校准）室进行校准，环境条件应满足实验室要求的温度、湿度。若校准在现场进行，环境条件应以满足仪表现场使用条件为准。

（二）设备条件

作为校准用的标准仪器，其误差应是被校表误差的 $1/3 \sim 1/10$。

（三）人员资质

校准人员应经有效考核并取得相应的合格证书，校准机构应取得国家颁发的 CNAS 计量资质。

第三节　井下取样器

油气井在生产过程中，利用钢丝悬挂井下取样器，由试井车通过防喷管下入井中，取得全井或分层油、气、水样，对其加以化验分析，得到储层流体物理、化学性质和特性等资料，为油气藏的开发提供依据。

一、井下取样器的种类

按取样控制方式划分，井下取样器可分为机械式和电子式两种。

机械式取样器按取样方式可分为钟机式、活塞式、锤击式、压差式、提挂式等。

电子式取样器按取样方式可分为电机式、电子气动式，按取样过程和原理又可分为流入型和吸入型两种。

二、井下取样器的结构

井下取样器由控制器和取样筒两部分组成。

所有类型取样器的取样筒结构大体相似，主要包括导锥、下阀、插销、弹簧套、控制套、调节螺母、连杆、阀座等。

控制机构的不同决定了取样器种类的不同。取样器性能对比见表3-4。

表3-4 取样器性能对比表

名称	结构方式	优点	缺点
钟机式	钟表机构	可靠性高	操作较复杂
锤击式	锤击	操作简单	作业风险大，仅用于直井
挂壁式	在油管接箍处拉挂	操作简单	可靠性差，下放过程中不能上提
电子式	电动式	取样准确	价格昂贵

注：锤击式、挂壁式现在少使用，常用的是钟机式、电子式取样器。

以 SQ3 型机械式取样器为例，SQ3 型井下取样器的结构如图 3-3 所示。

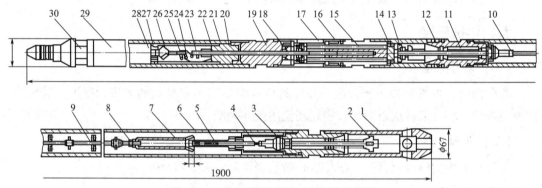

图 3-3 SQ3 型井下取样器的结构示意图

1—导锥；2—下阀弹簧座；3—下阀；4—插销；5—弹簧套；6—取样筒；7—控制套；8—调节螺母；9—连杆；
10—固定螺母；11—阀座；12—下短节；13—上阀弹簧座；14—下接头导块；15—导杆；16—下接头；
17—上短节；18—密封圈；19—上接头；20—控制座；21—芯杆；22—外套；23—横轴；24—控制架；
25—拉簧；26—锥形轮；27—定位销；28—钟机；29—钟机外壳；30—绳帽

三、井下取样器的工作原理

以 SQ3 型机械式取样器为例，介绍井下取样器的工作原理。

（一）取样筒

取样筒下井前压缩下阀及弹簧，下阀插销上移，其锥头伸出弹簧套，压下下接头导块，上阀弹簧受压缩，使上阀下移，和上阀连在一起的连杆及控制套随同向下移动，下阀及弹簧套进入控制套，使下阀插销上的锥头被弹簧套上端卡住，装好控制接头，让上、下阀处于打开位置。

（二）阀关闭过程

钟机主轴旋转带动锥轮转动，当钟机走到预定的时间时，锥轮凹槽与控制架的舌头对正，控制架在弹簧作用下，使舌头落入槽中，芯杆在上阀弹簧力的作用下，顶出控制座，上阀上移关闭，与此同时，控制套脱开下阀及弹簧套。下阀插销上的锥头在阀弹簧力的作用下离开弹簧套，下阀被关闭，样品被封闭在取样筒中。

四、井下取样器操作

以 SQ3 型机械式取样器为例，介绍井下取样器的操作。

（一）操作程序

将取样器的导锥卸下，垂直放置，压缩下阀，用 50mm 平口螺丝刀插入 L 形槽内，压下接头导块。

上、下阀开启并锁住，装上导锥。

钟机定时：钟机钥匙套在时钟锥轮上，将钥匙销子穿在锥轮槽中，逆时针转 7~8 圈上条，将钟机钥匙上的时间刻度对准钟机上的定时刻度线。

用钟机螺丝将已定时钟机放入钟筒，并轻轻旋转钟机螺丝，使锥销进入钟机定位槽中，并听到端面接触时发出的响声。

取出钟机螺丝，装上取样器绳帽接头。

抽出 50mm 平口螺丝刀，将各接头拧紧，取样器组装完成。

（二）技术要求

下井前在地面应对钟机定时和上、下阀关闭效果进行反复试验，确定要检验合格，并认真检查各密封件。

五、井下取样器的维护保养

（一）控制机构维护保养

（1）使用后，清洗仪器外表面油污。

（2）拆掉控制部分外套筒，对控制架转动轴承加注润滑油保养。

（3）清洁、检查钟筒上、下接头密封圈、芯杆密封圈，对不合格的密封圈进行更换。

（4）按顺序组装好控制机构。长期不用时，控制机构应存放在仪器箱内，仪器箱应放在通风干燥处。

（5）钟机要妥善保管，防振、防油污，不使用时应放在钟机盒内单独保管。

（二）取样筒维护保养

（1）完成一次取样任务后，应拆开上、下接头，清洗取样筒、阀、阀座等部件。

（2）装配时检查阀、阀座及密封圈。

（3）长期不用时，卸开取样器并带上护丝，取样筒应存放在仪器箱内并置于通风干燥处。

（三）使用注意事项

（1）每次下井前，应确保控制器密封圈和密封面完好。仪器安装前给密封圈涂上润滑脂，保证仪器密封可靠。

（2）安装上、下阀受压时，力要保持在轴向方向，防止径向力压弯上、下阀。

（3）取出的样品均为高压样品，现场化验时必须使用转样接头转样。

（4）取样筒是承压器件，采集纯气体样品的作业次数达到额定次数后应予以报废。

第四节　油气井动态监测分析仪

在采油气过程中，对井下液面进行监控是非常重要的，但传统的依靠子弹发声的方法，不能对高压油气井的液面进行监测，且存在危险，目前最新开发的油气井动态监测分析仪（回声仪）可对低、高压油气井井下液面进行在线连续监测，且不以火药爆炸为动力，而是以井口气体自然发声或以高压氮气为动力，可对套压为 100MPa 以内的油气井液面进行在线监测，还可监测显示地表示功图泵功图以及监测电机功率和电流等。

一、油气井动态监测分析仪结构

油气井动态监测分析仪主要由记录仪和井口连接器组成。记录仪由放大器、滤波器、操作面板记录机构、电池、充电器等组成。井口连接器由发生器、微音器、井口连接头、电缆、高压气瓶等组成，部分油气井动态监测分析仪还有压力表、压力温度传感器等。回声仪井口装置如图 3-4 所示。

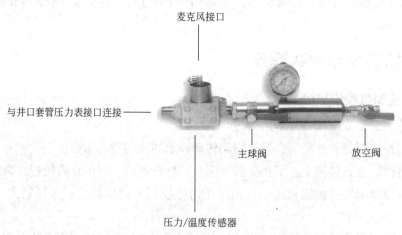

图 3-4　油气井动态监测分析仪井口装置示意图

二、油气井动态监测分析仪原理

液面测试方法利用声波遇油管接箍和液面要发生反射的原理，对接收到的回声波进行分析，从而获得油套环空的液面深度。分析由专门的分析软件进行，该软件具有自动分析和人工分析两种分析方式，液面计算的方法有接箍法、音速法和音标法等 3 种。

（1）接箍法：声波在油管接箍处的反射波，由于每根油管的长度是固定的，所以只要知道油管接箍的个数就可计算油管的长度，如图 3-5 所示。

（2）音标法：在井下某一固定深度安装一反射物，以该反射物的反射波为标准来计算井下液面的位置。

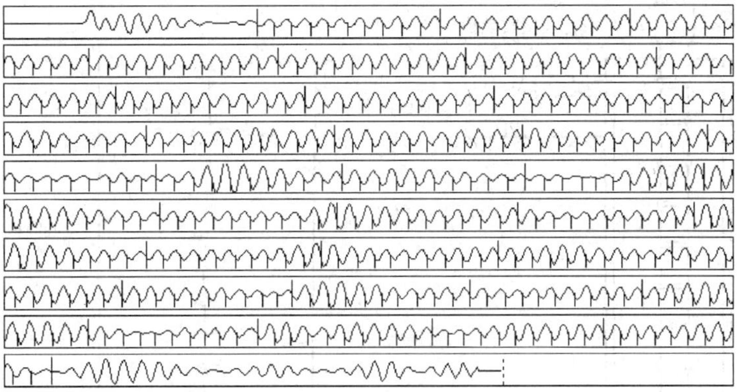

图 3-5 油管节箍反射波示意图

（3）声速法：用油气井动态监测分析仪在气井中测试异常反射波时，声波的反射速度与气井的压力、井口井下的温度、气体的组分有密切的关系，如图 3-6 所示。

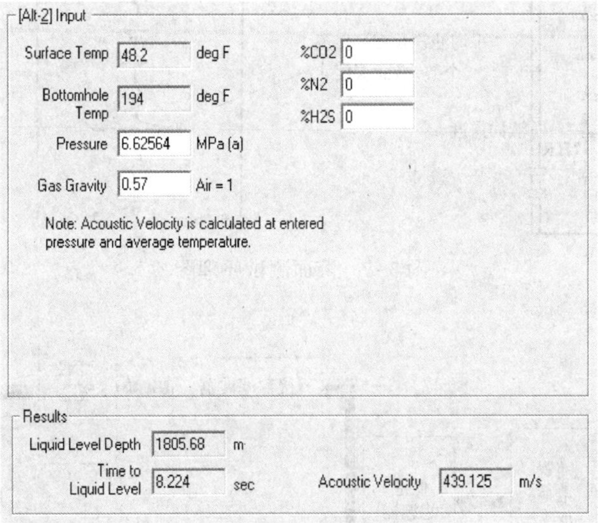

图 3-6 声速法处理示意图

测试时，连接发声装置与套管闸门螺纹或压力表接口，打开阀门，击发声源（当井口压力较高时直接利用井内气压发声，井口压力较低时，需外接氮气瓶发声产生声压脉冲，脉冲通过油套环形空间或油管内空的气体介质向下传播，当遇到音标、接箍、液面或井下工具变径等其他障碍物时产生反射。

微音器把这些反射脉冲信号接收并转换成电信号，产生的电信号按不同的滤波参数和增益大小进行滤波、放大及采样处理，把信号分为液面、接箍与音标通道，最终送到显示屏上。使用者根据记录曲线上接箍波数目、音标波位置及液面波位置可计算出液面深度。

液面测试原理如图 3-7 所示。

反射脉冲信号处理原理如图 3-8 所示。

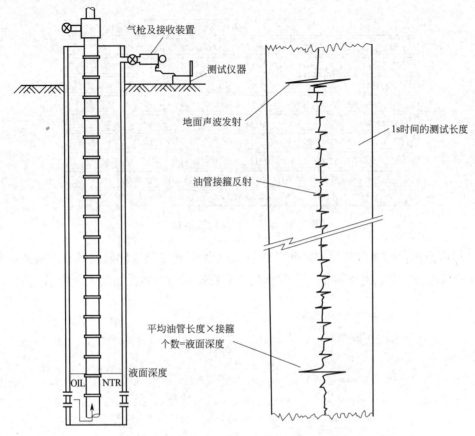

图 3-7　液面测试原理图

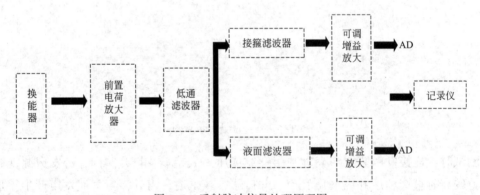

图 3-8　反射脉冲信号处理原理图

三、油气井动态监测分析仪功能

油气井动态监测分析仪主要具有以下功能。

（1）监测环空静止以及动液面。

（2）液面测试的同时能计算得到井底压力。

（3）测试光杆负载和位置数据。

① 计算和判断地表示功图；

② 计算泵功图;

③ 判断游动阀和固定阀是否泄漏;

④ 光杆功率需求分析;

⑤ 抽油机游梁负载分析;

⑥ 光杆负载分析;

⑦ 抽油机功率分析;

⑧ 抽油机性能分析。

（4）抽油机功率/电流测试。

四、液面记录曲线验收与识别

（1）液面曲线必须有高低两个频道记录的波形,且波形清楚,连贯易分辨。

（2）两条曲线上的井口波、音标波（没下回音标时,无此波）、液面波应分别对应重合,并用 A、B、C 标注解释。接箍波波形清楚能分辨。

（3）液面较浅的井（500m 以内）应有二次液面波的反应记录,液面较深的井应有进口波、音标波和液面波的完整曲线。

（4）曲线记录的液面波峰明显,测不出液面波的曲线必须重复测两条。

（5）每条曲线上必须标注井号、仪器号、灵敏度、油套压、测试日期。

（6）典型液面记录曲线如图 3-9 曲线所示。波形 A 是在井口记录下的声波脉冲发声器发出的脉冲信号。

（7）波形 B 是声波脉冲由井口传播至音标,再从音标反射到井口记录下的脉冲信号。

（8）波形 C 是声波脉冲由井口传播至液面,再由液面反射到井口记录下的信号。

（9）T_s 表示从井口波到音标反射波的时间。

（10）Y_s 表示从井口波到液面反射波的时间。

（11）J_s 表示计算时起始有效接箍到终止有效接箍的时间。

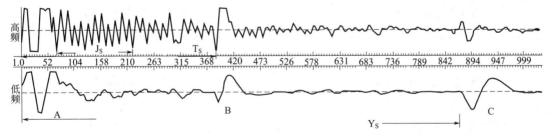

图 3-9　典型液面曲线记录示意图

第五节　井口测试设备

井口测试设备主要由井口防喷装置及其附属配套设备组成,主要安装在地面和井口采油气树装置上,用于在油气井测试过程中密封井口压力,保障钢丝或电缆的正常运行,防止井内流体溢出，是油气井测试必不可少的设备之一。

一、井口测试设备简介

（一）井口防喷装置的作用

井口防喷装置主要用于在油气井测试作业时下入和起出测试仪器和工具，作为压力的缓冲区和仪器、工具通过井口的过渡区，可起到密封井口压力的作用，还可用于对井内加注化学药剂。

（二）井口防喷装置的种类及其简介

井口防喷装置的种类很多，按作业类型可分为钢丝防喷装置和电缆防喷装置，按结构和连接方式可分为普通防喷装置和活接头连接式防喷装置。虽结构性能有些差异，但原理和作用基本一致。钢丝绳和电缆作业的井口密封系统较复杂，需用注脂密封系统。

1. 普通防喷装置

通常普通防喷装置由基座、地滑轮、带放空阀的防喷管、工作平台、顶密封以及天滑轮组成，结构如图 3-10 所示。该装置只可用于钢丝作业。

普通防喷装置基座分为与采油树顶法兰螺纹连接和法兰连接两种类型，起到连接采油树顶法兰与防喷管和扣形转换的作用。采用螺纹连接的基座通常只用于井口压力小于 35MPa 的测试井，该类型基座与采油树顶法兰连接的螺纹通常为 2-7/8in 平式油管扣，也可根据不同型号采油树顶法兰螺纹定制加工。井口压力大于 35MPa 时，必须采用与采油树顶法兰匹配的法兰连接基座，确保该装置与井口连接处的安全性。

地滑轮、顶滑轮分别安装在普通防喷装置基座和防喷管顶部，用于改变钢丝牵引方向，把钢丝换向引导给试井绞车；滑轮可 360° 范围内自动对位，任意转动，方便现场作业；滑轮上配置了防止钢丝跳槽的压丝轮，避免因仪器在井下遇阻时钢丝跳槽折断钢丝。

防喷管的单根长度为 0.5~1.25m 的各种规格，总组装长度可达到 3.5m 以上，通常采用双级 O 形密封环密封，防喷管上还配备有截止阀，可在测试完毕后进行泄压操作。

配置的折叠式活动小平台套装在接头上，能够方便井口操作，减轻劳动强度，提高安全性。

顶密封主要用于油气井测试作业时密封井口油气压力。密封的方式为旋转密封压帽挤压柱状密封件，无论钢丝在静止状态还是运行状态，均能达到随机密封的效果。通常顶密封上部还带有常压润滑油杯，在测试过程中可进行钢丝润滑。

普通防喷装置工作压力通常和采油气设备的压力等级相匹配，主要包括 7MPa、14MPa、21MPa、35MPa 等几个等级。此类防喷装置机械强度应符合设计标准，选择的材质应符合 NACE MR0175 要求。

普通防喷装置的特点是：采用组合方式结构，根据需要组装成不同长度的防喷管，方

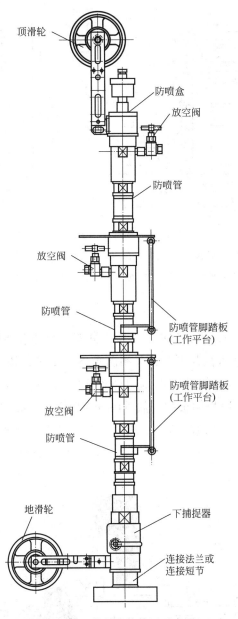

图 3-10　普通防喷装置示意图

螺纹连接强度大，部件轻巧，安装方便，只需人工安装即可。

2. 活接头连接的防喷装置

活接头连接的防喷装置主要由井口连接头、防喷器（BOP）、下捕捉器、下防喷管、上防喷管、上捕捉器、化学剂注入短节、防喷控制头等组成。该类防喷装置可用于钢丝、钢丝绳、电缆作业，进行电缆测试的防喷装置还要加上注脂系统，注脂系统主要包括：注脂头、注脂流管、注脂撬、注脂泵等。

1）井口连接头

井口连接头用于连接防喷器和采油树，井口连接头如图 3-11 所示。

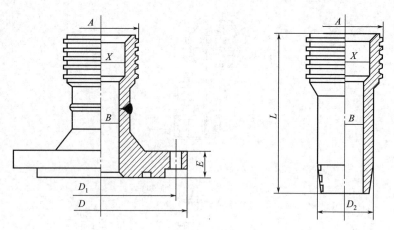

图 3-11　井口连接头示意图

A—活接头螺纹外径；B—通径；D—法兰外径；D_1—螺栓中心距；

D_2—螺纹外径；E—法兰厚度；X—密封面内径；L—连接头长度

2）防喷器

防喷器（Blow out Preventer，BOP）又称封井器，与井口连接头或采油树的顶部相连接。当钢丝、钢丝绳或电缆在井下时，关闭防喷器就可进行该闸阀以上设备的操作和维修。防喷器能密封钢丝或电缆，但不会损坏钢丝或电缆。防喷器按控制方式分类可分为手动和液压控制两种，按防喷器闸板控制数量可分为单级、双级和多级 3 种。手动防喷器结构如图 3-12 所示，防喷器两边的活塞总成前端部分各有一个胶芯（胶芯的作用是密封，

向上连接防喷管方向

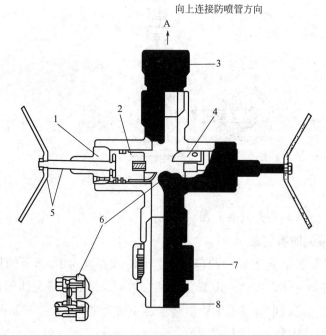

图 3-12　手动防喷器示意图

1—阀门杆压盖；2—带胶芯的闸板；3—活接头；4—电缆导向板；

5—阀门手柄；6—平衡阀；7—活接头盖；8—密封头

防止钢丝损伤）及导向板，活塞总成在外部机械或液压作用力作用下，逐渐向中心靠拢。钢丝在导向板的作用下，回到中心位置，并在不受损伤的情况下夹在两个活塞总成中心，把井内压力封住，防止外喷。

钢丝作业和电缆作业的密封芯子略有不同。钢丝的密封芯子外边是平的，而电缆或钢丝绳的密封芯子的外边有半圆槽。

为了操作方便和安全，除手动防喷器外，还有液压控制的防喷器，该类防喷器可用液压泵在地面上操作。

液压防喷器主要由本体、闸板总成、平衡阀、闸板控制机构等组成，如图 3-13 所示。本体与上部的防喷管或下捕捉器（防掉器）连接，也可以叠接另一个防喷器构成双级密封，下端与井口法兰转换短节或三通连接，是仪器进出井筒的通道。

闸板总成由闸板体、内密封、外密封、导向块和固定螺钉组成，如图 3-14 所示。下入钢丝时，防喷器以上的连接件泄漏，在不损坏钢丝的情况下紧急关闭防喷器，防喷器闸板体由控制机构控制向中心靠拢，内密封将钢丝夹封住，从而关闭井口。

闸板控制机构由活塞、闸板—活塞杆、活塞指向杆、活塞缸、液压控制头、软管控制头、内密封、外密封等组成。控制机构为液压和手动两用控制。液压控制时，可以用手压泵或 BOP 开关泵控制闸板的开关，是防喷器控制井口压力、密封钢丝或电缆的动力源。

防喷器内有一个平衡阀。平衡阀由阀体、控制压力阀、定位器、定位器螺钉、短平衡管、锁紧螺母、密封圈及垫圈等组成。当防喷器关闭并且防喷管内没有压力或防喷器上下有压差时，直接打开防喷器非常困难且极易冲坏内密封件，因此，需要先打开平衡阀，等防喷器闸板上下压力平衡后，再打开防喷器闸板，最后关闭平衡阀。平衡阀是平衡防喷器上下压差的通道。

多级钢丝（电缆）阀的上下闸板之间有注脂孔，可通过关闭上下两级闸板注入密封脂的方法，增强闸板间的密封性能，提高安全性。

3）下捕捉器

下捕捉器又称为防掉器，安装在防喷管以下，按控制方式分类可分为手动和液控两种，可用于钢丝或电缆作业。目前应用较多的为液控式下捕捉器。

（1）作用：下捕捉器的主要作用是防止仪器串在被从井下提升到防喷管后钢丝或电缆意外拉断或抽脱造成仪器落井。下捕捉器在不作业和下井作业过程中处于常闭状态。

（2）结构及工作原理：

下捕捉器安装在防喷管下部，用钢丝或电缆下入仪器后，钢丝或电缆可以从捕捉板的中间槽内通过，不影响起下。

上提仪器进入井口防喷装置后，直径较大的仪器绳帽把捕捉板顶起，使其处于竖直状态，仪器完全通过后，在弹簧的作用下，捕捉板恢复成水平状态，把仪器阻挡在防喷管内，以防重新落入井下。

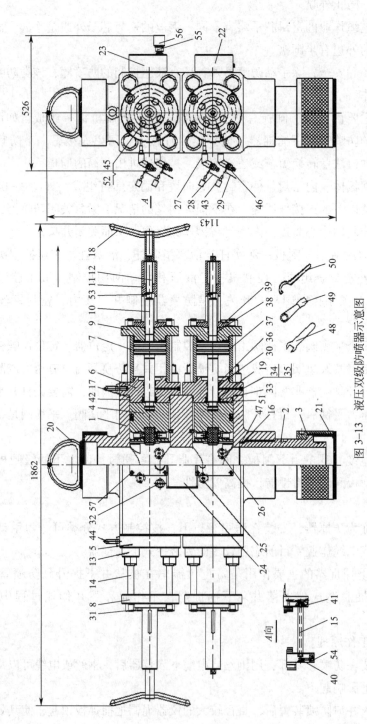

图 3-13 液压双级防喷器示意图

1—壳体；2—下接头；3—活接头；4—闸板总成；5—左端盖；6—右端盖；7—液缸；8—左液缸差；……；54—丝堵

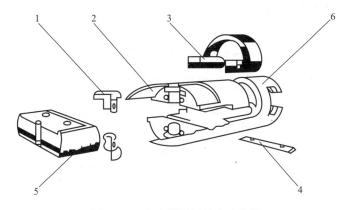

图 3-14 防喷器闸板总成示意图

1—导块；2—闸板金属支撑块；3—后密封胶皮；4—定位片；5—前密封闸板；6—密封闸板主体

在仪器下井前，可通过液控系统驱动活塞，活塞推动扭杆或手动操作扭杆沿转轴转动，带动捕捉板竖起打开，便于仪器顺利通过。仪器下井后，撤去液控压力，捕捉板在扭簧恢复力的作用下会自动复位到原来的水平位置，即捕捉板处于关闭状态。

液控下捕捉器主要由本体、扭杆、扭簧、转轴、捕捉板、液压活塞、液控管线等组成（图 3-15）。

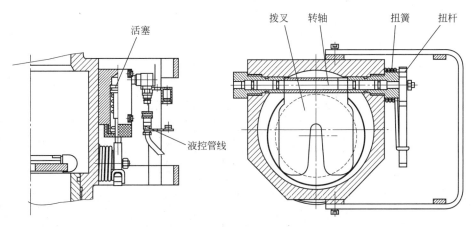

图 3-15 液控下捕捉器示意图

在作业时，确认井口防喷装置连接可靠后，先打开井口测试闸门，上提仪器串一段距离后，让仪器离开下捕捉器的捕捉板。通过液控系统加压使活塞推动扭杆沿转轴转动，使装于转轴上的捕捉板竖起并处于垂直状态，下捕捉器完全打开。此时下放钢丝或电缆，防喷管内的仪器串会顺利下入井内。待仪器串完全通过下捕捉器后，撤去液控压力，捕捉板在扭簧恢复力的作用下会自动复位到原来的水平位置，即下捕捉器处于关闭状态。在上提仪器串时，当仪器串从井下被提升到下捕捉器后连接仪器串的绳帽会顶开捕捉板进入防喷管内，当仪器串继续上提离开捕捉板后，捕捉板又会自动复位至水平状态，防止钢丝或电缆意外被拉断或拉脱后仪器串落井。

此外，由于扭杆和捕捉板是同步调动作的，因此当上提仪器绳帽撞击捕捉板动作时，井口作业人员通过观察扭杆的动作即可确认仪器提升的位置。

4）防喷管及快速接头

防喷管（Lubricator）带有快速接头，快速接头是指能承受高压的管子，能够在压力下允许井下工具进出井筒，以OTIS公司快速接头为例介绍快速接头规范，具体内容见表3-5。

表3-5　OTIS公司快速接头规范表

API法兰尺寸，in	标准OTIS快速接头ACME	快速接头密封直径		内径		服务环境	工作压力	
		in	mm	in	mm		psi	kg/cm^2
$2\frac{1}{14}$	5-4	3. 500	88. 90	2. 06	52. 32	Srt	5. 000	351. 50
				2. 06	52. 32	Srt	10. 000	703. 00
				2. 06	52. 32	Srt	15. 000	1054. 50
	5¼-4	4. 000	101. 6	2. 06	52. 32	H_2S	5. 000	351. 50
				2. 06	52. 32	H_2S	10. 000	703. 00
				2. 06	52. 32	H_2S	15. 000	1054. 50
$2\frac{1}{15}$	5-4	3. 500	88. 90	2. 56	65. 02	Srt	5. 000	351. 50
				2. 56	65. 02	Srt	10. 000	703. 00
				2. 62	66. 55	Srt	15. 000	1054. 50
	5¼-4	4. 000	101. 60	2. 62	65. 02	H_2S	5. 000	351. 50
				2. 56	65. 02	H_2S	10. 000	703. 00
	6¼-4	4. 000	101. 60	2. 56	66. 55	H_2S	15. 000	1054. 50
$3\frac{1}{14}$	5-4	3. 500	88. 90	2. 62	74. 68	Srt	10. 000	703. 00
	5¼-4	4. 000	101. 60	2. 94	76. 20	H_2S	10. 000	703. 00
	7¼-4	5. 500	139. 70	3. 00	76. 20	H_2S	15. 000	1054. 50
$3\frac{1}{5}$	5-4	3. 500	88. 90	3. 00	76. 20	Srt	5. 000	351. 50
	5¼-4	4. 000	101. 60	3. 00	76. 20	H_2S	5. 000	351. 50
$4\frac{1}{18}$	6½-4	4. 750	120. 65	4. 00	101. 60	Srt	5. 000	351. 50
				4. 00	101. 60	Srt	10. 000	703. 00
	8½-4	5. 250	133. 35	4. 00	101. 60	H_2S	5. 000	351. 50
				4. 00	101. 60	H_2S	10. 000	703. 00
	9½-4	6. 250	158. 75	4. 00	101. 60	H_2S	15. 000	1054. 50
$5\frac{1}{5}$	8¼-4	6. 188	156. 98	5. 00	127. 00	Srt	5. 000	351. 50
				5. 00	127. 00	Srt	10. 000	703. 00
	9-4	6. 750	171. 45	5. 00	127. 00	H_2S	5. 000	351. 50
				5. 00	127. 00	H_2S	10. 000	703. 00
$7\frac{1}{16}$	8¼-4	7. 500	190. 50	6. 38	162. 05	Srt	5000	351. 50
	9¼-4	8. 000	203. 20	6. 38	162. 05	H_2S	5. 000	351. 50
	11½-4	8. 250	209. 55	6. 38	162. 05	H_2S	10. 000	703. 00
	12¼-4	7. 000	177. 80	5. 12	130. 04	H_2S	15. 000	1054. 50

防喷管下部连接防喷器或下捕捉器，上部连接捕捉器、化学注入接头、防喷控制头或电缆注脂密封系统，防喷管结构如图 3-16 所示。单根防喷管的长度一般为 2.4m（8ft），也可根据用户要求进行定做。根据需要每次作业可进行防喷管的长度组合。

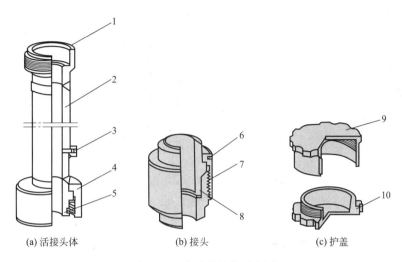

图 3-16　防喷管结构示意图

1—活接头；2—防喷管；3—放空口；4—活接头盖；5—密封头；6—扳手孔；
7—梯形螺纹；8—O 形圈；9—活接头头护盖；10—活接头盖护盖

防喷管一般可分为下节和上节两种类型。上节防喷管容纳绳帽、加重杆和震击器等，可用内径小的管子制成。下节防喷管需要容纳外径较大的井下工具，如堵塞器等，可采用内径大的管子制成。下节防喷管装有 1~2 个泄压阀，用于防喷管泄压，下节防喷管结构如图 3-17 所示。

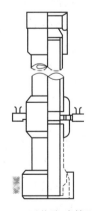

图 3-17　下节防喷管示意图

快速接头仅用手和专用扳手即可上紧，不需要管钳，通过 O 形圈形成密封。有压力时，松开非常困难。

快速接头主要有 3 种类型：OTIS 型、BOWEN 型和 OMSCO 型。按防喷管的结构分类快速接头可分为整体锻造型和螺纹连接型。活接头连接的防喷管在制作上又有几种不同的形式，具体结构如图 3-18 所示。

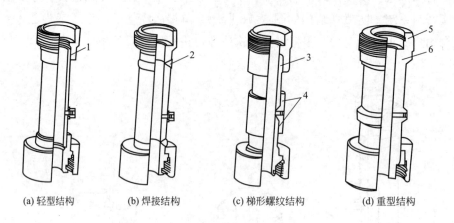

(a) 轻型结构　　　(b) 焊接结构　　　(c) 梯形螺纹结构　　　(d) 重型结构

图 3-18　不同结构活接头连接防喷管示意图

1—油管螺纹连接；2—焊接；3—梯形螺纹连接；5—内密封槽；6—整体结构

图 3-18（a）是较轻型的一种结构，制作较简单，用一般的油管作管体，两端用油管螺纹与活接头头和活接头密封头连接为一体，通过探伤和水压试验即可使用。

图 3-18（b）为焊接结构，活接头头和活接头密封头与管体焊接在一起，壁厚比轻型结构的管体厚，活接头结构相同。防喷管做好后对焊缝进行 X 射线探伤检查并进行磁粉检验和水压试验。

图 3-18（c）为梯形螺纹连接结构，密封部分采用金属接触和胶圈双重密封，需进行磁粉探伤检查并通过水压试验。

图 3-18（d）为重型结构，适用于高压井，防喷管体与活接头头和活接头密封头及放空接头为一体结构，耐压以及刚性性能都比前几类好。

有的生产厂家的活接头密封头的密封槽在活接头的内壁上，对密封的保护有一定的好处，活接头连接防喷管的额定工作压力有 35MPa、70MPa、105MPa、140MPa 几种规格。活接头连接的防喷管在安装时由于管壁厚，且活接头体积大、质量大，无法进行人工安装操作，必须用吊车提升安装。

5）化学剂注入短节

化学剂注入短节也叫注油器，如图 3-19 所示。安装在防喷控制头与防喷管之间，必须配备化学剂注入泵才能使用，在作业时注入防冻剂（如甲醇或乙二醇）等化学药剂能有效预防水合物的生成，解除水合物造成的阻卡。化学试剂通过化学注入孔注入，通常化学注入孔上带针阀、安全阀和单流阀以保证安全。此外，还可用注入润滑油润滑钢丝，从而保护钢丝，方便钢丝起下。

6）上捕捉器

上捕捉器安装在化学剂注入短节或防喷控制头的下部、防喷管的上部，上捕捉器结构如图 3-19 所示。上捕捉器主要用于抓住井下工具串顶部打捞颈，用液压泵加压推动衬套可释放工具串，便于钢丝作业。当计数器误差较大或失灵导致上起仪器操作不当时，可在

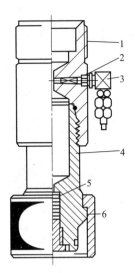

图 3-19　化学剂注入短节示意图

1—活接头；2—单向阀；3—注入接头；4—储液短节；5—密封填料；6—活接头

仪器碰顶拉断钢丝时抓住仪器，防止仪器掉入井内，避免事故的发生。

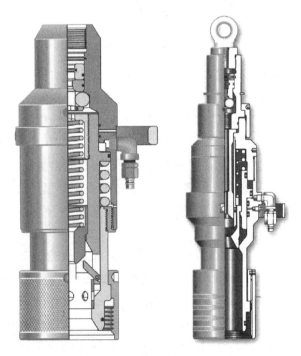

图 3-20　上捕捉器示意图

7）防喷控制盒

防喷控制盒的用途是在钢丝作业时密封钢丝通道间隙。活接头连接的防喷盒有两种，一种是手动压紧密封的普通控制盒，另一种是通过液压控制的控制盒。

（1）普通防喷控制盒本体上部装了一个能 360°旋转的带护板的滑轮，滑轮可保证钢丝能够进入顶部密封压盖的中心。当钢丝从地面折断落井时，滑轮护板有可能抓住钢丝头，同时使滑轮能自动对准绞车的方向。普通防喷控制盒结构如图 3-21 所示。

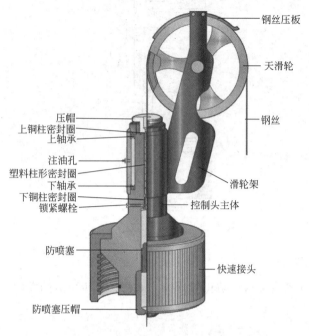

图 3-21　普通防喷控制盒示意图

普通防喷控制盒是用手拧压帽螺钉调节密封松紧来达到密封目的的。这种防喷控制盒还可在手动压帽螺钉的顶部连接一个油杯以盛装润滑液润滑钢丝，在起下过程中减小密封的摩擦阻力，对钢丝起到保护作用。通过上部的密封压帽和油杯可以上紧压帽，密封和润滑钢丝。

为了保证安全，控制盒内部的防喷塞上端抵在带螺纹的密封套上，钢丝断裂时，防喷塞在井内压力作用下自动封堵井内流体。在部分防喷控制盒里还设置了紧急封井的安全阀，如果钢丝在井内断裂抽出防喷盒，安全阀密封球在井下压力的推动下进入密封球座，可以紧急封住井口。

（2）液压防喷控制盒主要由主体、防喷塞、防喷塞压帽、上下铜柱密封圈、塑料柱形密封圈、液控系统等所组成，液压防喷控制盒结构如图 3-22 所示。这种控制头在压紧密封时，依靠液压使活塞推动空心杆和上衬套压紧密封圈密封。因为当防喷控制头安装得较高时，通过人力完成压紧动作是很困难的，采用这种液压方式，只在地面上使用液压手压泵，通过液压管线往液压孔加压即可达到密封钢丝的效果，比爬上防喷盒要方便、安全得多。当手压泵泄压后，活塞在弹簧的作用下向上移动从而使密封圈松开。

液压密封压帽可接在普通密封盒上部，它与标准的密封盒连接非常容易，只需将密封盒上的止动螺帽和密封压帽卸下，装上液控密封压帽即可。从地面通过手压泵和液压软管可以很便捷地调节密封圈的松紧。

（3）注脂密封控制盒。注脂密封控制盒的作用：

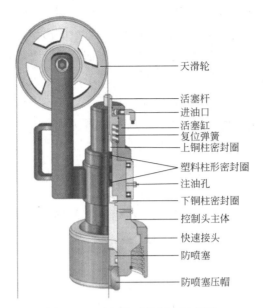

图 3-22　液压防喷控制盒示意图

　　在自喷油、气井和注水井进行下电缆或钢丝绳测试时，用于井口密封。在井口压力超过 70MPa 的钢丝作业也应使用注脂密封控制盒进行井口密封。

　　注脂密封控制盒的结构及工作原理：注脂密封盒上有注脂口、回脂口、防喷盒液控口、刮缆器液控口及一个溢流口，主体内装有阻流管，具体结构如图 3-23 所示。如有需要通过下面的注脂口向阻流管内壁和电缆之间的间隙内注入高压、高黏度密封脂，密封脂同时也填充电缆外层钢丝铠层之间的间隙，由于电缆和阻流管内壁之间的间隙很小，且密封脂黏度很高，可起到有效密封井内压力液流或防止气流向上窜的作用。高压密封脂经过较长阻流管内壁和电缆之间的间隙到达上面的回脂口位置时，阻力损失使得密封脂压力几乎为零，回脂口起到让密封脂回流、回收的作用。

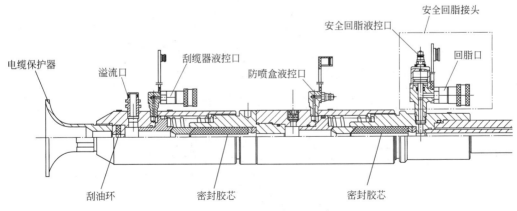

图 3-23　注脂密封控制头示意图

　　回脂口上端防喷盒内有一段密封胶芯，通过防喷盒液控口控制防喷盒内活塞压缩密封胶芯来抱紧电缆。防喷盒上端为刮缆器，刮缆器内装和防喷盒一样的密封胶芯，通过刮缆器液控口控制防喷盒内活塞压缩密封胶芯来刮掉上行电缆上黏附的密封脂，这样可使上行电缆带出的密封脂大为减少，减少对密封头及井口环境的污染。回脂管线在液控和注脂压力控制系统面板上有一高压针型截止阀，在密封脂回流的情况下它是打开的。

安全回脂接头的作用是当回脂口有高压或气体溢出时，可通过操作连接在安全回脂接口的高压手压泵控制安全回脂接头内的活塞，将高压或气体封堵在整套装置的上部，使得压力或气体不被引到液控和注脂压力控制系统的位置。待注脂压力建立起来系统工作正常后，泄去安全回脂接口的高压手压泵的压力即可正常回脂。

在密封脂密封井口效果不是很理想的情况下，关闭截止阀，用液控和注脂压力控制系统给防喷盒内活塞加压（最大液控压力不大于液压系统额定工作压力），压缩密封胶芯，此时密封圈可起到一定的密封电缆的作用，在密封脂和密封圈的双重密封下，可完全密封井口。密封圈的压缩程度根据现场情况通过液控和注脂压力控制系统灵活调节，使之既能有效密封电缆又能让电缆顺利起下为宜。

在密封头的最上端有一喇叭口，即电缆保护器，它的作用是保护电缆不打硬弯。电缆保护器的下部有一个较薄的刮油环，能够起到刮掉上行电缆上密封脂的作用，它的压缩程度是在防喷管竖起在井口前穿电缆时通过旋动喇叭口来控制的。

阻流管可根据井内压力状况增减，压力高的井用的阻流管多，压力低的井可以适当减少阻流管的数量。阻流管是动密封的关键部件，不仅对内孔的光洁度、直线度、圆柱度要求很高，且其内径与电缆外径之间的差值必须控制在 0.15~0.2mm 之内。为了保证合适的间隙，一种电缆往往配备几组不同内径的阻流管。阻流管护管是梯形螺纹连接的，使得阻流管可方便更换。阻流管内径根据使用电缆规格的不同配置，同时也要根据电缆的新旧和使用状况选择阻流管规格，新电缆直径较大，建议使用较大的阻流管，方便电缆穿入，摩擦阻力也会小一些。密封头下部设计有一个安全阻流球阀装置，其结构如图 3-24 所示，设计安全阻流球阀装置的目的是当电缆意外地从密封头抽出时钢球能及时堵住密封头内通径孔，防止在井口阀门未来得及关死前井内压力液流或气流通过密封头向外喷。

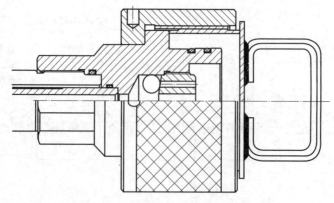

图 3-24　安全阻流球阀装置示意图

根据现场情况密封头使用时有两种方式，一是密封头与上捕捉器同时使用，连接时必须拆掉密封头下端的外螺纹接头和接头螺母，通过流管护管与上捕捉器压套连接。二是密封头单独使用，可通过上捕捉器下端的转换接头将外螺纹接头与防喷管连接起来使用。

8）液控和注脂压力控制系统

（1）液控和注脂压力控制系统（注脂撬）的用途。

自喷油气井和注水井进行下电缆测试时，液控和注脂压力控制系统在电缆作业中用于为液控上捕捉器、液控下捕捉器、液控双闸板防喷器的液控操作提供高压液压油，并为密封头、防喷器注脂作业提供高压密封脂。

（2）液控和注脂压力控制系统的组成。

液控和注脂压力控制系统主要由液动注脂泵、气动注脂泵（林肯泵）、气动液压泵、手压泵、蓄能器、柴油机、密封脂油箱、柴油箱、液压油箱、连接管路、操作面板、方管框架、防护外壳等部件组成。有的注脂系统为两台独立的气动注脂泵，无液动注脂泵。方管框架为系统的基础部件。液动注脂泵、气动液压泵、蓄能器、连接管路安装在框架内部。主体操作面板上设置有换向阀操作手柄、气体调压阀、压力显示仪表、截止阀、二通球阀、手动泵等，操作面板如图 3-25 所示。该系统具有结构紧凑、操作简单、性能可靠等特点。

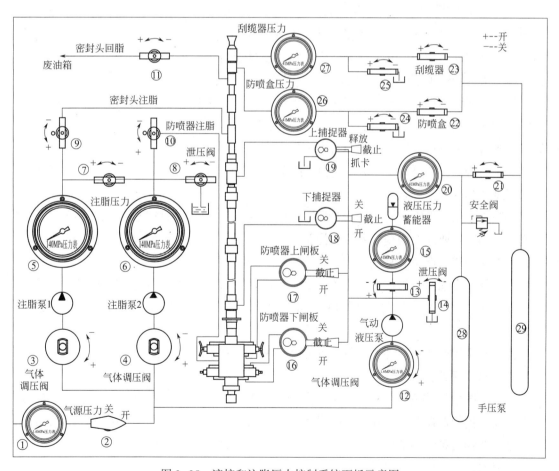

图 3-25　液控和注脂压力控制系统面板示意图

液控和注脂压力控制系统主要分为两大部分，一是注脂系统，二是液控系统。注脂系统主要元器件由注脂泵、三联件、气体调压阀、高压截止阀、压力表、密封脂箱、各种转换接头、注脂/回脂滚筒及注脂管线等组成。液控系统主要由气动液压泵、手压泵、蓄能器、截止阀、压力表、液压油箱、各种接头、液压滚筒及液压管线等部件组成。气动液压泵在液控系统中提供主要的动力源，在液压系统出现较小泄漏时可通过手压泵进行补压。

（3）注脂系统。

液动注脂泵或气动注脂泵在启动前应连接好密封头和防喷器注脂管线，在工作中注脂压力要比井压高 5~10MPa（或 7%~15%）。液动注脂泵和气动注脂泵（或者两个气动注脂泵）两泵为并联连接。若一个泵无法正常工作时另一个泵可以及时启动，使现场工作能顺利进行。

注意：气动注脂泵的气源压力调节后最大不超过 0.7MPa；注脂系统最大注脂压力不超过额定工作压力。

注脂泵的安装部位及动力源：注脂系统主要动力源为一台液动注脂泵、一台气动注脂泵或两台气动注脂泵。气动注脂泵安装于一个单独的双单元密封脂油箱顶部，由外接空压机提供高压空气作为气动注脂泵的动力源；液动注脂泵多安装在液压泵附近，由柴油机提供动力带动液压泵工作，液压注脂提供高压液压油作为液动注脂泵动力源，密封脂则由抽油泵从密封脂油箱中抽出送入液动注脂泵内。密封脂油箱带有便捷的加油口和液位计，注脂油箱的密封脂最少不应少于 65L。

气动注脂泵的性能：泵的增压比率是 1：140，即当提供 0.1MPa 的气源压力时，气动注脂泵在理论上就可输出压力为 14MPa 的密封脂。注脂泵的气源由柴油空压机提供。注脂泵的压力调节是通过调节控制面板上气体调压阀旋钮来控制的，顺时针转动旋钮，调压阀气源压力升高，每升高 0.1MPa，注脂泵压力表理论上就升高 14MPa。注脂泵气源压力不得超过 0.7MPa。

三联件作用及性能：气动注脂泵配有一个三联件，主要是对气压系统提供过滤、调节和润滑作用。需要注意的是，液控和注脂压力控制系统中的三联件在出厂时已将其调至最大，用户在使用中严禁对其进行调节。

三联件中有油水分离器和油雾器。油水分离器底部有一柱塞，向上推起可释放余气和积存的液体。油雾器的油杯中必须有适量润滑油，否则会使气动注脂泵因润滑不足而损坏。

使用时定期检查三联件，确保元件完好，油杯中有适量润滑油。

（4）液压系统。

液压系统中气动液压泵提供主要动力源，手压泵为辅助动力源。气动液压泵可用于开关防喷器、捕捉器以及注入化学剂等操作，手压泵主要用于刮缆器和防喷盒的手动操作，手压泵主要作为系统的辅助操作部件。蓄能器也可为液压系统提供动力源。

蓄能器：

蓄能器作为一个储能装置，通常整套系统最高工作压力为 21MPa，当系统压力超过 21MPa 时会通过系统中设定的安全阀溢流，为系统提供可靠的安全保障。

需要注意的是，如遇紧急情况须关闭防喷器时，先打开蓄能器前截止阀（作业开始前，应先将蓄能器压力充至21MPa）；溢流阀压力在出厂前设定为21MPa，不得对其进行调节。

蓄能器作为系统的备压系统，主要用于关闭防喷器时，为其提供压力油。蓄能器的工作压力为21MPa，因此为蓄能器充压时，必须确保压力充至21MPa方可停泵。

蓄能器操作和维护要求：

① 在使用前应检查蓄能器氮气压力是否达到9MPa，如充氮压力不足9MPa，则用充氮工具对蓄能器充氮，达到指定压力为止。

② 充氮工具是蓄能器不可或缺的配件，用于蓄能器充气、排气、测定和修正充气压力等；

③ 对蓄能器定期检查（至少每半年检查一次）可使其保持最佳使用条件，并能及早发现泄漏及时修复使用。检查方法是缓慢打开蓄能器控制阀，使压力油流回油箱，同时注意压力表示数变化。压力表指针先是缓慢下降，当达到某压力值后指针会急速降至零。指针会急速降至零，表示充氮压力正常。此外，还可以利用充氮工具检查充氮压力，但每检查一次都会少量降低氮气压力。

④ 蓄能器通常情况下充装的是氮气。严禁充装氧气、压缩空气或其他易燃气体，否则极易发生爆炸。

⑤ 运输过程中，必须将蓄能器及系统压力全部卸掉，以防发生不安全事故。

⑥ 若蓄能器不起作用：（a）检查是否由于充气阀漏气引起；若皮囊中没有氮气，充气阀处冒油，拆卸检查皮囊是否破损。（b）若蓄能器向外漏油，旋紧连接部分。若仍然漏油，拆卸并更换相应零件。

需要注意的是，拆装蓄能器时，必须在熟识压力容器的专业人员指导下进行。上述任何一种维修均应在排出蓄能器中的压力油，用充氮工具排尽气囊中的气体的情况下进行。

（5）滚筒和液压控制管线。

液控和注脂压力控制系统共有3个注脂滚筒和4个液压滚筒。滚筒的转动利用锥齿轮机构转动滚筒，使用手柄单独旋转，以达到收放管线的目的，能够有效减轻劳动强度，提高劳动效率。

在收放管线时，应匀速旋转手摇把，避免软管互相交叉或重叠。

需要注意的是，在带压情况下，不要旋转滚筒，否则会缩短O形圈的使用寿命。

滚筒和液压控制管线操作和维护要求：

① 定期润滑锥齿轮，以免使用时卡阻，摇动手把费力。

② 操作滚筒和液压控制管线前，要清楚各管线的控制对象。液压控制管线分为注脂管线和液压管线。注脂管线分为密封头注脂管线、回脂管线和防喷器注脂管线。液压管线分为刮缆器液压管线、防喷盒液压管线、上捕捉器液压管线、下捕捉器液压管线、防喷器上闸板开关液压管线和防喷器下闸板开关液压管线。

（6）柴油空压机。

柴油空压机主要由柴油机、空压机机头、储气罐、油箱、机架、电子启动装置和防护罩等部件组成。柴油空压机主要为气动控制设备提供动力源，具有结构紧凑、性能好、运转可靠，使用寿命长，操作维护方便等特点。

柴油空压机工作原理：通过电子启动装置启动柴油机，柴油机运转使得输出轴上的小带轮经皮带传动带动空压机上的大带轮，并使与大带轮相连的曲轴旋转，经由连杆带动活塞产生往复运动，从而使由气缸、活塞顶面、阀板所组成的空间容积周期发生变化以达到压缩气体的目的。空气被吸入到压缩机气缸中，经过压缩后通过排气管单向阀进入储气罐储存待用。

柴油空压机使用与保养：

① 空气压缩机开机前需检查润滑油，加注润滑油最多不能超过油窗的2/3，切记不可将润滑油多加，否则会造成空气压缩机负荷增加及严重喷油。

② 空气压缩机的润滑油夏季用19号压缩机油，冬季用13号压缩机油，新机润滑油使用300h后必须更换新油。一般使用500h左右需更换新油，放油时将机座底的沉淀物清洗干净后加上新油，每次启动之前必须检查油位保证油位不低于油窗中部。

③ 空气压缩机开动前，先用手转动皮带轮检查空气压缩机转动有无故障，如一切正常，方可启动电动机，空转0.5h，无故障方可投入正常工作。

④ 空气压缩机空转0.5h后，再逐步升高压力，校对压力控制器使之处于所需的压力要求范围，空气压缩机出厂时已对压力控制器校正螺丝封固，用户不能私自调节。空气压缩机安全阀的开启额定压力为0.05MPa，一切正常后即可正式使用。

⑤ 每连续工作16h应将储气罐下面放水阀打开将水放尽。

⑥ 消声器正常情况下，使用250h后应予以清洗。

⑦ 在正常情况下，空气压缩机新机使用200h后及时将各部分螺钉、螺母包括三角皮带重新拧紧。使用500h后应将各部件螺钉、螺母重新拧紧。

⑧ 必须每季度检查一次安全阀工作可靠性。

⑨ 储气罐每年清洗和检查一次。

⑩ 空气压缩机应置于空气流通及清凉处，不要在空气污浊、存在燃料或腐蚀性蒸发废气及阳光下曝晒等环境下工作。

⑪ 对空气压缩机内部进行检查与检修时，应切断电源，排除储气罐内压力。

⑫ 清洗空气压缩机零件时，应使用煤油或其他金属清洗剂，充分干燥后方可装配，严禁使用汽油或其他易燃性液体。

⑬ 当空气压缩机长期停用时，应将气缸气阀拆下清洗涂油，进气口封好，整机加罩放置好。

⑭ 空气压缩机用户不得自行改制，也不允许在储气罐上焊上其他件。

⑮ 空压机使用或放置30d后，应检查电瓶电压，如小于12V，应及时充电。充电用充电器连续充电12h以上即可。

9）滑轮组

地滑轮由凹槽式滑轮片、支架和压丝轮等组成，具体结构如图3-26所示。压丝轮主要防止钢丝跳槽。有天、地滑轮两种。天滑轮一般是固定在防喷盒上。地滑轮可固定在防喷管下部或采气树上。天、地滑轮改变钢丝走向和受力方向，将钢丝从绞车滚筒引到防喷盒顶部，这样将钢丝的受力点从防喷盒顶部转移到采油树、井架或吊车上，最大限度减少钢丝侧拉力载荷和磨损，防止将防喷管拉弯损坏，从而延长钢丝寿命。

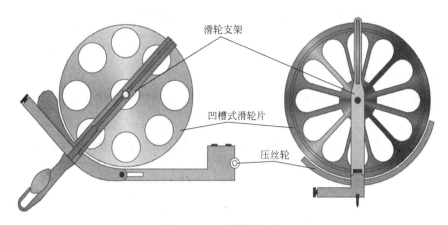

图 3-26　地滑轮示意图

滑轮的直径要满足钢丝直径要求，直径太小容易使钢丝疲劳，一般来说，钢丝的直径越大，所需要的滑轮直径也越大。理论上，滑轮直径：钢丝直径＝120∶1（表 3-6）。

表 3-6　试井钢丝直径与滑轮槽轮最小直径表

钢丝直径	in	0.082	0.092	0.108	0.125	0.140	0.150
	mm	2.08	2.34	2.74	3.18	3.55	3.81
最小槽轮直径，in		10	11	13	15	17	18

10）马丁-戴克指重仪

马丁戴克指重仪是用来测量并指示钢丝（电缆）张力的一种仪表，分为机械式和电子式两种。

（1）机械式马丁-戴克指重仪。

机械式马丁-戴克指重仪由传感器、液压管线和表头组成，结构如图 3-27 所示。

① 传感器主要由两个承载板、活塞、缸套、两个挡板、限位螺钉、放空堵头组成；其中一个承载板为固定端，另一个承载板为自由端，活塞、缸套分别安装在两个挡板上，

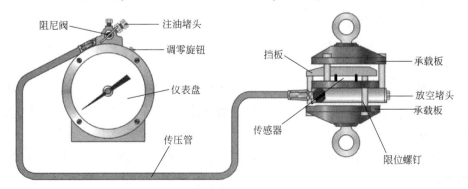

图 3-27　机械式马丁-戴克指重仪结构图

限位螺丝用于固定承载板与挡板和传压介质泄漏或超载时的安全保护。

② 指针式显示仪主要由刻度表盘及指针、调零旋钮、注油堵头、阻尼阀组成。

③ 传压管主要用于传递压力。

机械式马丁-戴克指重仪工作原理：传感器一端挂在防喷管或采气树上，另一端挂地滑轮。当钢丝承受拉力时，传感器受力后产生压力，通过管线传到表头，指示出拉力。

机械式马丁-戴克指重仪维护保养：

① 显示仪表的缓冲液不能漏失，确保各接头无泄漏。未使用时，阻尼阀应处于关闭状态。

② 保证传感器和传压管内有足够的液压油，里面不能有气体。两挡板之间的距离在无拉力的情况下应保持在 9~11mm 之间。

③ 传压管线使用完毕后应清洁并盘绕固定，不能折弯和挤压。

机械式马丁-戴克指重仪安装注意事项：表头将压力换算成拉力是在地滑轮两端钢丝的夹角为 90° 的基础上进行的，当夹角发生变化时，指示器的拉力跟实际拉力就会产生误差，需进行校正。传感器读数校正如表 3-7 所示。

表 3-7　指重仪指示值两端钢丝夹角关系

角度，°	系数
80	0.92
85	0.96
90	1.00
95	1.05
100	1.10

（2）电子式马丁-戴克指重仪。

电子式马丁-戴克指重仪结构：由张力测量系统和数字处理、显示部分组成，张力测量系统主要由拉/压力传感器等组成。

电子式马丁-戴克指重仪原理：拉/压力传感器又叫电阻应变式传感器，是一种将拉/压力转变为可测量的电信号，通过无线或电缆将电信号传输到数字处理、显示部分，显示相应的拉/压力的工具。

电子式马丁-戴克指重仪：拉/压力传感器的安装位置分两种，一种是与深度计量系统安装在一起，另一种安装在井口装置与地滑轮之间。

电子式马丁-戴克指重仪维护保养：

① 仔细检查计量轮、导向轮及压紧轮转动是否灵活可靠，有无摩擦、卡、碰现象。电缆接插件的安装是否牢固可靠、防水性能是否良好。插件内接触是否良好，有无断线或接触不良现象。

② 深度计量仪上的黄油嘴，每测 3~5 口井应注一次黄油，确保轴承内有良好的润滑。

③ 经常检查各紧固件有无松动现象。工作过程中严防计量轮，导向轮及压紧轮卡死。若出现卡死现象，应及时停车排除。

④ 工作完毕后，应及时清除计量轮上的泥土、油水等污物。清除时不要碰伤编码器，要注意防止水侵入编码器和张力计。

⑤ 安装在地滑轮处的拉/压力传感器，应注意连接电缆防水。

二、井口防喷装置的操作

（一）井口防喷装置的准备

井口防喷装置的准备应充分考虑测试井井况、井内流体性质以及测试类型等多方面因素，因此应采用满足上述所有条件的井口防喷装置作为测试设备。选择井口防喷装置的原则为井口防喷装置的额定工作压力应大于测试井预计最高地层压力，井口防喷装置中防喷管的内空长度应大于入井工具串的最大长度，且入井工具串能从防喷装置下端自由通行到顶部。防喷装置接触井内流体的所有材质应满足防腐要求，防喷装置中的橡胶密封件选择还应考虑井口工作温度和井内出砂等情况。

井口防喷装置部件准备主要根据测试井目前地层压力、流体性质和测试类型等进行选择性配置，钢丝作业时，其部件至少应包括其基本组成部件，另可根据作业井的具体情况选取辅助设备。井口防喷装置基本组成部件为密封控制头（防喷盒）、防喷管、井口连接头、天地滑轮、泄压阀和组装工具，辅助设备包括防喷器、捕捉器、试压短节、化学注入短节、注脂系统等。电缆作业时，准备的部件除钢丝作业基本组成部件外还必须有注脂系统。

通常测试井压力在 35MPa 以下且井内流体 H_2S 含量小于 $30g/m^3$ 的钢丝作业可选择普通钢丝防喷装置的基本组成部件进行作业，也可使用活接头连接的防喷装置，按作业需要准备的防喷装置除基本组成部件外还可增加防喷器、捕捉器等辅助组件。测试井压力在 35MPa 以上、70MPa 以下时，井内流体 H_2S 含量大于 $30g/m^3$ 的钢丝作业必须使用带防喷器组件的活接头连接的防喷装置，井口连接头也必须使用法兰连接方式的连接头，其他辅助组件可根据实际作业自行配备。测试井压力大于 70MPa 时，必须使用活接头连接的防喷装置，除基本组成部件外还应准备防喷器、化学注入短节和注脂密封控制系统。

（二）井口防喷装置的安装

1. 普通防喷装置的安装

1）准备工作

操作人员准备：2 名操作人员正确穿戴工衣、工裤、安全帽、手套、便携式气体监测仪、安全带。

设备准备：天滑轮、防喷控制头、防喷管、脚踏板、地滑轮、转换接头在地面上摆放整齐。

工用具准备：管钳、活动扳手、专用扳手、钢丝刷、笔、常规测试操作卡、现场记录本。

材料准备：黄油、生胶带、毛巾、机油。

2）操作步骤

（1）观察和询问测试井状况。观察油压表、套压表，询问生产情况，并做好记录；根据了解到的测试井生产情况，再结合井口油压数据进行井下工具串重量的计算并选择适量程和长度的井口防喷装置。

（2）关闭测试闸阀操作。开关阀门应站稳并侧身操作，严禁正对阀杆，关闭后回旋 1/4~3/4 圈。

（3）放空泄压操作。开启放空阀门，泄去测试闸阀以上的压力，放空操作严禁正对放空口，放空后期应关闭放空阀门再打开，这样可防止放空口堵塞。含硫气体放空时应接放空管汇进行燃烧处理。

（4）拆卸油压表补心操作。确定泄压完成后，才能进行拆卸，严禁带压操作。操作人员可以弓形站立或以骑坐方式操作，操作人员在操作时应落实井口高处坠落防护措施，拆卸时，管钳开度应与表补心六方开度吻合，应一手稳住表补心，另一手握住管钳使力。注意工器具的摆放，防止坠落伤人。拆卸后应清理表补心螺纹。

（5）安装井口连接头。安装前在地面上清洁、检查连接头螺纹，沿螺纹按顺时针方向从下往上缠绕好生胶带，再在生胶带上涂抹黄油，用手沿顺时针方向挤压生胶带，使其与螺纹完全吻合。先用手连接连接头与法兰螺纹，再用专用扳手将其上紧。操作人员可以弓形站立或以骑坐方式操作，操作人员在操作时应落实井口高处坠落防护措施，紧固时应一手稳住连接头，另一手握住专用扳手上紧。

（6）安装地滑轮。安装前应清洁、检查地滑轮，确保转动灵活、无阻卡现象、各连接部位完好无变形后，将地滑轮安装在基座上，保证其能 360°灵活旋转。

（7）安装防喷管和脚踏板。安装前在地面上清洁、检查、润滑防喷管螺纹和密封件，确保它们完好无损，必要时更换密封件；熟练配合，量力而为，正确站位、稳拿稳放，正确使用工具，用力适中，确保安装连接到位。防喷管连接螺纹、密封件和密封面应认真清洁检查，防止受损影响密封。操作人员安装防喷管时，应采取一脚站立、一脚钩挂在固定的防喷装置上的姿势并尽量使用腰部的力量。紧固有密封件的连接部位时，只需上紧即可，不宜加力上紧。安装脚踏板时，应选择便于操作又不阻碍钢丝运行的方向进行安装和固定。

（8）安装天滑轮。安装前应清洁、检查天滑轮，确保其转动灵活、无阻卡现象、各连接部位完好无变形后，将天滑轮安装在防喷管上，保证其能 360°灵活旋转。

（9）装入测试工具串。测试工具串装入防喷管，上紧防喷盒，加注润滑油，将钢丝导入天、地滑轮对准绞车，提升工具串离开闸板。站稳拿稳，熟练配合，量力而为，工具串轻放在闸板上，调好顶密封松紧，固定好滑轮防跳槽，防喷装置离地 6m 高时需装绷绳固定，绷绳受力方向应与钢丝受力方向相反。天滑轮、地滑轮、绞车滚筒三点一线对齐。

（10）开闸验漏。缓慢打开测试闸门，置换空气后，关闭放空阀，稳压 5min 以上，稳压合格后全开测试闸门，确认 1、4、7 号闸门全开。侧身缓开闸阀，充压平衡后，检查各连接部位无泄漏，再全开闸阀。

2. 活接头连接防喷装置的安装

1）准备工作

操作人员准备：2名操作人员正确穿戴工衣、工裤、安全帽、手套、便携式气体监测仪、安全带。

设备准备：试井车、吊车、带天滑轮的防喷控制头、上防喷管、下防喷管、下捕捉器、防喷器、地滑轮、吊装夹板和吊绳、法兰式井口连接头、注脂撬等。

工用具准备：管钳、活动扳手、专用钩扳手、内六角扳手、枕木、吊带、绷绳、笔、记录本、常规测试操作卡等。

材料准备：麻绳、黄油、生胶带、毛巾、机油等。

2）操作步骤

（1）观察油压表、套压表，询问生产情况，并做好记录。根据了解到的测试井的生产情况，再结合井口油压数据进行井下工具串重量的计算以及选择合适量程和长度的井口防喷装置。根据测试井的井别、井口条件和测试内容，准备合适内径、合适长度、工作压力等级和检测合格的防喷装置。井内流体含硫时，应准备抗硫防喷装置。

（2）关闭测试闸阀，卸去阀门以上的压力。开关阀门应站稳并侧身操作，严禁正对阀杆，关闭后回旋1/4~3/4圈。放空操作严禁正对放空口，含硫气体放空时应接放空管汇进行燃烧。

（3）换装法兰式井口连接头：操作人员可以弓形站位或以骑坐方式操作，正确使用拆卸工具，按拆卸法兰程序进行操作。

（4）安装前的地面准备：在采油树附近便于吊装操作、能放置防喷装置并相对平坦干净的地面上放置好枕木，再依次从车上将防喷装置吊下并按防喷头、上防喷管、下防喷管、下捕捉器的顺序放置在枕木和地面上，防喷头宜放置在靠近绞车的方向。吊装操作应由一人统一指挥，操作要平稳、准确，吊臂和吊物下严禁站人。

（5）防喷控制头检查：拆卸开控制头液压机构，清洁、检查控制头内的密封件（必要时更换），穿入钢丝并复原，松紧调节宜合适。

（6）下捕捉器检查：清洁内部，确保无污物，活动闸板，确保开关灵活到位。

（7）防喷装置的地面组装：卸开防喷装置各个接头的护丝，并将护丝摆放整齐；清洁检查下捕捉器、下防喷管、上防喷管各处螺纹、密封件和密封面，确保各处干净、无损伤、灵活到位，再涂抹黄油依次连接到位。井下工具串放入防喷管内，并上紧防喷控制头，连接好绷绳。清洁检查每个液压接口，将液压管线连接到位，同时固定好液压管线。装好吊具吊索，钢丝绳要平顺，不能扭曲，注意吊装时吊绳与其他管线的安装位置。防喷装置连接螺纹、密封件和密封面应认真清洁、检查，防止受损影响密封。防喷装置对接时，应调节至一条水平线后才能连接，防止损伤螺纹、密封面以及密封件。

（8）防喷器的安装：检查好防喷器并将其吊装到井口连接头上，确认防喷器闸板和手动锁紧装置处于全开状态，平衡阀应处于关闭状态，将液压管线连接到位。

（9）防喷装置的安装：将组装好的防喷装置吊装至安装好的防喷器上，并连接到位，固定好绷绳。吊装过程中注意钢丝。操作人员在操作时应落实井口高处坠落防护措施，注意工器具的摆放，防止坠落伤人。整个安装拆卸过程中，均应在泄压完成后进行，严禁带压操作、严禁金属敲击。

（10）安装地滑轮：安装地滑轮，导入钢丝，三点一线对准绞车同时固定好地滑轮；与绞车配合，将仪器提至捕捉器闸板可全开的位置。

（11）缓慢打开测试闸门，置换空气后，关闭放空阀，稳压 5min 以上，稳压合格后全开测试阀门，确认 1、4、7 号阀门全开。侧身缓开闸阀，充压平衡后，稳压 5min，检查各连接部位无泄漏。防喷装置内的高压气体应放空燃烧处理。

三、井口防喷装置的检测

（一）检测周期

在用井口防喷装置应定期按规定在有检测资质的单位进行一次静水密封试验和探伤检测，并出具检验报告，长期从事油气井测试的防喷装置还可进行气密封试验，对于返修后的防喷装置也应进行上述检测，检测合格后才能使用。

（二）检测内容

1. 静水压试验

应根据防喷装置额定工作压力确定静水压试验压力，整体试压至防喷装置额定工作压力，试压检测依据《石油井控井口装置安全评测方法》执行。

2. 无损探伤试验

执行 SY/T 6160—2014《防喷器检查和维修》中 6.2.2 检测方法，按照《石油井控井口装置安全评测方法》进行评定。

3. 气密封试验

经静水压试验合格后才能进行气密封试验，整体试压至防喷装置额定工作压力，试验压力稳压后，开始计时，稳压不少于 10min 为合格。

4. 关闭试验

关闭试验只针对防喷器进行检测，在经过静水密封、气密封和探伤试验合格后进行。

（1）执行 GB/T 20174—2006《石油天然气工业 钻井和采油设备 钻通设备》8.5.8.7 中闸板防喷器关闭试验项目。

（2）液压控制系统试验：在执行关闭试验的同时，将液压系统压力加至制造商规定的额定液压工作压力进行试验。

（3）手动锁止装置试验：在执行关闭试验的同时，在手动装置锁止且液压压力处于泄压的状态下进行试验。

四、井口防喷装置的维护保养

（一）每次作业后的维护保养

（1）清洁防喷装置内部空间，活动下捕捉器和防喷器闸板，并对活动部位充分润滑。

（2）清洁防喷装置及其配件的表面。

（3）清洁检查液压泵、液压管线和液压接头。

（4）对防喷装置的各连接部位（螺纹、活接头、密封件）、液压供给系统、易损件等进行检查，确保连接稳固、密封等性能可靠。

（5）清洁检查防喷装置各个连接螺纹、密封件及密封面，并涂抹黄油戴上护丝，密封件有损坏应及时更换。

（6）建立防喷装置维护保养记录台账。

（二）深度维护保养

根据防喷装置使用情况和制造厂家的要求自行安排深度维护保养，除达到每次作业的维护保养要求外，还应更换防喷装置上的所有密封件，更换防喷控制盒上的安全塞和柱形密封圈、更换下捕捉器的轴密封件以及防喷器所有内部/外部的闸板密封、O形圈和油封，更换液压缸总成的所有密封件等。

第六节　油气井测试作业车

油气井测试作业车是一种油田专用装置，适合各种型号规格的录井钢丝进行油气井测试作业。液压油气井测试车配合不同的井下仪器可以进行井下测压、测温、测井斜度、井底取样、探测砂面、清蜡及小型打捞等井下作业。

根据所配置绞车的滚筒容量可分为3000～10000m两种；根据所配置绞车的结构形式可分为单滚筒油气井测试车、双滚筒油气井测试车、多滚筒（可拆卸滚筒）油气井测试作业车；根据所配置液压系统的结构，油气井测试作业车可分为闭式液压系统和开式液压系统油气井测试作业车。

下面以南阳华美生产的ES5061TSJ型油气井测试作业车为例，详细介绍油气井测试作业车的工作原理。

一、油气井测试作业车的基本构成

（一）汽车底盘

汽车底盘主要为绞车提供动力，装载并移运油气井测试绞车、钢丝、仪器及其他有关配套设备。

（二）车厢

车厢是在东风越野客车的基础上改造的，布置成两舱的形式，车上安装有油气井测试绞车、液压系统、钢丝计量装置、操作台、电控箱、仪器架、防喷管架、挡绳架等装置。为满足油田作业需要，车厢中还可选装空调、暖风机、饮水机、发电机、卧具等设施。

（三）取力系统

取力系统主要将汽车底盘发动机输出的动力经取力器、传动装置传递给液压油泵，驱动液压系统工作。

（四）液压系统

液压系统主要将取力系统输出的动力传递给绞车系统。液压系统包括液压油泵、液压马达、各种控制阀件、液压仪表、液压油温度控制器、散热器、油箱、管线接头以及其他辅件。

(五)绞车系统

绞车系统主要在测试作业过程中提升和下放井下仪器，以满足井下仪器不同位置及运动的需求。根据滚筒容量可分为3000~10000m油气井测试绞车；根据绞车的结构形式可分为单滚筒油气井测试绞车、双滚筒油气井测试绞车、多滚筒（可拆卸滚筒）油气井测试绞车。

(六)气路系统

气路系统以汽车底盘备用储气罐为气源，能够为仪器压紧装置、绞车换挡控制以及取力器换挡等机构提供压缩空气源。气路系统主要包括减压阀、气路开关、换挡气缸、取力器控制阀、滚筒离合器控制阀、气压表、气路管线和接头等。

(七)电气系统

电力系统主要是底盘直流电系统，能够为行车照明、车内直流照明、车载直流空调、发动机水暖风机、车载CD机、钢丝测量系统等直流用电设施提供电源。根据汽车底盘结构及用户要求，油气井测试作业车也可配装车载交流发电机或设置外接电源插座，为车上提供交流电源。

(八)测量系统

测量系统主要用于测量绞车钢丝的运动速度（仪器的起下速度）、仪器的下井深度、钢丝张力等参数，并且具有显示、报警、调节和控制等功能。测量系统主要包括钢丝测量头、机械计数器、智能计量面板等部分。

二、设备主要技术参数

产品型号：ES5061TSJ。

底盘型号：EQ6670PT。

驱动形式：4×4。

发动机型号：ISDe14030。

额定功率：103kW/2500r/min。

最大扭矩：450N·m/1400r/min。

轴距：3650mm。

最高车速：80km/h。

外廓尺寸：6700mm×2320mm×2960mm（2750mm）。

前悬：1290mm。

后悬：1760mm。

最小离地间隙：286mm。

接近角/离去角：35°/23°。

最小转弯直径：16m。

整备质量：6110kg。

最大总质量：6500kg。

额定载客人数：6 人。

钢丝绞车滚筒容量：7500m（φ2.4mm 钢丝）。

筒身直径×挡板直径×挡板间距：190mm×420mm×504mm。

最大提升能力：10kN。

提升速度：300~15000m/h。

三、操作面板

绞车控制元件主要布置在操作台的面板上，如图 3-28 所示，控制元件的功能简介如下：

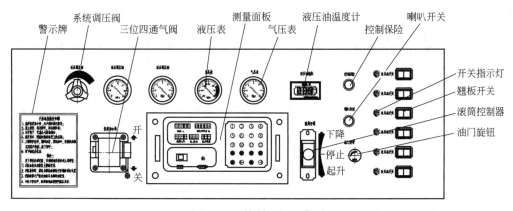

图 3-28　控制面板示意图

（1）警示牌：手摇机构操作方法介绍及注意事项警示。

（2）系统调压阀：用于设定绞车提升过程中液压系统的工作压力，右旋压力升高，左旋压力降低。

（3）三位四通气阀：用于控制滚筒离合器的啮合和分离。

（4）液压表：用于显示液压系统的工作压力、补油压力及液压油过滤器的负压，及时反映液压系统的工作状况。

（5）测量面板：用于实时显示绞车作业过程中的作业位置、起下速度、钢丝拉力、差分张力等参数。

（6）气压表：用于显示气路系统压力，判断气路系统工作状况。

（7）液压油温度计：用于显示液压油油温。

（8）控制保险：操作面板上直流电路总保险。

（9）喇叭开关：提醒现场人员注意。

（10）开关指示灯：指示翘板开关的通断状态。

（11）翘板开关：用于控制水暖风机、液压冷却风扇、绞车照明、井口照明的工作状态，绞车工作前，应保证直流总开关处于接通状态。

四、取力系统

（一）取力系统的组成及功能

取力系统的作用是将汽车底盘发动机的动力传递到液压油泵，驱动液压油泵运转。取力系统的主要部件包括取力器、传动轴、泵架。液压试井车的传动系统如图 3-29 所示：

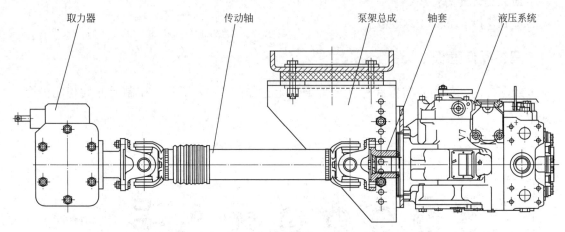

图 3-29　取力系统示意图

1. 取力器

取力器的作用是取出汽车发动机的动力并传递到液压系统中驱动绞车工作。取力器的挂合、脱开通过电磁开关控制，开关装在汽车仪表盘上。按下取力器开关后，电气系统自动将发动机的油门控制切换到绞车操作台上，驾驶区的油门不再起作用。

2. 传动轴

传动轴是连接取力器与油泵并传递动力的装置。传动轴在出厂时均做过动平衡试验，其不平衡力矩在轴的任一端都不大于 0.01N·m。

3. 泵架

泵架是液压油泵的支撑装置，通过螺栓及辅助横梁与汽车大梁连接。作业过程中应经常检查泵架与安装横梁、泵架与油泵连接螺栓的紧固情况，如有松动，立即紧固，否则会引起振动和油泵损坏。

（二）取力器的挂合操作步骤

（1）取力器的挂合操作由汽车驾驶员进行，油气井测试车在井场停稳并做好检查工作后，方可挂合取力器。

（2）确认操作面板上滚筒控制器手柄处于中位位置。

（3）确认底盘气压表示数不低于 0.6MPa。

（4）置底盘发动机于怠速状态。

（5）将底盘变速器置于空挡位置。

（6）踩下离合器踏板，约 2～3s 后，按下取力器控制开关至工作位置，待仪表板上取力器指示灯亮后，松开离合器踏板，挂合取力器并开始工作。

（三）取力系统使用注意事项

（1）汽车处于停止状态，方可挂合取力器。

（2）挂合取力器前，确认驻车制动器已经拉上。

（3）挂合取力器前，确认底盘变速器已经选择空档。

（4）挂合取力器前，确认滚筒控制器手柄已处于中位。

（5）在进行取力器的挂合、脱开操作时，一定要先踩下底盘离合器踏板，否则会导致取力器和变速箱严重损坏。

（6）经常检查所有紧固螺栓是否松动，若有松动，应及时拧紧。

（7）应定期润滑十字轴头的滚针。

（8）装拆传动轴时必须注意：拆卸前应做好花键配合记号，重新装配时，必须按照记号复原，若弄错配合方位，就会破坏传动轴原有平衡，引起振动和损坏。如记号破坏，传动轴须重新做动平衡。

五、绞车系统

绞车系统是油气井测试车的主要工作部件，主要用于在油气井测试作业过程中提升和下放井下仪器，以满足下井深度和速度的要求。根据油气井测试深度和滚筒容量可分为3000~10000m油气井测试绞车系列。绞车系统主要由滚筒总成、绞车机架、自动排丝机构、刹车机构、手摇装置、接油槽等部分组成，绞车系统结构如图3-30所示。

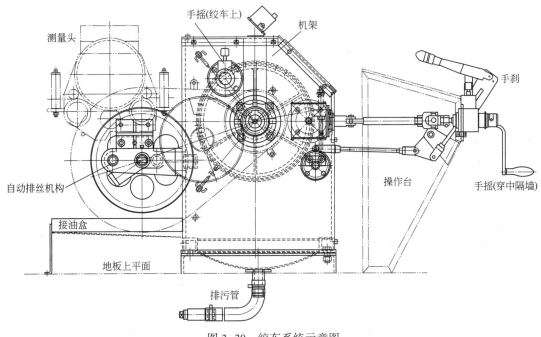

图3-30　绞车系统示意图

（一）绞车机架

绞车机架主要用于承载滚筒，由钢板、方管等焊接而成，滚筒通过轴承座固定在绞车机架上。绞车机架承受较大负荷，而行车中的颠簸又增加了绞车的冲击载荷，故应经常检查绞车机架的焊缝有无开裂，固定机架螺栓是否松动，如有问题及时检修。

（二）刹车机构

刹车机构用于控制滚筒的下放速度和停止滚筒下放，是控制机构中最关键的部件之一，一般为带式刹车，其结构如图 3-31 所示。

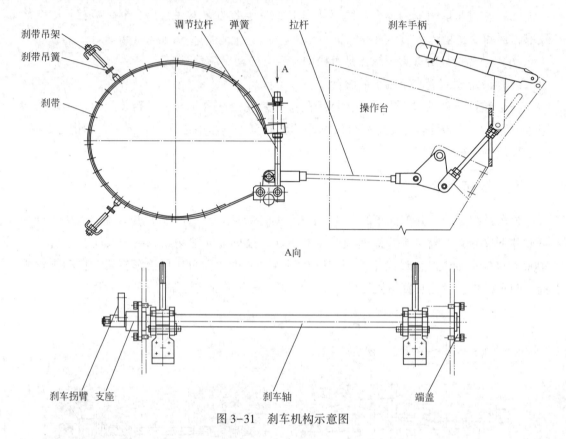

图 3-31　刹车机构示意图

刹车机构主要由刹带吊架（包括吊块、拉杆、拉簧、螺母）、刹带、刹车轴、调节拉杆（包括拉杆、平垫、调节弹簧和调节螺母）、刹车操纵机构等零部件组成。刹带与刹车毂的间隙大小可通过调整刹带吊架的弹簧松紧来实现，当刹车处于松开位置时，刹带与刹车毂的间隙在 2~3mm 范围内，同时，应保证刹带与刹车毂的间隙大小一致。

根据用户配置的不同，刹车操纵机构主要有机械刹车和气动刹车 2 种形式，机械刹车具有结构简单、维修方便等优点，操作时拉起装在操作台上的刹车手柄即可。刹车手柄上的旋钮可以微调刹车的松紧。气动刹车需另配刹车气缸、刹车手柄阀、刹车按钮阀等部件，刹车气缸由装在操作台上的刹车手柄阀控制，手柄转动角度越大，刹车气缸的推力就越大。刹车按钮阀只在作业过程完毕及气路故障的情况下使用，一般情况下均使用刹车手柄阀。气动刹车具有操作省力、结构复杂等特点。气动刹车原理将在气路系统进行介绍。

绞车刹车机构在出厂时已调节完毕，在长期使用过程中，由于刹带磨损和连接件间间隙增大等原因，刹带与刹车毂之间的间隙会增大，应调整调节拉杆和吊架弹簧，保证刹带与刹车毂之间的间隙合适。

（三）刹车机构的维护与保养

（1）刹带是易损件，当刹带的石棉带磨损到铆钉突出摩擦面时，应更换石棉带。

（2）刹带与刹车毂摩擦面必须保持清洁，严防油、水、泥污溅入，影响刹车性能。

（3）应经常调整刹带与刹带毂间的间隙，以增强刹车效果、提高刹带使用寿命。

（4）刹车机构中的各部件都是重要的受力构件，任何一件出现问题都会造成恶果，必须经常检查，发现问题及时维修。必须经常注意紧固件是否松动，锁紧装置是否可靠等。

（5）刹车机构的大部分构件经常处于油污及泥水环境中，因此每次作业完毕后应及时清洗干净。

六、滚筒总成

（一）滚筒总成组成及功能

滚筒总成是绞车系统的主要部件，通过滚筒的旋转，将试井钢丝缠绕在滚筒上，用于提升和下放仪器。滚筒的转向、转速由操作台上的滚筒控制器来控制，滚筒控制器操作手柄离开中位越远，滚筒转速越高。

滚筒转速还与汽车发动机的转速有关，当操作发动机油门控制器加大油门时，发动机转速增高，滚筒转动加快。

推荐滚筒最高使用速度为 13,000m/h，滚筒缠绕直径小时用较高速度，滚筒缠绕直径大时用较低速度。随时观察深度、速度、指重表的变化，以便做好应急停车刹车准备。提升仪器接近井口时要放慢滚筒速度，使仪器缓缓提出井口，以免因冰、蜡、高凝油等的影响导致仪器刮入井下。

超深井作业时，要保证仪器下到预定深度时，滚筒上起码留有最后两层钢丝。

滚筒总成结构图如图 3-32 所示。

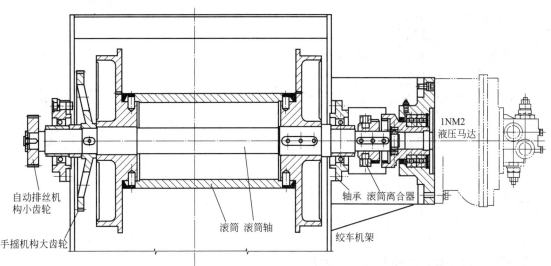

图 3-32　滚筒总成示意图

（二）滚筒总成的维护与保养

（1）滚筒总成通过两个带座轴承和马达支架与绞车机架连接，是绞车的主要受力部件，应经常检查和紧固连接螺栓。

（2）滚筒总成是绞车的主要工作部件，应经常检查各转动部分有无卡阻，定期给各转动部位加润滑油，保证各部件运转灵活。

（3）滚筒离合器的拨叉销是易损件，应经常检查磨损情况，如果磨损严重，必须更换。

（4）经常检查滚筒有无变形和裂纹，发现问题应及时维修，以免发生事故。

七、自动排丝机构

（一）自动排丝机构组成及功能

排丝机构有自动和手动 2 种排丝方法，可根据用户要求配置，如果用户没有特殊要求，一般采用自动排丝机构。

自动排丝机构由多对啮合齿轮、左右旋丝杠、左右支座、光杠、主体、滑块等组成。传动齿轮可保证滚筒每转一周，主体在光杠和丝杠的轴向上移动一个钢丝直径的距离。不同直径的钢丝需要配用不同传动比的齿轮组。左右旋丝杠能够保证主体带动钢丝测量头在滚筒轴线方向往返运动，使钢丝均匀整齐地缠绕在滚筒上。

安装在排丝机构主体上的是钢丝测量头，钢丝测量头将信号传递到测量面板上，测量面板可显示仪器的下井深度和钢丝对滚筒的拉力，此外，排丝机构主体上还配有机械计数器，可进行机械测深。

自动排丝机构结构如图 3-33 所示。

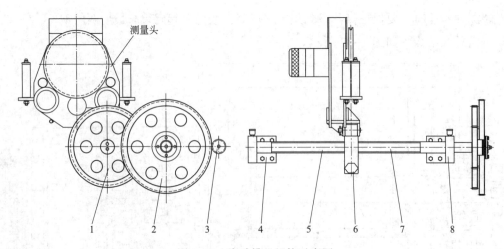

图 3-33 自动排丝机构示意图

1—大齿轮；2—双联齿轮；3—小齿轮；4—右支座；5—光杠；6—主体；7—丝杠；8—左支座

（二）自动排丝机构的维护与保养

（1）自动排丝机构通过左右支座与绞车机架连接，应经常检查和紧固连接螺栓。

（2）应经常检查各转动部分有无卡阻，各转动部位必须定期加润滑油。

（3）主体内的滑块是易损件，若主体在丝杠上运动或换向不灵活，应检查滑块是否磨损或损坏，如果磨损严重或损坏，应及时更换。

（4）应经常检查啮合齿轮轮齿的磨损情况，发现问题应及时维修和更换。

（5）应经常检查主体内的铜套和左右支座内铜套的磨损情况，如果磨损严重应更换。

（6）选用的钢丝规格不同，相对应的齿轮组也就不同，如果使用的钢丝规格与齿轮组不配套，会造成排丝混乱。

八、滚筒离合器

滚筒离合器用于切断发动机的动力输入，内外齿套分开切断动力，滑动齿套由双位气缸驱动，由操作面板上的三位四通气阀控制。操纵滚筒离合器时，要先操纵滚筒控制器手柄至中位，使滚筒停止转动，再操纵滚筒刹车手柄，刹住滚筒；操纵三位四通气阀至"挂合"位置时，离合器内外齿套啮合，若滚筒没有转动，说明牙嵌离合器没有啮合，可再微动滚筒控制器手柄，改变内外齿套的相对位置，滑套在气缸作用下滑动即可完成离合器挂合；操纵三位四通气阀至"分开"位置时，离合器内外齿套分开。

操作滚筒离合器的注意事项：

（1）操作离合器前，必须先刹住滚筒，确保牙嵌离合器没有负荷，否则牙嵌离合器不能进行挂合或分离。

（2）提升作业过程中，为避免离合器未挂合导致的绞车下溜问题，可采用憋压的方法判断牙嵌离合器是否啮合。

（3）牙嵌离合器不能正常啮合时，应先检查滚筒的安装螺栓是否松动，检查滚筒中心与马达中心是否同心，当内外齿套的相对位置处于不能结合位置时，绝对禁止重复操作滚筒离合器控制手柄，否则会造成齿轮碰撞，引起齿轮损坏。

九、手摇装置

手摇装置是一个辅助装置，当液压系统出现故障时，可通过手摇装置转动滚筒提升井下仪器。手摇装置有在滚筒上直接操作和远程操作两种结构。

远程操作的手摇装置主要由减速齿轮、换向齿轮箱、转轴、棘轮机构和摇把组成。使用时先用手刹车装置刹住滚筒，脱开滚筒离合器，然后装上手摇装置的摇把，提起棘轮机构捏手，拉出棘轮轴（可拆卸滚筒配套的手摇装置为推入棘轮轴），使减速齿轮与滚筒轴上的大齿轮啮合，松开捏手（前后轻晃棘轮轴，保证与捏手一体的棘齿落入棘轮槽内），松开手刹车，逆时针旋转摇把即可上提仪器。棘轮机构可阻止上提过程中滚筒反转，防止仪器下溜。

手摇操作完毕，再次利用手刹车装置刹住滚筒，提起棘轮机构捏手，推入棘轮轴（可拆卸滚筒配套的手摇装置为拉出棘轮轴），减速齿轮与滚筒轴上的大齿轮脱开，松开捏手（前后轻晃棘轮轴，保证与捏手一体的棘齿落入限位槽内），手摇装置处于安全非工作状态，卸下摇把并存放好。如果需要液压系统驱动滚筒，挂合滚筒离合器，松开手刹车即可进行滚筒的提升和下放操作。

远程操作和在滚筒上直接操作的手摇装置的结构如图 3-34 所示：

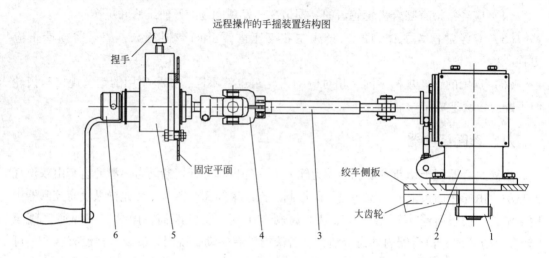

1—减速齿轮；2—换向齿轮箱；3—转轴；4—万向节；5—棘轮机构；6—摇把

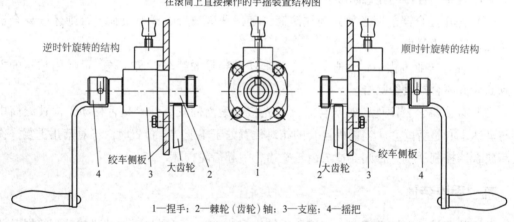

1—捏手；2—棘轮（齿轮）轴；3—支座；4—摇把

图 3-34 手摇机构示意图

在滚筒上直接操作的手摇装置直接固定在绞车侧板上，减速齿轮和棘轮轴是一体结构，减少了中间过渡装置，其工作原理和操作步骤与远程操作的手摇装置工作原理和操作步骤基本相同。

操作手摇装置时的注意事项：

（1）不使用手摇装置时，必须将减速齿轮与滚筒轴上的大齿轮脱离开，取下摇把，确保发动机动力不会驱动摇把高速旋转，造成设备损坏和人身伤害。

（2）当手摇装置减速齿轮与滚筒轴大齿轮处于啮合状态时，严禁启动液压系统进行作业，否则会造成设备损坏和人身伤害。

十、液压系统

油气井测试车的液压系统主要用于将发动机输出的动力转变为滚筒驱动力，具有传动平稳、过载保护、换向简单、操纵轻便省力等优点。试井车液压系统为闭式回路，采用双向变量柱塞泵和低速大扭矩定量马达，通过改变变量油泵的排量来调速，通过改变油泵高压油输出方向来控制绞车提升和下放，具有系统发热少、效率高等优点。

（一）液压系统组成及工作原理

液压系统主要包括液压油泵、液压马达、系统调压阀、液压散热器、液压油箱、滤油器、系统压力表、补油压力表及各种液压管线、接头等。

液压系统的速度和方向控制直接通过改变变量油泵的斜盘摆角来实现：操纵设在操作台上的控制手柄使油泵伺服油缸活塞位置发生变化，推动油泵斜盘偏转一定角度，使油泵输出流量和方向发生变化，从而改变滚筒转速和转向。控制器手柄在中位时，油泵斜盘处于中位，油泵不向马达供油，滚筒不转动。控制器手柄向"下放"位置推动，滚筒下放仪器，手柄向"提升位置"推动，滚筒提升仪器，手柄离开中位越远，油泵排量越大，滚筒转速越快。

液压系统的系统压力通过安装在操作台上的调压阀来控制。在液压系统中，补油泵与主油泵为一体式结构，通过单向阀向主回路供油，由低压溢流阀保证补油压力在一定范围内（2.0~2.8MPa），补油压力由补油压力表显示，补油压力太低，须停车检查液压系统，否则液压系统无法正常工作。

1. 双向变量油泵

型号：90L075HS；

排量：75mL/r；

最高连续转速：4250r/min；

系统额定工作压力：20MPa；

系统最高工作压力：25MPa；

最高允许油温：65℃。

2. 低速大扭矩定量马达

型号：INM2-420D47；

排量：420mL/r；

连续转速：1~400r/min；

最高转速：650r/min。

低速大扭矩马达与油泵组成闭式回路，马达在油泵控制下实现双向旋转。泵的排量越大，马达转速越高；反之，转速越慢。

3. 调压阀

为防止试井过程中遇卡造成系统过载或钢丝拉坏，系统设有过载调压阀，也称作张力调节阀。液压系统最高工作压力由装在操作台上的调压阀来控制，左旋手轮压力减小，右旋手轮压力增大，系统压力设定越高，绞车提升能力越大，系统压力设定越低，绞车提升能力越小。应根据作业过程中提升负荷的大小，适当设定系统压力，但应注意设定的系统最高压力不得超过25MPa。当提升负荷超过设定值时，系统会自动卸载，此时可缓慢增高系统压力以增大绞车提升能力，当系统压力达到25MPa还无法正常提升时，应立即停车，采取其他方法解除卡阻。（注意：调定系统压力应缓慢进行，以免冲击损坏系统元件。）

4. 液压油箱

液压油箱包括油箱体、油位计、空气滤清器、温度传感器、滤油器、电加热器。油箱用以储存系统所需的液压油，具有散热、加热、沉淀过滤杂质，分离油中气泡等作用。打开油箱上部空气滤清器盖，可向油箱内加注液压油，放油时，打开油箱底部放油丝堵即可。油箱加油量以油位计为准。最高油位不得超过油位计上限，最低油位不得低于油位计下限。

5. 散热器、电加热器

油箱上设温度传感器、液压油预热装置，液压回路设散热风扇。一般情况下，温度低于0℃，应启动预热开关，温度上升至5℃时关闭预热；温度上升至40℃以上时，应打开散热开关，温度低于35℃时关闭散热。

（二）"憋压"测试

"憋压"测试可以大致检查绞车刹车机构的性能及液压系统的密封性。"憋压"测试时，先将刹车手柄扳到完全刹车位置，此时缓慢顺时针调整系统调压阀旋钮，观察系统压力表读数，当读数逐渐升高至18~20MPa时，停止转动调压阀旋钮，此时滚筒不得转动，若能维持5~10min，说明滚筒刹车性能正常，否则应检查并调整刹车机构。若检查液压系统无异常噪音，接头无渗漏，管道无变形，系统压力及补油压力无波动，则说明液压系统工作正常。

注意事项：通常情况下，"憋压"压力比常规作业时系统压力稍高1~2MPa即可，"憋压"压力过高，将导致刹带磨损加剧，液压系统泄漏。"憋压"测试只能大致检查绞车刹车的可靠性，必须对绞车刹车系统进行全面检测，才能确定刹车系统是否工作正常。此外，系统设定压力过高时，滚筒可能刹不住，这是马达输出扭矩过大所致。

（三）液压系统的注意事项

（1）液压油牌号：冬季使用10号航空液压油，夏季使用埃索NUTOH32优质抗磨液压油。

（2）操纵滚筒控制器手柄换向时，动作应缓慢，反向操作时应在中位稍作停顿。

（3）一般只通过滚筒控制器调节滚筒速度，发动机油门控制在经济转速范围内，不需要频繁调整。

（4）可通过安装在操作面板上的负压表观察滤油器是否堵塞，当负压表示数超过-10inHg或-0.013MPa时，应更换滤油器。

112

（5）可随时根据工况调整安装在操作面上的系统调压阀，设置系统最高工作压力，液压系统的最高工作压力不允许超过 25MPa。

（6）液压系统最高工作压力应根据实际作业工况设置，设置的数值略高于正常提升负荷对应的系统压力即可。压力值设置过高，液压系统会失去过载保护作用，可能会引起事故。

（7）系统压力最高值不得高于系统中所有元件及管路的工作压力，否则会导致元件爆裂和损坏。

（8）不同规格的钢丝安全许用拉力不同。设定系统压力时必须考虑钢丝破断拉力对应的压力，防止钢丝拉断。

（9）应定期更换滤油器滤芯，确保油泵吸油畅通，否则会引起油路吸空，造成液压元件损坏。

（10）工作中随时注意液压油的温度变化，将温度控制在正常温度范围内。一般液压油温度在 30～55℃ 范围内时工作效率比较高。

（11）严寒天气作业时，应根据需要对液压油加热后方可启动液压系统。否则液压油过稠，会造成油泵吸空。

（12）液压系统启动后，应在低速空负荷下运行 10～30min，然后再带负荷作业，冬季低速空负荷运转时间应适当加长。

（13）作业过程中环境温度较高时，保证液压油温度不高于 65℃，应及时启动散热系统对液压油散热。

（14）作业过程中随时注意各元件工作情况，如有不正常声响、噪声或元件渗漏，应及时停车检查，排除故障后方可重新启动。

（15）将仪器提升至井口时，应以最低速度缓慢进行。

（16）经常检查油箱油位，油箱油位应不低于最低油位线。

十一、气路系统

（一）气路系统的组成及工作原理

作业用气路系统主要包括取力器控制、滚筒离合器控制、气囊压紧装置等，气源从底盘备用储气罐取出，其中取力器的控制气路安装在气路总开关之前，滚筒离合器控制、绞车刹车、气囊压紧装置等的气路安装在气路总开关之后，作业前打开此开关，作业完毕后注意将此开关关闭，以保护整车气路的安全。试井车气路系统工作原理如图 3-35 所示。

（1）只有确认气路压力在 0.6MPa 以上，才能进行取力器及绞车操作；

（2）作业过程中保证气压表读数在正常范围内，气路元件和管路无漏气现象，如有故障立即停止作业，故障排除后方可继续工作；

（3）根据绞车刹车配置的不同，气路系统的配置也不尽相同，具体配置以技术协议为准。

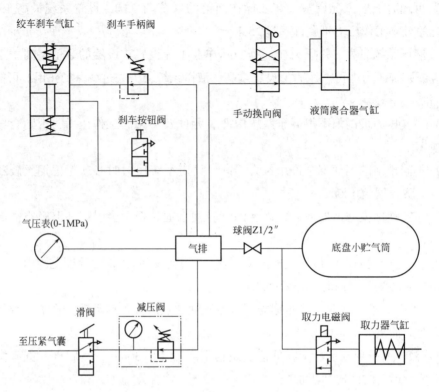

图 3-35　气路系统工作原理图

（二）气动刹车系统（选装）

气动刹车系统包括刹车气缸、刹车手柄阀、刹车按钮阀等部件。刹车气缸由装在操作台上的刹车手柄阀控制，手柄转动角度越大，刹车气缸的推力就越大。在滚筒起下过程中，均应使用手柄阀控制绞车刹车，刹车按钮阀只在作业过程完毕及气路故障的情况下使用。气动刹车具有操作省力、结构复杂等特点。推动刹车手柄阀刹车时，需先将控制油泵的控制手柄拨回中位。

刹车气缸为双气室膜片式气缸，结构如图 3-36 所示。气缸具有进气制动和排气制动两个功能，其工作原理如下。

在非制动状态下，a 腔气压为零，从刹车按钮阀来的压缩空气通过进气口"12"进入 b 腔，使活塞"2"克服制动弹簧"1"的弹力后移，制动气室处于解除制动状态，即气缸推杆处于行程为零的位置。短时间刹车时，推动手柄制动阀手柄，压缩空气通过手制动阀和气缸进气口"11"进入 a 腔，使膜片推动推杆"5"前移，刹带拉紧，滚筒制动，松开刹车阀手柄，手柄自动回位。刹车阀为单向调压阀，手柄行程越大，作用于膜片和推杆上的推力越大，故操纵该阀可以调节刹车力大小，并由此来控制滚筒下放速度；长时间刹车时，按下刹车按钮，b 腔中的压缩空气经接口"12"全部排出，制动弹簧"1"推动活塞"2"和推杆"5"前移，刹带拉紧，滚筒制动。操纵刹车按钮可迅速释放 b 腔内压缩空气，达到迅速制动的目的，故此按钮也称紧急刹车按钮，只有在紧急情况下才可使用该按钮刹车。

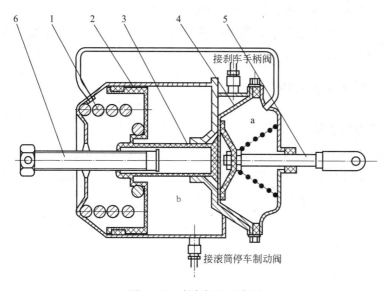

图 3-36 刹车气缸示意图

1—贮能弹簧；2—活塞；3—推杆；4—膜片；5—推杆；6—解除制动拉杆

注意事项：

（1）使用紧急刹车按钮刹车后，在操纵滚筒转动前必须先将按钮阀复位，否则绞车会一直处于刹车状态而不能工作。

（2）必须保证气路气压在 0.6MPa 以上，否则刹车机构不能正常工作。

（3）经常检查操纵阀及气缸动作是否正常，有无漏气，有问题立即检修。

（4）气动刹车系统气源来自作业气路总开关，此开关不开，本系统不起作用。

（5）注意区分刹车手柄阀与刹车按钮阀的不同用法，在不同工况下合理使用。

（三）气囊压紧装置

根据用户配置的不同，防喷管架（或仪器架）可采用气囊压紧装置和气垫压紧装置。气垫压紧装置的气垫内部压缩空气来自汽车底盘储气筒，经减压阀降低压力后进入各个气垫，将仪器压紧。仪器架每层设开关单独控制，可根据需要打开或关闭。

下井仪器装车后，先调整减压阀将输出气压调至 0.1MPa，气压高低由与减压阀装在一起的压力表显示，然后打开减压阀后部气开关，使气垫充气，检查仪器压紧情况。取下仪器时，关闭气开关，气垫复位，仪器被松开。

注意事项：

（1）将仪器架装入仪器前，应先检查仪器表面是否有毛刺，若有毛刺会刺破气囊；

（2）减压阀及充气开关装在车尾部仪器架上方，气垫压紧时，应先打开充气开关。

（3）通往各气垫的气路实施分层控制，如果仪器架上某层不放置仪器，须将通往该层气垫的分路气开关关闭，以免不必要的充气引起气垫损坏。

（4）使用过程中经常检查气路中各管线、接头、气垫、阀件的密封性，及时排除故障，以防漏气导致仪器无法压紧，从而保证系统能够正常工作。

（5）气垫由松紧绳固定在气垫盒上，使用一段时间后，松紧带会变松，气垫下坠会影响仪器放入，应及时将气垫及盒取下，更换松紧带。

（6）设备停放及作业过程中，关闭减压阀及气开关，切断气垫压紧装置气源，避免气垫压紧装置对车底盘产生影响。

十二、电气及测量系统

（一）直流电气系统

油气井测试车的直流电源取自汽车底盘的直流电源（蓄电池）。使用直流电气系统时，原底盘的直流用电器可以在驾驶室的仪表盘上直接操作，外加的直流用电器可按照具体的安装方式和安装位置进行操作。发动机的油量、水温、转速、油压显示将由仪表转换继电器转换到操作面板上。在进行其他各项操作时，只需按照操作台设置的电气指令控制元件标明的功能进行操作即可。

（二）交流电气系统

交流电气系统由外接电源（或汽油发电机、柴油发电机）提供 220V AC 交流电源，主要给车载仪器，车载空调，车载电暖风机，稳压电源，UPS 不间断电源，液压系统的加热、散热以及部分照明灯等交流用电设备提供电源。

为方便油田野外作业的要求，试井车还可配备柴油、汽油发电机。为方便维护保养，可在车厢后侧设置发电机舱，专门安置发电机。

（1）使用发电机时，先将发电机拉到舱外，并固定牢固；使用完毕，将发电机推进舱内，并固定好推拉装置上的紧定螺钉。

（2）发电机不工作时发电机油门开关必须关死，防止汽车蓄电池的电能耗光，或汽车燃油箱中的燃油流到地面上引发火灾。

十三、测量系统

测量系统的功能是对仪器（钢丝）的起下速度、下井深度、钢丝张力等参数进行测量记录，并在张力过载时报警和进行控制等。测量系统包括测量面板、测量头、机械计数器、传动软轴、电信号传输线以及附件等。

十四、安全使用设备

（一）基本要求

（1）使用设备前，必须对使用的设备的整体及局部构造和原理有较全面的认识。

（2）底盘的使用、维护和保养必须严格按照配套的底盘使用说明书执行。

（3）汽车司机、绞车操作工、维修钳工和电工必须由能够胜任该项工作并且具备资质的人员担任。

（4）非绞车操作工不可随意操纵操作台上的按钮及控制手柄。

（5）油气井测试车没有设置防辐射系统和装置，现场操作时必须远离放射源区。

（6）绞车操作工在操作设备前要检查设备是否完好，各操作装置是否在正确位置。

（7）要保持设备的清洁，设备停止运转后才能进行检修、维护保养、加油、紧固或调整。

（8）机械、电器设备运行中不得用手随便触碰。

（9）所有电器设备，特别是发电机、变压器、不间断电源、电控箱、蓄电池不得有水、油进入，要经常通风保持干燥。

（10）如果油气井测试车上装有交流电源或交流用电器，那么在油气井测试车到达井场启动前，必须安装好接地棒，将车体可靠接地。

（11）严禁在设备上和设备周围抽烟，而且要保证无任何可能引起火灾的火源。

（12）要保持灭火器的完好，无论出现何种事故，都要先关掉电源和燃油油路，置设备于非运转状态。

（13）要经常检查所有油管和接头，确保无渗漏，所有电线、液压管线、气路管线不得与尖硬物体摩擦、碰撞和挤压。

（14）设备的连续运转时间不得超过12h，连续工作中若出现问题和故障应及时停机检查。

（15）根据测试油井实际工况，设定液压系统压力，系统压力最高不得超过25MPa。并且，调定的系统压力不允许超过所使用钢丝的安全许用拉力，否则可能出现拉断钢丝的事故。

（16）车上传动系统应按照部件技术要求加足润滑油，各黄油嘴处应按照润滑表要求定期加注黄油润滑。

（17）液压系统应按照说明书要求定期更换合适的液压油，更换滤油器，定期维护保养。

（二）作业前后的注意事项

（1）汽车底盘的走合应按照《底盘使用说明书》中的要求进行。

（2）油气井测试车的走合期为50h，在此期间应按以下要求进行：

① 钢丝线速度不得超过5000m/h。

② 发动机转速控制在900~1200r/min。

③ 操作平稳正确，除有紧急情况（如钢丝或下井仪器遇卡等）外不得突然刹车。

④ 液压系统的工作油温不得超过65℃。

⑤ 传动系统各零部件应无异常振动和噪声，注意紧固底盘、液压系统、传动系统、滚筒、绞车机架等重要部件的连接螺栓。

（3）走合期满后，应做以下工作：

① 更换各传动箱润滑油及液压系统液压油。

② 检查并调整刹带与刹车毂之间间隙，使其在整个包角范围内约为2~3mm，且间隙分布均匀。

③ 紧固车上各部分连接螺栓。

（三）作业前的准备

（1）将汽车出钢丝口对准井口，距井口约20m，使汽车处于停车制动状态。

（2）汽车前保险杠用钢丝绳固定在地锚上，车轮前后均垫掩铁。

（3）放下上车梯，打开绞车舱门或出钢丝的小门。

（4）固定井口装置。

（5）立起挡绳架，插上固定销，使其处于待工作状态。

（6）按照每日润滑要求在有关部位加润滑油，检查液压油箱内液压油，确保油面高于最低油位线。

（7）如果设备上有交流电源，必须接好安全用电接地棒及接地线（注意：接地棒插入处土壤要有足够湿度）。

（8）如果在晚间作业，打开操作舱内照明灯和井口照明灯。

（四）作业前的检查

（1）保证燃料油、液压油、润滑机油足够。

（2）保证所有电源开关位置正确，底盘蓄电池电压正常。

（3）保证汽车手刹车的制动手柄处于停车制动位置。

（4）保证发动机油门控制器于最小位置。

（5）保证滚筒离合器的手柄处于脱开状态。

（6）保证滚筒控制器的手柄处于中位。

（7）使用发电机电源时，需打开发电机舱门，将发电机拉出舱外。

（8）对于双滚筒试井绞车，在确定使用大或小滚筒后，应将大小滚筒转换开关置于其相应工作位置。

（五）启动及空运转

（1）检查并确认底盘变速箱排挡杆处于"空挡"位置，置发动机油门控制器手柄（或发动机油门旋钮）于最小位置，启动汽车底盘发动机。待发动机运转稳定、各仪表显示正常后，操纵发动机油门控制器手柄（或发动机油门旋钮）令发动机转速保持在1200r/min，运转10min。

（2）打开作业用气路开关，检查气压表读数，读数应在0.6MPa以上。将发动机油门恢复到怠速状态，驾驶员踩下离合器踏板，等2~3s后按下安装在仪表板上的取力开关，待仪表板上取力器指示灯亮后，松开离合器踏板，取力器开始正常工作，此时液压系统开始工作。

（3）将滚筒离合器操作手柄置于挂合位置。

（4）将滚筒控制器操作手柄置于"提升"或"下放"位置，观察滚筒运转状况。

（5）观察自动排丝机构运转是否正常，测量头运动是否正常。

（6）对整车进行巡回例行检查，确认设备运转正常后方可进行作业。

（六）作业完毕及行车前注意事项

（1）置滚筒控制器手柄于中位，用手刹车刹住滚筒。

（2）置滚筒离合器手柄于脱开位置，令滚筒处于非驱动状态。

（3）驾驶员踩下离合器，按下安装在仪表板上的取力开关，待仪表板上取力器指示灯熄灭后，松开离合器踏板，确认取力器已脱开。

（4）关闭作业气路总开关。

（5）如有交流电源，断开交流电源，关闭所有用电开关。

（6）收起安全用电接地棒和各种电、气管线，擦净设备上油泥。

（7）收好下井仪器，将钢丝的连接仪器端固定好。

（8）收回所有梯子，将各舱门关闭并锁好。

（9）分项做好设备运转记录。

十五、常见故障及排除

试井车的常见故障是指正常运行中出现的异常现象，对此应高度重视，任何一点疏忽都可能造成不必要的损失。汽车底盘的常见故障及排除方法见相应的《底盘使用说明书》。其余部分的故障及排除方法将在以下内容中进行介绍。

（一）液压系统的故障及排除方法

液压系统的故障及排除方法见表3-8。

表 3-8　液压系统故障及排除方法

故障现象	故障产生原因	检查及排除方法
严重噪声或振动	1. 滤油器堵塞	1. 同时清洗滤芯或更换粗、细滤油器
	2. 液压油箱内油位太低	2. 加液压油到合适位置
	3. 油温过低、黏度过大	3. 将液压油温加热到适当温度
	4. 油温过高、产生蒸汽	4. 将液压油温降低到适当温度
	5. 使用液压油牌号黏度过大	5. 更换成黏度合适的液压油
	6. 吸油管接头漏气	6. 拧紧接头或更换接头
	7. 系统内空气排除不良	7. 快速空载双向运行绞车，排除系统内空气
	8. 液压油变质	8. 更换液压油
	9. 液压油泵磨损或损坏	9. 修理或更换液压油泵
	10. 液压马达磨损或损坏	10. 修理或更换液压马达
	11. 管线及元件固定处松动	11. 拧紧紧固部位
流量脉动	1. 液压油中混入空气	1. 检查漏气部位，拧紧接头
	2. 液压油泵磨损	2. 修理或更换液压油泵
	3. 液压马达磨损	3. 修理或更换液压马达
压力不足或无压力	1. 液压油泵磨损或损坏	1. 修理或更换液压油泵
	2. 液压马达磨损或损坏	2. 修理或更换液压马达
	3. 液压油的黏度过低	3. 使用规定或推荐的液压油
	4. 工作时间过长	4. 停机散热
	5. 液压油泵转速过低	5. 增大动力源转速
	6. 液压系统漏损严重	6. 检查液压系统，修理或更换液压元件
	7. 调压阀的设定压力过低	7. 调整调压阀的设定压力
	8. 调压阀的阀芯卡死或损坏	8. 修理或更换调压阀
	9. 紧急卸荷阀处于卸荷状态	9. 操作紧急卸荷阀处于工作状态

（二）机械系统的故障及排除方法

机械系统的故障及排除方法见表 3-9。

表 3-9 机械系统故障及排除方法

故障现象	故障产生原因	检查及排除方法
取力器无力输出	1. 气控阀或气缸卡阻	1. 检查或更换气阀及气缸
	2. 齿轮卡阻或损坏	2. 检修取力器箱体或更换齿轮
	3. 操纵阀手柄处于脱开位置	3. 将手柄置于挂合位置
	4. 操作装置故障	4. 检修操作装置
	5. 取力器损坏	5. 检修或更换取力器
滚筒不转动转动不灵活	1. 刹车未松开	1. 松开刹车
	2. 液压马达损坏	2. 检修或更换液压马达
	3. 液压油泵损坏	3. 检修或更换液压油泵
	4. 滚筒离合器未挂合	4. 挂合滚筒离合器
	5. 手摇装置未脱开	5. 脱开手摇装置
	6. 滚筒两端支撑轴承松动	6. 调整并紧固滚筒两端支撑轴承
	7. 滚筒变形引起卡阻	7. 停车检修或更换滚筒
	8. 自动排丝机构卡阻	8. 检修自动排丝机构
	9. 液压系统泄漏严重	9. 检修液压系统
刹车失灵	1. 刹带与刹车毂间隙过大	1. 调整刹带与刹车毂间隙
	2. 刹带磨损严重或断裂	2. 更换刹带
	3. 推拉杆与连接叉之间的调节螺母松动	3. 调整推拉杆与连接叉之间的调节螺母，使刹带松紧合适
	4. 刹把与刹车拐臂脱开	4. 使刹把与拐臂连接牢固
轻负荷下放困难	1. 刹带与刹车毂间隙太小	1. 调整刹带与刹车毂间隙
	2. 滚筒两端轴承座安装偏心	2. 调整轴承座
	3. 滚筒离合器未脱开	3. 脱开滚筒离合器
	4. 滚筒变形引起卡阻	4. 停车检修或更换滚筒
	5. 自动排丝机构卡阻	5. 检修自动排丝机构
	6. 钢丝计量装置转动不灵	6. 检修钢丝计量装置
排丝机构运动不灵活或卡阻	1. 滑块损坏	1. 更换滑块
	2. 齿轮组啮合间隙过大或过小	2. 调整左右支座使齿轮组啮合合适
	3. 丝杠与光杠不平行	3. 调整或更换左右支座
	4. 丝杠螺纹不光滑	4. 打磨丝杠螺纹或更换丝杠
	5. 双联齿轮轴承损坏	5. 更换双联齿轮轴承
	6. 丝杠两端及主体内铜套损坏	6. 更换丝杠两端及主体内铜套
手摇机构转动和推拉不灵活或卡阻	1. 箱体内齿轮间隙过大或过小	1. 调整齿轮间隙
	2. 箱体内轴承损坏	2. 更换轴承
	3. 减速齿轮间隙过小	3. 调整齿轮间隙使其合适
	4. 齿轮箱拨叉杆过长或过短	4. 调短拨叉杆使其长短合适

十六、设备的维护与保养

定期对设备进行检查和维护保养可以及时排除一些潜在故障，这样不但可以避免事故的发生，减少修理费用，而且可以提高设备的利用率，延长设备的使用寿命。因此，定期进行检查和维修保养对于设备的使用具有十分重要的意义。

由于各个油田的环境条件各不相同，本书只能按照一般的工况确定检查和保养周期。因此，应根据具体的工作环境和使用状况，在本书的基础上进行适当地调整，保证设备始终处于良好的工作状态。

底盘的维护保养按照随车附带的《底盘使用说明书》中的规定执行。

试井车作业部分的维护保养按照以下规定执行。

（一）每班保养

（1）检查各操作装置是否操作灵活。用一只手或一只脚加力，操作杆应运动灵活，如有遇卡现象必须检查原因并进行纠正和检修。

（2）擦净绞车、测量头、挡绳架等设备上油泥，并对其传动部位涂润滑脂。（注意：测量头上的脉冲编码器和张力传感器严禁冲洗。）

（3）除密封箱体外，加注机械油润滑的部位用油壶注油润滑。

（二）每五班保养

（1）给传动轴、绞车滚筒、排绳装置等部位加注润滑脂。

（2）检查设备的各连接螺栓是否存在松动现象，若松动应及时拧紧。

（3）松开刹车，脱开滚筒离合器，拨动滚筒使滚筒轻轻转动，滚筒若转动不良应加以调整。

（4）检查气路系统，应保证无漏气现象，拧紧气管线及液压管线各接头。

（5）扭紧绞车刹车装置各螺栓，检查并调整刹带与刹带毂之间间隙。

（6）应检查液压系统有无渗漏，检查油箱内的油位是否合适。

（7）丝杠上应经常加润滑油，以防止滑块磨损过快，若排丝机构运动不灵活应检查滑块是否磨损严重或损坏，如有需要应及时更换。

（三）每两个月保养

（1）检查油液是否变质，若有变质，应清洗油箱、油路并更换油液。

（2）检查滤油器，清洗滤油芯或更换滤油芯。

（3）检查取力器、传动轴及传动系统其他部件的工作情况，若存在不正常现象，及时检修或更换。

（4）检查气管线质量，如有磨损或疲劳应及时更换。

（5）检查各传动部位固定螺栓紧固情况，并做适当紧固。

（四）夏冬换季及 600h 保养

（1）在夏季、冬季换季作业时，更换液压油。

（2）每工作 600h，应检查刹车带和石棉带，根据磨损情况进行更换。

（五）润滑表

润滑是设备减少磨损、提高寿命、正常工作的前提，各润滑部位应按期加注润滑油，润滑油应当符合标准，注油时应使用注油工具。液压试井车主要润滑点见表 3-10。

表 3-10　试井车润滑表

序号	润滑部位	使用润滑油名称	润滑须知
1	油泵传动轴	3 号钙基润滑脂	每周 1 次
2	马达架轴承	3 号钙基润滑脂	每周 1 次
3	滚筒轴承	3 号钙基润滑脂	每周 1 次
4	排丝指重、指深装置	3 号钙基润滑脂/机油	每周 1 次
5	手摇机构轴承	3 号钙基润滑脂	每周 1 次
6	挡绳架轴承	3 号钙基润滑脂	每周 1 次

第七节　井下工具

本节讲述的井下工具是指连接钢丝或电缆一起下放至井内完成各类测试以及投捞作业的所有工器具，包括基本钢丝作业工具、投捞作业工具、电缆作业工具等。井下工具种类较多，如图 3-37 所示。

图 3-37　井下工具汇总图

一、钢丝作业基本井下工具

（一）基本工具串

钢丝作业基本工具串包括钢丝绳帽、加重杆、震击器和万向节。钢丝作业投捞工具可接在基本工具串下部，能够在带压情况下完成各种作业。

基本工具串工具的顶部都加工有外打捞颈，一旦在井下脱扣，打捞十分方便。

1. 绳帽

绳帽起着连接钢丝（或钢丝绳）与井下测试仪器（或井下工具）的作用。由于钢丝或钢丝绳会在井下旋转，因此，当钢丝或钢丝绳在井下旋转时，要求绳帽及其下部连接的工具、仪器不旋转或少旋转，避免井下工具、仪器由于旋转而脱扣，造成落井事故。

1）钢丝绳帽

钢丝绳帽起着连接钢丝和井下其他工具的作用，由于钢丝在井下会旋转，因此要求绳帽内部跟钢丝连接的部分相对于绳帽主体能旋转自如，即钢丝在井下旋转时，绳帽及其下面连接的工具串能够不旋转或少旋转，避免井下工具由于旋转而脱扣，造成工具落井事故。常见的钢丝绳帽有普通（弱点）型、圆盘形、梨形塞块和卡瓦型等种类。钢丝绳帽如图3-38所示。

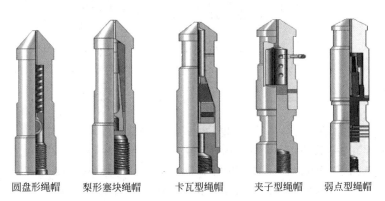

圆盘形绳帽　　梨形塞块绳帽　　卡瓦型绳帽　　夹子型绳帽　　弱点型绳帽

图3-38　钢丝绳帽示意图

几种钢丝绳帽的对比见表3-11。

表3-11　钢丝绳帽比较表

类型	适用范围	操作使用方法
普通型绳帽	用于一般机械压力计、温度计、取样器等井下测试	连接时使用的工具简单，但需专门技术，重载时钢丝有可能从中心抽出
卡瓦型绳帽	一般轻载时钢丝测试	使用时不须专门技术，但不适于重载
圆盘形绳帽	各种类型的钢丝起下仪器测试	操作方式简单，具有防冲击作用
梨形塞块型绳帽	一般钢丝起下仪器测试	钢丝与绳帽间不能转动，需另外加可转动的接头

2）电缆绳帽

电缆绳帽起连接电缆与井下仪器的作用。电缆绳帽是一种常见的绳帽，其上部是承重部分，下部是引线部分，顶端有打捞颈。电缆绳帽结构如图3-39所示。

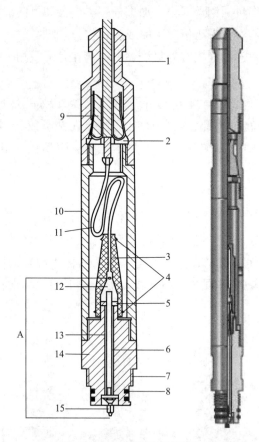

图3-39 电缆绳帽示意图

1—绳帽；2—压紧格兰；3—橡胶绝缘护套；4—尼龙扎紧绳；5—绝缘垫；6—导电连杆；
7—连接仪器外螺纹；8—O形密封圈；9—梨形电缆锁紧头；10—绳帽接头；11—电缆芯线；
12—芯线上绝缘头；13—绝缘套；14—密封绝缘接头；15—芯线下插头；
A—密封绝缘套总成

（1）承重部分：电缆绳帽承重部分把仪器及加重杆锁紧在电缆下端，承受了全部重量。锁紧的原理是把电缆外铠装钢丝向外翻转，附着在梨形锁紧块的外侧，拧紧绳帽接头和绳帽时挤压压紧格兰，把梨形块压紧到绳帽内侧的锥形面上，达到锁住电缆末端的目的。

电缆铠装钢丝在梨形锁紧块上翻转的情况如图3-40所示。

（2）密封引线部分：引线时，不仅要与外壳绝缘良好，还要承受自上而下的来自井内的高压力。绳帽以下、接头以上为井内高压，下接头以下为仪器内部常压。

心线插头可以方便地与仪器断开，以便仪器从井内取出后，放入仪器箱妥善保管。

电缆绳帽结构较简单，使用比较广泛，穿钢丝的锁紧头在使用后不易退出。这种绳帽可适用于3.175mm、4.7625mm、5.556mm、7.938mm及11.113mm等电缆尺寸。

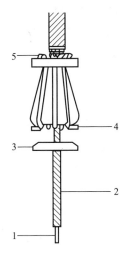

图 3-40　钢丝在梨形锁块上翻转图

1—芯线；2—带绝缘层的芯线；3—压紧格兰；4—剪断的部分内层及外层铠装钢丝；

5—小孔穿出的剪断、压平部分铠装钢丝

3）钢丝绳绳帽

钢丝绳绳帽如图 3-41 所示，最大可用于 7.9mm 的钢丝绳。

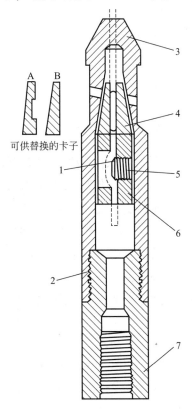

可供替换的卡子

图 3-41　钢丝绳绳帽

1—钢丝绳道；2—壳体；3—打捞颈；4—卡子；

5—固定螺钉；6—固定块；7—底节

根据绳帽中卡块的不同可分为两种：超负荷脱手型（A）和平面型（B）。

超负荷脱手型：该类型绳帽的卡块（A）开有一个槽，当钢丝绳的拉力达到满负荷的一定百分比时，卡块能将钢丝绳卡断，卡块不同，百分比也不同，有五种分别设计为50%、60%、70%、80%和90%的卡块可供选择。

平面型：该类型卡块（B）的内面没有槽，是一个平面，可达到满负荷拉力，但经验表明，当拉力达到钢丝绳破断拉力的90%时，钢丝绳常常在卡块的顶端被拉断。绳帽和加重杆之间必须用万向节连接，避免钢丝绳在下井过程中转动导致扭力传给工具串，引发工具串脱扣等问题。

2. 加重杆

加重杆主要用于克服密封盒密封圈的摩擦力和井内压力产生的上顶力，保证钢丝作业工具能够到达井下一定的深度。此外，加重杆依靠其自身重量可以施加向上或向下的力而完成井下控制工具的投捞工作。加重杆的尺寸和重量根据要求的冲击力和投捞的井下控制工具尺寸来确定。

加重杆顶部设计有打捞颈，大部分加重杆由钢铁制成，其常用规格见表3-12。

表3-12 常用加重杆规范

公称尺寸，in	螺纹	投捞颈外径，in	最小抓距，in	最大外径，in	长度，ft	重量，lb
$1\frac{1}{2}$	15/16-10	1.375	1.44	1.50	2	$10\frac{1}{2}$
$1\frac{1}{2}$	15/16-10	1.375	1.44	1.50	3	$16\frac{1}{2}$
$1\frac{1}{2}$	15/16-10	1.375	1.44	1.50	5	$34\frac{1}{2}$
$1\frac{7}{8}$	$1\frac{1}{16}$-10	1.750	1.44	1.88	2	16
$1\frac{7}{8}$	$1\frac{1}{16}$-10	1.750	1.44	1.88	3	$25\frac{1}{2}$
$1\frac{7}{8}$	$1\frac{1}{16}$-10	1.750	1.44	1.88	5	$63\frac{1}{2}$
$1\frac{7}{8}$	15/16-10	1.375	1.44	1.88	5	$63\frac{1}{2}$

有些井需要增加加重杆的重量，因此，需要选用密度较高的金属来制造。早期有人通过向钢管内灌水银的方法来增加重量，但后来发现水银制造的加重杆不能震击，于是人们又采用充铅的方法制作加重杆，这样充填物变成了固体，既可以增加密度，又可以承受比较强烈的震击。近年来常用充钨加重杆来增加工具串的重量，这是目前比较理想的增重型加重杆；当然，在不需要震击的情况下，还可使用纯钨来制作加重杆，由于纯钨比较脆，因此，加重杆通常不是很长。为减少加重杆对井壁的摩擦，滚轮加重杆应运而生。为了电缆作业方便，还针对性地制造了电缆加重杆。各种类型加重杆结构如图3-42所示。

3. 震击器

许多钢丝、钢丝绳作业的下井工具串都要使用震击器（图3-43），井下装置的投捞过程中经常需要切断销钉，打捞井下装置时也需要很强的力量，这些作业仅靠钢丝或钢丝绳拉力无法实现，只有利用震击器的震击力才能完成。

震击器撞击是一个做功的过程，震击力除与被震装置或工具内销钉的刚度、内外剪切筒间隙、震击器下部工具串的弹性阻尼作用有关外，还与加重杆重量及撞击时速度的平方

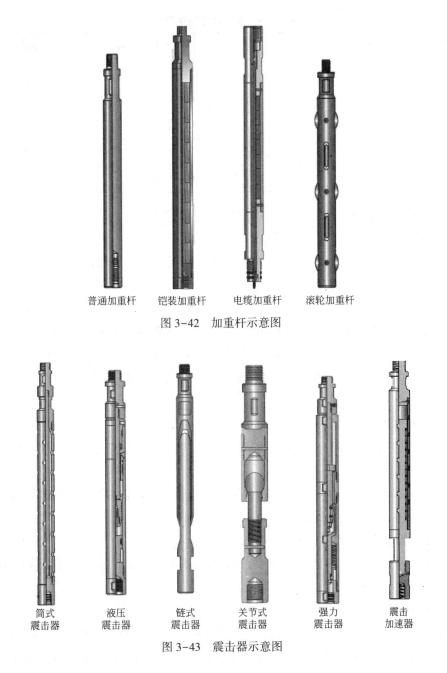

普通加重杆　　铠装加重杆　　电缆加重杆　　滚轮加重杆

图 3-42　加重杆示意图

筒式震击器　　液压震击器　　链式震击器　　关节式震击器　　强力震击器　　震击加速器

图 3-43　震击器示意图

成正比。

震击器通过加重杆的下滑获得向下运动的速度，因此，向下震击的能量比较有限。如果在高斜度井或高黏度井中作业，震击器下落的速度就更加有限。震击器可通过提高绞车滚筒速度获得向上运动的速度。因此，向下切断销钉的强度小，而向上切断销钉的强度大。

1）链式震击器

链式（机械）震击器结构简单，可上下震击，是最常用的震击器，其常用规范见表 3-13。

表 3-13　链式震击器常用规范

外径, in	螺纹	投捞颈, in	闭合长度, in	冲程, in
$1^7/_4$	15/16-10	$1^3/_{16}$	38	20
$1^1/_2$	15/16-10	$1^3/_8$	38	20
$1^1/_2$	15/16-10	$1^3/_8$	48	30
$1^7/_8$	$1^1/_{16}-10$	$1^3/_4$	$38^1/_8$	20
$1^7/_8$	$1^1/_{16}-10$	$1^3/_4$	$38^1/_8$	30

冲程长的震击器有助于增加震击时的速度，但易损坏。

2）液压式震击器

当井下钢丝作业位置较深时，链式震击器常常无法产生足够的向上震击力。液压式（充液式）震击器就是为解决上述问题而设计的。

液压震击器有拉开阻尼作用。当钢丝受力达到一定值时，震击器内部的液压油才能慢慢通过间隙很小的活塞慢慢打开震击器；活塞到达扩径部位后就能自由向上运动；这段时间内，地面绞车操作有足够的时间获得预期拉力，在这种大拉力下，活塞能够快速向上运动进而产生很大的震击力；震击后，由于活塞内有单流阀，震击器极易闭合。

液压式震击器的常用尺寸有：$1^1/_4$in、$1^1/_3$in 和 $1^3/_4$in。

震击器内的液体为液压油，通常为适应井下温度需要选择稳定性较好的液压油，并保证有 30s 的延迟时间。

严禁将液压式震击器接在链式震击器下部，因为液压式震击器具有减振作用，而这会减弱链式震击器向下震击的能力。

3）震击加速器

在浅井作业时，由于钢丝伸长量小，如果使用液压式震击器就需要配合使用震击加速器。

4）弹簧震击器

弹簧震击器，又称为强力向上震击器，主要用于向上震击。下井前，根据预计的井下情况调节向上拉力，在井下需要向上震击时用绞车拉到拉力设定值加上钢丝及其井下工具重量后，震击杆上行一定距离后即可与下部锁定机构脱开，在钢丝的大拉力下弹簧震击器会产生很大的震击力。震击完成后，下放震击杆，由于控制锁定机构的弹簧力较小，震击杆很容易即可插入锁定机构。

5）管式震击器

管式震击器可用于较大冲程的震击。由于移动过程中须从小孔排液，所以震击较缓和。

6）关节式震击器

关节式震击器用于向上、向下震击，可以自由转动，但冲程较小，震击力相应也较小。

4. 万向节

万向节（图 3-44）可以实现震击器与投捞工具之间的角度偏转，以便于将工具串与油管倾斜方向调节一致，特别是在弯曲油管及定向井中进行钢丝作业时，万向节是必不可少的。

万向节可用于完井钢丝作业工具各段的连接，令工具串在井内随油管偏转，从而减少遇卡情况。

5. 快速接头

快速接头（图 3-45）接在基本工具串和井下工具之间，目的是在多次钢丝作业之间快速更换井下工具，便于井口操作。

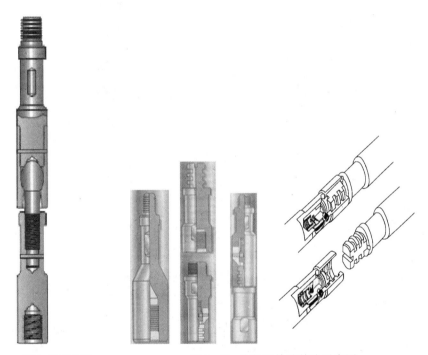

图 3-44　万向节示意图　　　　　图 3-45　变扣及快速接头示意图

（二）基本投捞工具

基本投捞工具可以打捞或投放井下装置，如果井下装置被卡死或不容易捞出，还可剪切断工具内的销钉，让工具与装置脱手，便于事故处理。有些井下装置的正常投放也需要投捞工具切断销钉脱手，井下装置正常留在井下，而投捞工具起出井口。有些投捞工具既可当作打捞工具，又可当作投放工具。

1. 基本投捞工具的分类

1）按照投捞颈分类

井下装置的顶端都有一个可供投捞工具抓取的位置。投捞工具接入这个位置后，即可收回或脱开锁心等井下装置，这个位置就叫作投捞颈。

投捞颈分为外投捞颈和内投捞颈。与之对应的工具可分为外投捞颈工具和内投捞颈工具。投捞颈示意图如图 3-46 所示。

外投捞颈工具有 OTIS 钢丝的 R 系列和 S 系列投捞工具，以及 CAMCO 公司的 J 系列投捞工具。

内投捞颈工具主要为 OTIS 公司的 G 系列投捞工具和 CAMCO 公司的 PRS 系列投捞工具。

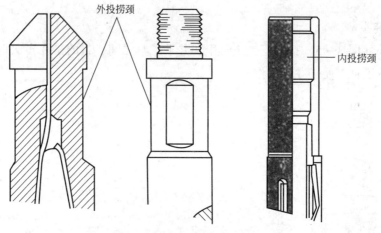

图 3-46　投捞颈示意图

2）按照销钉剪切方向分类

某些工具受向上的震击作用切断销钉，而某些则受向下的震击作用切断销钉。因此，按照切断销钉方向的不同，基本投捞工具可分以下两类。

（1）向上震击切断销钉工具：

① OTIS 有两个基本系列的投捞工具可以向上震击剪断销钉脱手，这两个系列是 R 系列和 GR 型打捞工具。

② CAMCO 公司的 JU 系列投捞工具也属此类。其中 U 是英文 UPPER 的意思。

（2）向下震击切断销钉工具：

① OTIS 公司的 S 系列投捞工具和 GS 型投捞工具可向下震击剪断销钉。

② CAMCO 公司的 JD 系列投捞工具也属此类。其中 D 是英文 DOWN 的意思。

2. 基本投捞工具系列

1）OTIS R 系列投捞工具

R 系列投捞工具可连接外投捞颈井下工具或装置，向上震击切断销钉，R 系列有 RB、RS 和 RJ 3 个类型，它们之间的不同仅仅是安装在工具中的芯子长度不同，RB 型芯子最长，RS 型次之，RJ 型最短。OTIS R 系列投捞工具如图 3-47 所示。

三种类型中的任何一种都可以改变芯子类型而变成其他两种类型。

投捞工具接在基本工具串下部即可下放入井，投捞工具在井下与井下装置接触，圆筒下部越过打捞颈，并迫使爪展开。然后，在弹簧的作用下爪子回收抓住井下装置，利用向上震击的力量提起井下装置。

130

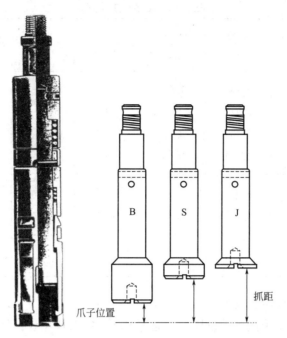

图 3-47　OTIS R 系列投捞工具示意图

　　剪切销钉后，圆筒弹簧力在接头和圆筒之间相互作用，并向上移动，使得爪子在弹簧力的作用下也向上运动。在爪子向上运动的过程中，变细的上端移入圆筒内，迫使爪子向内收缩，因此迫使爪子下端向外靠，这样即可脱开工具。

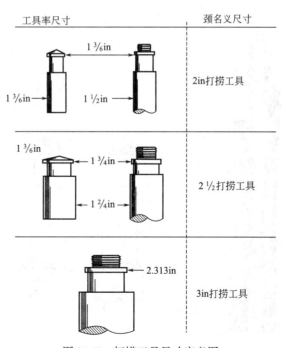

图 3-48　打捞工具尺寸定义图

　　R 系列投捞工具的规范见表 3-14。

表 3-14　R 系列工具规范

系列	部件号	尺寸 in	外径 in	投捞颈 in	可投捞工具 尺寸，in	顶部螺纹	剪切销钉，in	抓距，in
RB	40RB14	$1\frac{1}{2}$	1.430	$1\frac{1}{16}$	1.187	15/16-10	1/4	1.265
	40RB17	2	1.770	$1\frac{3}{8}$	1.375	15/16-10	5/16	1.219
	40RB18	$2\frac{1}{2}$	2.180	$1\frac{3}{8}$	1.375	15/16-10	5/16	1.203
	40RB19	3	2.740	$2\frac{5}{16}$	2.313	$1\frac{1}{16}$-10	3/8	1.297
RS	40RS5	$1\frac{1}{2}$	1.430	$1\frac{3}{16}$	1.187	15/16-10	1/4	1.797
	40RS6	2	1.770	$1\frac{3}{8}$	1.375	15/16-10	5/16	1.984
	40RS7	$2\frac{1}{2}$	2.180	$1\frac{3}{8}$	1.375	15/16-10	5/16	1.984
	40RS19	3	2.740	$2\frac{5}{16}$	2.313	$1\frac{1}{16}$-10	3/8	1.190

2）OTIS S 系列投捞工具

S 系列投捞工具用于接入外投捞颈，通过向下的震击作用切断销钉脱开工具。OTIS S 系列最常用的类型是 SB 和 SS 型。两者除芯子长度不同之外其他都相同，SB 型芯子长，抓距短，SS 型芯子短，抓距长。SB 和 SS 型的抓距分别与 RB 和 RS 型相同。SB 和 SS 型通过更换芯子可相互变换。OTIS S 系列投捞工具如图 3-49 所示。

S 系列投捞工具为了切断销钉，芯子必须支在落鱼或要脱手的装置上。该系列工具的手动脱开工具及换销钉工具与 R 系列相同。

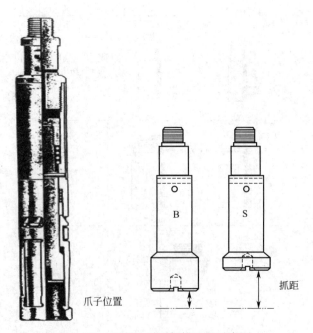

图 3-49　OTIS S 系列投捞工具示意图

S 系列投捞工具的规范见表 3-15。

表 3-15　S 系列工具规范

系列	部件号	尺寸, in	外径, in	投捞颈, in	可投捞工具尺寸, in	顶部螺纹	剪切销钉, in	抓距, in
SB	40SB6	$1^1/_2$	1.437	1.187	1.187	15/16-10	3/16	1.297
	40SB1	2	1.766	1.375	1.375	15/16-10	1/4	1.219
	40SB2	$2^1/_2$	2.188	1.375	1.750	15/16-10	1/4	1.281
	40SB9	3	2.734	2.313	2.313	$1^1/_{16}-10$	5/16	1.380
SS	40SS3	$1^1/_2$	1.430	1.187	1.187	15/16-10	3/16	1.780
	40SS1	2	1.770	1.375	1.375	15/16-10	1/4	2.030
	40SS2	$2^1/_2$	2.180	1.375	1.750	15/16-10	1/4	2.000
	40SS4	3	2.313	2.313	2.313	$1^1/_{16}-10$	5/16	2.210
SM[①]	40SM7	1.66	1.187	0.875	0.875	16/16-10	3-16	1.680

3) OTIS G 系列投捞工具

G 系列投捞工具用于投捞内投捞颈井下装置，有 GR 型和 GS 型两种类型，GR 型通过向上震击作用剪切销钉脱开装置，GS 则依靠向下震击来剪切销钉，GR 型由 GS 型加一个 GR 型附件—GU 型组成，OTIS G 系列投捞工具如图 3-50 所示。

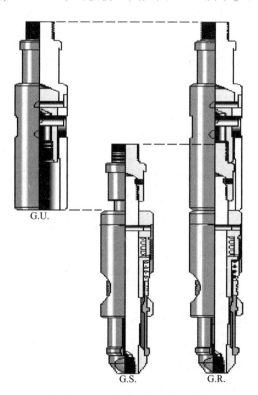

G.U.

G.S.　　G.R.

图 3-50　G 系列投捞工具示意图

GRL 型投捞工具是在 GR 型工具上换一个加长芯子组成的，用于打捞 D 型接箍式锁心或 DD 型堵塞器，但它不能用于打捞带内投捞颈，如 X 和 R 型锁心等 OTIS 标准井下装置。

G 系列投捞工具规范见表 3-16。

表 3-16 G 系列投捞工具规范表

公称尺寸 in	锁心参考外径 in	GR 部件号	GS 部件号	GU 部件号	可捞内径 in	最大外径 in	顶部螺纹	工具投捞颈 in
2	1.875	40GR18700	40GS18700	40GU18700	1.38	1.81	15/16−10	1.375
2$\frac{1}{2}$	2.313	40GR23100	40GS23100	40GU23100	1.81	2.25	15/16−10	1.750
3	2.750	40GR27500	40GS27500	40GU27250	2.31	2.72	1$\frac{1}{16}$−10	2.313
5	4.562	40GR45600	40GS45600	40GU45600	4.00	4.50	1$\frac{1}{16}$−10	3.125

4）CAMCO J 系列投捞工具

CAMCO 公司 J 系列投捞工具分为 JU 和 JD 两种类型，在原理、尺寸等方面分别与 OTIS 公司的 R 系列和 S 系列投捞工具类似。

JU 型投捞工具向上震击剪断销钉，JD 型投捞工具向下震击剪断销钉，JU 型的心杆接在上接头上，上接头有一个螺钉孔，外套用销钉固定在心杆上，所用销钉尺寸比 JD 型大。JD 则是外套接在上接头上，上接头上无螺钉孔，心杆用销钉固定在外套上，所用销钉尺寸比 JU 型小。JU 型又分为 JUC 型、JUS 型和 JUL 型，JUC 型心杆最长，抓距最短，JUS 型心杆适中，抓距适中，JUL 型心杆最短，抓距最长。JD 型又分为 JDC 型和 JDS 型，JDC 型心杆较长，抓距较短，JDS 型心杆较短，抓距较长。两种类型工具的主要部件可以互相替换。

CAMCO 公司 J 系列工具规范见表 3-17。

表 3-17 CAMCO 公司 J 系列工具组成

类　型	JU 型			JD 型	
细分类型	JUC 型	JUS 型	JUL 型	JDSC 型	JDS 型
抓距	短	中	长	短	中

5）CAMCO 公司 PRS 系列投捞工具

CAMCO 公司 PRS 系列工具与 OTIS 公司 G 系列投捞工具的作用相同，基本原理相似。

6）CAMCO 与 OTIS 基本投捞工具的汇总和比较

CAMCO 工具的工作原理与 OTIS 相应的工具相同，其他很多方面也非常类似。两种工具最主要的差别在于 CAMCO 公司的工具锁爪为 90°台阶，OTIS 工具有 15°倒角，它们分别与井下工具相应的投捞颈配合使用。因此，CAMCO 的投捞工具不能用于 OTIS 或 BOWEN 的井下装置或井下工具，反之亦然。两种互用可能会损坏井下装置的投捞颈和投捞工具的爪。CAMCO 与 OTIS 基本投捞工具如图 3-51 所示。

CAMCO 工具的外径尺寸比 OTIS 相应的工具尺寸要大些。两种基本投捞工具汇总见表 3-18。

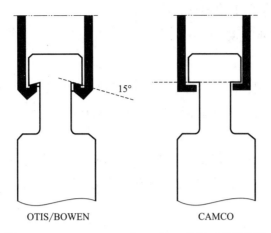

OTIS/BOWEN　　　　　CAMCO

图 3-51　OTIS/BOWEN 与 CAMCO 投捞工具示意图

表 3-18　OTIS 与 CAMCO 基本投捞工具的汇总

公司	工具型号		作用		切断销钉方向		抓距	投捞颈形式
	系列	型号	投放	打捞	向上	向下		
OTIS	R	RB		√	√		短	外投捞颈
		RS					中	
		RJ					长	
	S	SB	√	√		√	短	
		SS					中	
	G	GR		√	√		标准	内投捞颈
		GS				√	标准	
		GRL			√		长	
CAMCO	JU	JUC		√	√		短	外投捞颈
		JUS					中	
		JUL					长	
	JD	JDC	√	√		√	短	
		JDS					中	
	PRS	PRS		√	√	√	长	内投捞颈
		PRS-2				√	短	

（三）剪切销钉

1. 剪切销钉主要作用

（1）保持基本投捞工具及辅助工具的正常工作状态，必要时通过切断销钉脱离与井下装置的连接。

（2）投放井下装置时，起连接井下装置和下入工具的作用，防止井下装置在下井过程中无法正常脱手，到达预定位置后，通过切断销钉使井下装置留在预定深度。

2. 销钉材料

通常使用的销钉材料有钢、铜和铝，有时也使用木材做销钉。需要根据工具特点、管柱情况、下入深度和经验选择合适材料的销钉。

（四）钢丝作业辅助工具

1. 刮管器

由于刮管器（通径规，Gauge Cutter）的外径稍大于井下装置的外径，因此可以将油管中的蜡、锈垢及岩屑刮掉，刮管器结构如图3-52所示。

2. 胀管器

当油管出现微变形时，可通过胀管器（Swaging Tool）的起下和震击将油管修整好，方便井下装置的起下。下入胀管器时最好接充液式震击器，以增加上震击力。胀管器结构如图3-53所示。

选择胀管器应遵循从小到大和不能强行通过的原则。

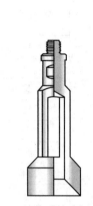 

图 3-52 通径规示意图   图 3-53 胀管器示意图

3. 铅印

铅印（Impression Tool）是在一个管套内充填铅的工具，为防止脱落，用销钉固定。

铅比较软，当碰到井下硬度较高的落物的顶部时，会产生变形，将落物顶部的尺寸形状记录下来。

用这种工具可以确定井下落物顶部的尺寸，以便确定下一步打捞作业应使用的工具及应采取的措施。

铅印外径要小于管柱最小内径4mm，铅部分外径要小于其主外径（图3-54），底面要平，使用时轻微向下震击一次即可。注意不要重复震击，也不要强力震击，避免铅模变形造成软卡。

4. 油管刮刀

油管刮刀主要由心轴、螺母和三组带旋槽刮片的短管三个部分组成，结构如图3-55所示。

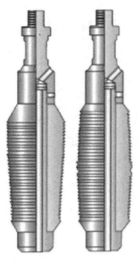

图 3-54　铅印示意图　　　　图 3-55　油管刮刀示意图

旋槽短管是锥形的，用于清掉射孔产生的油管毛刺，也可清除油管内铁锈，将微弯曲的油管整形。工具下部的旋槽短管外径尺寸较小，第二节尺寸较大，最上一节的外径与油管内径相当。

油管刮刀时应先选用小尺寸，再选用中尺寸，最后下大尺寸的，大尺寸的工具外径也要小于油管内径。使用油管刮刀时应带上充液式震击器，向下震击几次后应向上震击，避免卡死。

5. 扶正器

扶正器用于保证投捞工具串在下入过程中保持居中，其结构如图 3-56 所示。

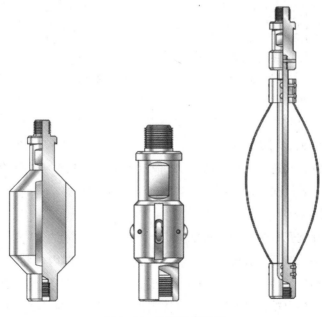

图 3-56　扶正器示意图

137

6. 盲锤

盲锤用于井下需要向下震击的情况，如井下切断钢丝或将平衡杆砸到位等作业，其结构如图 3-57 所示。

7. 防上顶工具

在开滑套时，尤其是在开高压气层滑套时，需要使用防上顶工具以防工具串被高压气体上顶，造成钢丝和工具串缠绕，导致工具串在井下遇卡。下井时，该工具应装在下井工具串的上部，该工具内有一弹簧，当工具下面的工具串的重量大于弹簧的弹力时，弹簧压缩后使工具上的爪子收回，工具串即可顺利下井。当滑套打开时，如果高压气体向上托工具串，这时该工具下面的重量不足以克服弹簧的弹力，爪子就在弹簧的作用下张开，卡在油管内壁上，防止工具串向上移动。防上顶工具结构如图 3-57 所示。

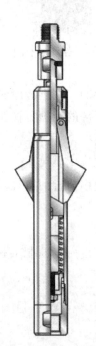

图 3-57　盲锤示意图　　　　图 3-58　防上顶工具示意图

8. 井下夹子

井下夹子（鳄鱼夹）可夹住井下一些落物。该工具下井时靠 3.175mm（1/8in）铜销钉保持在张开的位置，到达落物位置时，向下的力可切断销钉使夹头闭合抓住落物。当落物不能捞出时，该工具可向上震击脱手。井下夹子结构如图 3-59 所示。

9. 钢丝探测器

钢丝探测器下部铣开很多竖槽形成很多爪（图 3-60）。便于寻找井下钢丝断头的位置，在井下找到断头位置后，轻微向下震击，使钢丝头稍微向内弯曲，然后起出该工具，再用钢丝捞矛打捞钢丝。特别要注意的是，该工具在井下有可能会越过钢丝头的位置，导致找不到钢丝头，如果出现这种情况，要赶快起出，否则，可能会造成钢丝在该工具上部堆积的严重后果。

图 3-59　井下夹子示意图

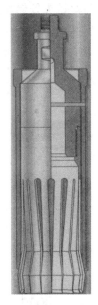

图 3-60　钢丝探测器示意图

如果预计钢丝头在安全阀以下，由于安全阀内径比正常油管内径小，该工具下井之前需要将其爪稍微张开一些，所以要注意过安全阀时不要震击，以免造成工具底部的爪被弄断，使事故更加难于处理。如果钢丝头位置较深，而钢丝头上部有内径较小的坐落接头时，该工具可能无法发现钢丝头的位置。

当工具下到预计的钢丝位置以上 50m 左右时，要放慢下放速度，仔细观察指重表的重量变化，以确定钢丝断头的位置。

10. 钢丝捞矛

钢丝捞矛分为内捞矛（图 3-61）和外捞矛（图 3-62），下捞矛前必须先找到钢丝断

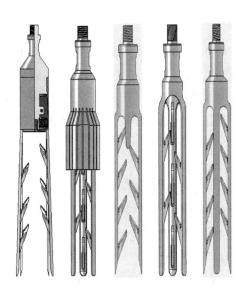

图 3-61　内捞矛示意图

头的位置并稍微将钢丝断头处弄弯曲些，才能下入捞矛捞钢丝。

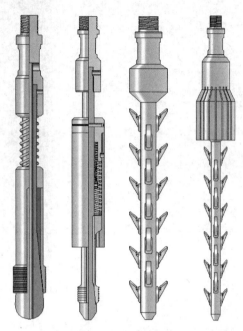

图 3-62　外捞矛示意图

如果捞矛超过钢丝头 1~2m 才抓住钢丝就可能造成钢丝在捞矛顶部堆积而捞不出钢丝的严重后果，为了减少出现这种情况带来的后果，在每次用捞矛打捞钢丝时，在捞矛上接上绳帽后将其接在 RB 型投捞工具的下部后再下井。一旦捞矛被钢丝缠住，就可以向上震击在 RB 处脱手。

一般情况下通常使用内捞矛打捞钢丝，除非井下钢丝非常乱，用内捞矛无法捞住钢丝，才会使用外捞矛来打捞钢丝，一般情况下不要使用外捞矛打捞钢丝，否则可能会带来很大的麻烦。

11. 钢丝爪

钢丝爪（SCRATCHER TYPE WIRE FINDER）（图 3-63）由棒材（如旧加重杆或抽油杆）钻上几个孔并穿上钢丝而制成。钢丝穿成的环要与油管内径相匹配。由于钢丝伸缩性好，该工具适应性较好，基本上可用于任何油管，通过小内径工作筒后还能找到较大内径油管内的钢丝头。不过，该工具上的钢丝非常容易缠绕在偏心工作筒侧袋里的阀帽上，需要特别注意。

12. 钢丝剪

钢丝剪是工具在井下遇卡时，为了使钢丝不从中间断掉，而从绳帽处割断钢丝所使用的工具。钢丝剪主要包括肯利钢丝割刀、侧壁割刀及福洛型剪刀等几类。

操作方法可以使用开槽的剪切工具，先关闭 BOP，提起防喷管，将剪切工具装在钢丝上，让工具自由落体到绳帽处切断钢丝。

（1）肯利钢丝割刀（KINLEY SNEPPER）如图 3-64 所示，在开槽的本体内，割刀利用斜面刀块的相对移动剪切钢丝。肯利钢丝割刀通过本体的槽可将工具装到防喷管里的钢丝上；工具靠本体的重量顺着钢丝落在井下绳帽上；落在绳帽上时，斜面刀块不能动，而本体继续下落使滑块与斜面刀块相对剪切进而切断钢丝。切断钢丝的同时，弯曲块使其下端钢丝略为弯曲，这样可在起出钢丝的同时起出钢丝割刀。

（2）侧壁割刀用于钢丝已断在井下的情况，该工具可在任何深度切断钢丝，其结构如图 3-65 所示。该工具装有几组刀片，锥形轴向下移动时将刀片挤向油管壁进而将钢丝切断。该工具接在 C 型下入工具或 SB 型投捞工具的下部，用钢丝下井，下到预定深度时快速下放钢丝可使刀片咬住油管，向下震击即可切断钢丝和下入工具销钉。起出下入工具后，先打捞割刀上部钢丝后再打捞割刀。

图 3-63　钢丝爪示意图

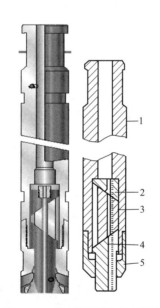

图 3-64　肯利钢丝割刀示意图

1—本体；2—弯皱器；

3—制动器；4—刀片；

5—底帽

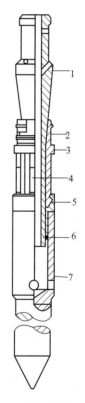

图 3-65　侧壁割刀示意图

1—滑动总轴；2—上部切割器；

3—总轴带；4—下部切割器；

5—滑动托体；6—滑环；

7—导向装置

（3）福洛（FLOPETROL）型剪刀可在离绳帽很近的位置非常有效切断井下钢丝或钢丝绳，更换里面的某些部件可切断不同规格的钢丝或钢丝绳。福洛型剪刀最大可切断 6.4mm 外径的钢丝绳。该工具切断钢丝或钢丝绳后还能将钢丝头弄弯，起出钢丝时能连同工具一起带出。

13. 开槽杆

开槽杆（撞棍）的规范与加重杆基本相同，外径主要有 38.1mm 和 47.625mm 两种，长度从 457.2mm 到 1524mm。在防喷管里将钢丝放进开槽杆中，再用销钉销上就可下井。根据开槽杆底部形状，开槽杆可分为两种类型：斜面型和平面型。

开槽杆有两个作用：（1）直接切断钢丝；（2）作为外力撞击使用。

1）平面型开槽杆

当井下工具遇卡后，平面型开槽杆可和切割钢丝的工具联合使用切断钢丝。如果斜面型开槽杆或肯利钢丝割刀或福洛型剪刀落在绳帽上的力不足以切断钢丝，可下该工具进一步剪切。如果井下工具串被砂埋住时需要在井下切断销钉，要先将该工具下井，提供一个剪切基面后才能下其他切断钢丝工具。

如果井下工具串向下震击的重量不够，可下入平面型开槽杆增加工具串重量。

2）斜面型开槽杆

除平面型开槽杆的功能外，斜面型开槽杆还可以利用其底部的锋利刃口直接切断钢丝。斜面型开槽杆下落到绳帽后，靠底部斜面与绳帽斜面的相对移动切断钢丝。开槽杆长度要根据井斜和流体性质选择。开槽杆要有足够的外径，避免其成楔状插在油管与绳帽之间，尽量不在气井里使用该工具。

14. 捞砂筒

捞砂筒的作用：在井下作业时，尤其是打捞作业时，当被打捞设备上部集砂较多而不能作业或存在其他需要捞砂的地方时，进行捞砂。

1）静压捞砂筒

静压捞砂筒由单项阀和引靴组成，通常用在砂子板结的位置，通过震击将砂子吸入捞砂筒内。

2）负压捞砂筒

负压捞砂筒是利用井筒压力与捞砂筒内压力的压力差而捞砂的工具，其缺点是只能单次作业。

（1）剪销式负压捞砂筒。

剪销式负压捞砂筒下到预定位置后向下震击，切断活塞销钉，利用内外压差将砂子吸入捞砂筒内。

（2）剪盘式负压捞砂筒。

与上述工具不同的是，剪盘式负压捞砂筒切断的是铜盘，然后利用压差捞砂。

3）泵式捞砂筒

泵式捞砂筒是一种利用活塞反复上下运动而进行捞砂的工具。

二、作业设备的选择

（一）地面设备的选择

1. 确定是否需要防硫化氢设备

如果油气井中存在硫化氢（H_2S），并且其总压力高于 0.448MPa（绝对压力 65psi）或分压高于 0.000345MPa，必须选用防硫化氢的井口防喷设备。防硫化氢设备按照国际化学工程协会（NACE）颁发的 NACE MR-01-75 标准选择，或者选用厂家提供的根据该标准制造的设备。

2. 钢丝尺寸和材料的选择

钢丝的选择取决于其工作环境，包括钢丝强度和井况。

现场钢丝工作拉力应该保持在钢丝的屈服拉力以内，保证钢丝在作业时处于弹性范围内，不会出现塑性变形而发生破坏。原则上，钢丝的破断拉力不会大于屈服拉力的35%，因此，所选钢丝的破断拉力要大于其工作拉力的35%。

一般情况下，钢丝的总负荷为工具和钢丝的重量及其在井下与密封盒摩擦产生的摩擦力的总和，但是，快速震击产生的载荷会大大超过静止载荷。钢丝的疲劳和腐蚀也会降低其承受载荷的能力。

井中腐蚀物质的类型和含量以及钢丝在井内停留的时间对钢丝的工作拉力会产生重大影响。此外，钢丝滑轮直径的大小也会对钢丝的疲劳和拉力产生很大影响。

钢丝尺寸并不是越大越好。尺寸增大，钢丝自身在井下产生的重量增加导致地面可用拉力降低，因此需用较大直径的滑轮下放钢丝；如果滑轮过小，钢丝在滑轮处极易疲劳破裂，不利于工具下井，需要增大加重杆重量，在斜井中的摩擦力也会增大，从而减少了可用拉力。

最常使用的钢丝直径一般为：1.7mm、1.8mm、2.1mm、2.4mm、2.8mm（0.066in、0.072in、0.082in、0.092in、0.108in）。API 9A 规范中给出了最常用的低碳钢钢丝的技术参数，具体参数见表3-19。

表 3-19　API 9A 低碳钢钢丝参数

公称直径，in	0.066	0.072	0.082	0.092	0.108
公称直径，mm	1.67	1.83	2.08	2.34	2.74
直径公差，in	0.001	0.001	0.001	0.001	0.001
直径公差，mm	0.03	0.03	0.03	0.03	0.03
破断强度					
最小，lbf	811	961	1239	1547	2109
最小，kN	3.61	4.27	5.51	6.88	9.38
最大，lbf	984	1166	1504	1877	2560
最大，kN	4.38	5.19	6.69	8.35	11.38
塑性极限，lbf	492	583	752	938	1279
塑性极限，kN	2.19	2.59	3.34	4.17	5.69
10in（254mm）破断时延伸量，%					
最小	1.5	1.5	1.5	1.5	1.5
最大	3	3	3	3	3

续表

8in(203mm)最小扭断圈数				
最小扭断圈数	32	29	26	23	20
推荐的滑轮最小直径,in	8.0	8.75	10.0	11.25	13.0
推荐的滑轮最小直径,mm	203	222	254	286	330
拉伸系数(基于钢材典型弹性系数:26.5×10⁶psi)				
$\times 10^{-5}$(in/ft)/lb	13.2	11.1	8.6	6.8	4.9
$\times 10^{-7}$(m/mt)/N	24.7	20.8	16.1	12.7	9.2

由于深井、斜井和含腐蚀介质井的特殊需求，很多厂家制造了性能高于 API 标准的钢丝。表 3-20 为 Bridon 公司生产的钢丝规格及最小破断强度。

表 3-20 Bridon 公司生产的钢丝规格及最小破断强度

公称直径, in	0.066	0.072	0.082	0.092	0.108
公称直径, mm	1.67	1.83	2.08	2.34	2.74
Bright 低碳钢, lbf	811	961	1239	1547	2120
Bright 低碳钢, kN	3.61	4.27	5.51	6.88	9.43
UHT 低碳钢, lbf	1100	1270	1610	1980	2720
UHT 低碳钢, kN	4.89	5.65	7.16	8.81	12.1
304 不锈钢, lbf	800	950	1200	1550	210
304 不锈钢, kN	3.56	4.22	5.34	6.89	9.34
316 不锈钢, lbf	720	860	1100	1400	1850
316 不锈钢, kN	3.2	3.83	4.89	6.23	8.25
18-18-2 不锈钢, lbf	750	890	1150	1350	1720
18-18 不锈钢, kN	3.34	3.96	5.11	6	7.65
Supa 50 特殊合金钢, lbf	770	920	1190	1450	1990
Supa 50 特殊合金钢, kN	3.42	4.09	5.29	6.45	8.85
Supa 60 特殊合金钢, lbf	650	770	990	1260	1720
Supa 60 特殊合金钢, kN	2.89	3.42	4.4	5.6	7.65
Supa 70 特殊合金钢, lbf	820	990	1260	1600	2100
Supa 70 特殊合金钢, kN	3.65	4.4	5.6	7.12	9.34

Bright 钢丝与 API 9A 钢丝规范相同，是一种低碳钢，是使用最普遍的一种钢丝。

UHT 钢丝是经冷淬火处理过的低碳钢钢丝，其破断强度约比 API 9A 规范钢丝高25%，且其他机械性能基本上没有降低。

在硫化氢环境中工作，推荐使用不锈钢或特殊合金钢钢丝。表 3-21 中给出了各种类型钢丝的防腐性能。

表 3-21　各种类型钢丝防腐性能

钢　　丝	规　　范	相对 API 的强度	防腐性能
Bridon	API-9A	API-9A	差
UHT	厂家	高 25%	差
304 不锈钢	厂家	API-9A	好
316 不锈钢	厂家	低 10%	好于 304 钢
18-18-2 不锈钢	厂家	低 10%~15%	好于 304 钢
Supa 50 特殊合金钢	厂家	低 15%~10%	好于 18-18-2
Supa 60 特殊合金钢	厂家	低 15%~20%	非常好
Supa 70 特殊合金钢	厂家	高 5%	非常好

当工作拉力需要大于 2.7mm（0.108in）的钢丝时，作业人员常选用钢丝绳进行作业。钢丝绳一般有下列几种尺寸：4.0mm、4.8mm、5.6mm、6.4mm、7.9mm。钢丝绳的材料和钢丝是相同的。

3. 井口防喷系统压力等级的选择

井口防喷系统的工作压力要大于油气井井口可能的最高压力。

井口防喷系统每半年要按照其工作压力的 1.5 倍进行试压，每年探伤一次。

油井测试可在其工作压力范围内使用。气井测试每次测试前要进行试压。

4. 主要地面设备的选择

在满足 1、2 和 3 条要求的情况下要进一步选择主要设备。

1）绞车

根据需要配备合适功率及钢丝缠绕容量的钢丝绞车，计数轮要满足计数精度。

2）指重表

指重表量程要合适，实际可能的最大拉力要在量程的允许使用范围内。

3）防喷阀门

气井进行钢丝绳作业时，要配备双闸板防喷阀门，两个阀门间还应有注脂孔。

4）防喷管

防喷管的长度应根据工具串的长度确定，必须注意的是工具串中机械震击器的长度应为其拉开的长度（等于闭合长度加冲程）。

防喷管需定期进行探伤检测和水力试压。

5）密封系统

钢丝作业要有密封盒系统。

如果选用钢丝绳进行作业，则要选用井口注脂密封系统。

6）地滑轮、天滑轮

根据作业的类型，选择的天滑轮和地滑轮轮槽应与电缆或钢丝外径匹配，且滑轮轮槽的外径应比钢丝或电缆大 20 倍。

7）辅助设备

易形成水合物的测试井应配备化学药剂注入泵、化学剂注入接头。根据测试需要，如需注脂密封应配备相应的注脂泵、注脂接头，根据液压泵、注脂泵等设备的动力需求，还需配备相应的发电机或空气压缩机。

（二）基本井下钢丝工具的选择

1. 常规配备的工具

常规配备的工具主要是绳帽、加重杆、震击器和刮管器等。

2. 加重杆重量的选择

下井加重杆重量的选择要考虑钢丝及钢丝绳直径、密封系统的摩擦力、工具串浮力和生产时流体向上的携带力。除平衡钢丝或钢丝绳受井口压力作用的力可按公式 3-1 进行精确计算外，其他因素计算起来比较复杂。为平衡其他因素的力，一般钢丝作业可增加 15kg，钢丝绳作业增加 40kg。

$$W = 0.078 \times D^2 \times p \tag{3-1}$$

式中　W——平衡重量，kg；

　　　　D——钢丝、电缆直径，mm；

　　　　p——井口压力，MPa。

如果井为斜井，算出的平衡重量乘以测量点处斜度的余弦（$\cos\alpha$，α 为井的斜度）才是实际重量。

出海作业准备的加重杆数量应是下井加重杆重量的三倍。

3. 刮管器的选择

当井下工具较小时，刮管器的外径大于下入的工具外径 1.4mm，小于油管管柱最小内径的 1.4mm。

4. 专用工具

（1）针对不同的作业要配备不同的专用工具，比如各种专用投放工具和打捞工具。

（2）井下安全阀、偏心筒、滑套和堵塞器等井下设备操作有关的专用工具。

（3）使用压力计悬挂器进行测试以及在电潜泵井和有 Y 形接头的井中进行测试时，均应配备相应的井下工具。

5. 打捞工具

根据需要和经验配备打捞工具，比如，基本投捞工具、钢丝打捞矛、捞砂筒、磁铁打捞器等。

注意不能使用 CAMCO 公司的投捞工具打捞 OTIS 公司或 BOWEN 公司的井下工具或井下装置，反之亦然。否则可能损坏井下装置的投捞颈和投捞工具爪。

6. 辅助工具

辅助工具主要包括胀管器、刮蜡器、铅模、实心锤、油管末端探测器、开槽杆、井下钢丝割刀、井下油管打孔器等。

三、钢丝的保管和维护

（一）钢丝保养

为了保证钢丝处于良好的状态，并延长钢丝寿命，必须注意以下事项：

（1）避免钢丝被钳子等硬物咬夹。

（2）避免无控制的松弛造成的钢丝扭结。

（3）从井里起出钢丝时，必须擦掉钢丝上的井液、泥沙等物，并且还要涂上防护油，如机油等。

（4）拉钢丝时，拉力不要超出其塑性极限。

（5）定期切掉一部分钢丝。

（二）钢丝的更换

如果出现下列情况之一，必须更换钢丝：

（1）钢丝扭转试验不合格。

（2）钢丝展开到地面时，不能像在滚筒上一样形成圈或环，这说明钢丝已超过其塑性极限，应立刻更换。

（3）钢丝扭曲不能拉直时，说明其受力过度，应立刻更换。

（4）根据经验，钢丝使用时间过长应更换。

四、井下节流器

（一）井下节流技术的原理

井下节流工艺原理是利用井下节流降压，充分利用地温对节流后气流进行加热，使节流后气流温度能恢复到节流前温度，大大降低了井筒及集气管线压力，从而改变了井筒中压力和温度分布，使井筒中压力和温度处于水合物生成条件之外。井下节流前后井筒流体的压力、温度分布剖面如图 3-66 所示。

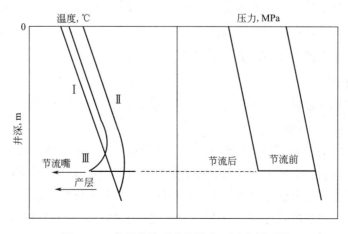

图 3-66　井下节流后井筒温度、压力剖面图

（二）井下节流工艺

井下节流工艺是指将井下油嘴及其配套工具通过绳索作业或油管带坐放在油管中的设计位置。作业示意图如图 3-67 所示。

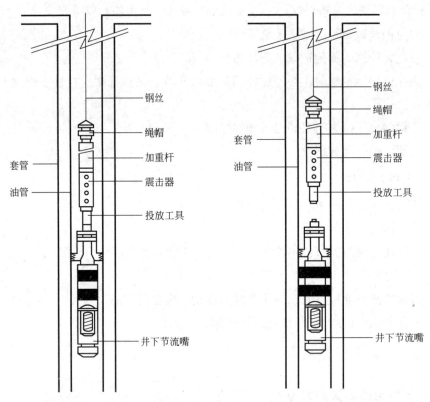

图 3-67　井下节流工艺示意图

（三）井下节流器的分类

井下节流器大致分为两种：活动型和固定型。

活动型井下节流器可根据需要下入任意井段位置，投捞作业方便可靠，特别适合需要节流的老井。固定型节流器的下入位置根据井下工作筒的位置确定，投捞作业简单可靠，密封效果好，适合在新投产井中使用。

（四）井下节流器的结构原理及施工工艺

1. 卡瓦式节流器

卡瓦式节流器（活动型节流器）主要由打捞头、卡瓦、本体、密封胶筒及节流嘴等组成，具体结构如图 3-68 所示。

投放时，投放头与节流器通过销钉连接，下行过程中卡瓦松弛，胶筒处于自然收缩状态。下至设计深度后，上提卡瓦，向上震击剪断销钉，内部弹簧撑开密封胶皮坐封。开井后，在节流器嘴上下压差的作用下，密封胶皮撑开，坐封更加牢靠。

打捞时，下放工具串及专用打捞头，向下震击抓提卡瓦，同时打捞头挤压工具中心杆，弹簧收缩。密封胶筒回到自然收缩状态，上提打捞完成施工作业。

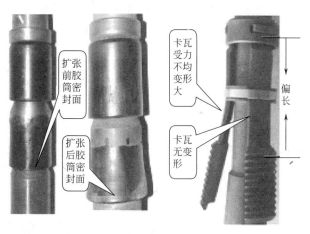

图 3-68　活动式节流器密封胶筒及卡瓦结构示意图

2. 固定型节流器

固定型节流器主要由工作筒和活动油嘴组成。工作筒用作预置式井下节流器的外密封筒；活动油嘴与工作筒配合实现井下节流。活动油嘴主要包括外打捞径、卡瓦牙本体、锁块、V 形密封件、节流嘴座、节流气嘴等。固定型节流器如图 3-69 所示。

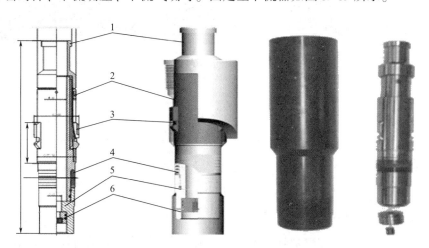

图 3-69　固定工作筒式节流器结构和工作筒简图

（五）节流器失效分析

1. 节流器本体原因

（1）目前采用的井下节流器胶筒密封面小、卡瓦较长，易受井筒井斜等因素影响，导致卡瓦坐封性能及胶筒密封效果降低。

（2）节流器投放时间较长，开井时间滞后，导致节流器不能发挥节流降温的作用；节流器胶筒、密封圈等橡胶元件在井下高温、高压流体环境中易腐蚀老化，造成密封不严，从而导致节流器失效。

从表 3-22 中可以看出，节流器投放后，一般 3~5 天内开井生产，节流器运行效果较好，而投放后滞后 20~30 天后开井生产，失效率较高。

表 3–22　节流器投产滞后时间与失效率关系

投产滞后时间 天	投产总井数 口	失效井数 口	失效率 %
20~30	244	96	39.3
3~5	9	1	11.1

2. 井筒原因

目前普遍采用简化试气，由于返排时间较短，井筒内的压裂液及压裂砂未返排完全，油管内壁较脏，导致投放井下节流器坐封难度较大，密封可靠性差。开井生产后，胶皮在高压气流的冲蚀下容易损坏，最终易引起节流器失效。

图 3–70　井筒脏、井底出砂冲蚀节流器照片

3. 其他因素

（1）开井初期，压降过快，节流前后压差增大，密封胶皮易出现裂痕，生产的进行，以及后期频繁的开关井作业，导致裂痕进一步扩大，最终造成节流器失效。

（2）施工过程中由于工具下放速度过快，人为因素造成施工质量差，卡瓦坐封张力不合格，开井生产后，节流器坐封不稳，引起密封胶皮磨损，导致节流器失效。

（六）打捞困难原因分析

节流器失效后，打捞比较困难。原因主要是原节流器密封胶筒过硬，在高温下不易复位，且油管内壁较脏，上提过程中胶筒与油管内壁摩擦力较大。严重时可能导致打捞钢丝断裂，增加施工风险。

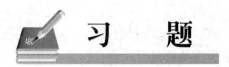

习　　题

简答题

（1）简述常用电子压力温度计的种类、结构及工作原理。

（2）井下电子压力温度计在入井前应做的检查。

（3）试述井下电子压力温度计在关井复压时的程序编制。

（4）试述活塞式压力计的工作原理。

（5）试述活塞式压力计的测量过程。

（6）简述井下取样器的结构、工作原理。

（7）简述井下取样器入井前应达到的指标。

（8）简述井下取样器放样时的注意事项。

（9）试述油气井动态监测分析仪（回声仪）的结构、工作原理。

（10）简述液压控制头的结构。

（11）简述液压防喷器的结构，及在带压的情况下，开关液压防喷器的步骤。

（12）简述计量头的组成部分。

（13）简述液压系统的工作原理。

（14）简述试井车的基本构成。

（15）简述井下工具的种类。

（16）简述井下节流器的种类及工作原理。

（17）简述井下震击器的种类及工作原理。

第四章

油气井测试工艺流程

油气井测试工艺是指测试人员准备和操作测试仪器、工具、绞车、防喷装置及配套设备，对油气井进行动态监测和井下采油采气工艺维护的方法和过程；测试人员应遵守油气井测试作业相关标准和企业管理制度，执行油气井测试工艺控制文件，完成测试前的准备、现场施工和资料整理等工作，做好作业过程的规范化、标准化和信息化管理，不断提高油气井测试技术水平和施工能力。

第一节　测试前的准备

一、测试施工设计

测试准备前，应认真阅读地质设计、施工方案或任务书，全面掌握测试井况、测试类型、技术要求、施工进度、测试设备仪表和安全措施等内容，它是进行测试施工作业的安全和质量控制文件。

（一）试井地质设计主要内容

（1）气藏勘探和开发基本情况：气藏的地理位置、构造位置和生产层位、勘探和开发简历、目前的开发阶段和生产情况。

（2）气井基本情况：完钻井基本信息、井身结构、井斜资料、目的产层测井解释成果、酸化及试油测试成果、流体性质、开采简况、目前生产状况，以及历年生产测井和试井项目。

（3）试井目的、测试内容和测试步骤：简要介绍该次试井要达到的目的和解决的问题，确定测试内容，根据测试内容划分测试阶段，安排测试流程，详细描述每个测试阶段的工作安排、持续时间和技术要求。

（4）试井技术要求：从地质角度出发，充分考虑工程的可实施性，对资料录取方式、压力计性能和编程、停点测试、产量调配和计量等方面提出具体技术要求。

（5）地质风险提示：针对大产量、产水、大斜度井或水平井等测试的地质风险提示。

（二）测试施工方案主要内容

（1）测试目的、测试类型和施工进度安排。

（2）测试井的基本数据，如完井数据、井身结构、油气水产量、油压、套压、流体物性资料等。

（3）试井人员、设备和工具组合：根据试井地质设计要求，结合具体井况和上次测试作业经验，选择作业设备配置及安全防护器材，并列出主要性能参数；具体列出通井和测试工具串组合、井口防喷装置组合明细。

（4）作业步骤：设备准备、施工交接、施工准备、井口防喷设备安装调试、通井、下放/上起仪器和停点、井口防喷装置泄压和拆卸、井口复原、资料处理等。要求分步骤详细描述。

（5）技术要求：

根据井场条件，试井车尽量远离井口，并停放在上风位置，并垫上垫木固定；钢丝绳结要制作标准，紧密不松散。

根据井口压力、硫化氢含量、仪器串长度，选择抗硫且长度合适的防喷管，并检查更换密封圈。

绞车操作前检查绞车传动系统是否正常，刹车装置是否可靠，并给活动部位加注润滑油。调校深度、张力显示器以及电子张力记录仪。

仪器起下操作平稳、匀速，严禁猛提猛放；密切注意钢丝松紧程度以及张力变化，合理控制速度。

所有岗位必须严格执行岗位操作卡规定的内容，作业过程中各操作点不得脱岗。

如因各种原因不能完成测试工作，及时与上级联系。

（6）质量要求：执行最新的气井钢丝试井作业相关技术标准。

（7）作业记录：《新版作业许可》《井下测试原始记录》《试井作业操作卡》。

（8）对属地方的要求：提供和核实详细的井况资料，掌握施工方案和应急预案，审批作业票证；确保井口1、4、7号阀门开关灵活、密封好，井场具备试井车辆作业条件，公路通畅无纠纷；双方协商作业时间，施工期间有关安全和技术管理人员到现场督查并协调工作；施工期间清空井口附近的所有无关人员。

（9）施工中有关各方的分工与责任。

① 属地管理方责任。

（a）提供和核实详细的井况资料，掌握施工方案和应急预案。

（b）确定井口1、4、7号阀门开关灵活且密封性好，井场具备试井车辆作业条件，公路通畅无纠纷。

（c）双方协商作业时间，施工期间有关安全和技术管理人员到现场督查和协调工作。

（d）施工期间清退井口附近的所有无关人员。

（e）应急响应：属地对测试施工应急预案要有针对性的响应方案，一旦发生紧急情况，双方立即启动应急救援预案。

② 施工方责任。

（a）编写、审核施工方案、应急预案和其他辅助方案。

（b）测试人员、设备、仪器和工具准备和动迁。

（c）按要求组织完成现场测试施工作业。

（d）测试结束，恢复井口装备，清洁场地。

（e）整理测试资料，提交测试资料解释报告。

（10）现场变更：现场需要对施工方案进行变更时，说明变更内容和变更原因。

（11）安全与应急预案：安全防护器材、主要工程风险分析及控制措施、安全与应急措施。

（三）测试任务书主要内容

（1）油气井基本情况。

描述油气井井号、构造位置、井口压力、产量、硫化氢和二氧化碳含量、产层、产层中部井深、油补距、补心海拔、水分析资料、井口装置型号、井下管柱结构和状态、井眼轨迹概述、完井和投产等基本情况。

历次井下测试遇到问题：遇阻和遇卡的原因、处置情况和结果，井下落鱼和位置，特殊风险说明；前一次测试情况和结果：工具仪器串规格，下入深度，大斜度井上起最大钢丝拉力，井口和井下最高温度和压力，井下干净程度。

（2）具体作业内容和技术要求，针对具体井况及作业内容，提出设备、仪表、施工技术和质量等要求。

（3）风险提示和安全措施：对以往作业已出现及本次作业可能出现的风险进行分析和提示，针对存在的风险提出施工作业过程中应采取的安全措施。

（4）其他：井的地理位置、管理单位、委托单位和人员的联系电话等。

（四）测试施工设计常用计算

1. 入井试井工具串允许长度计算

对于斜井，入井试井工具串长度受井眼几何形状限制，入井工具串的最大允许长度可由式（4-1）计算：

$$L_{max} = 2\sqrt{(D+R_c)^2 - (R_c+d)^2} \qquad (4-1)$$

式中　L_{max}——入井试井工具串最大允许长度，m；

　　　　D——油管内径，m；

　　　　R_c——斜井轨迹最大曲率半径，m；

　　　　d——工具串外径，m。

2. 试井工具串下入过程中受到的流动天然气上顶力计算

试井工具串上下端的压差与横截面积的乘积即为流动天然气产生的上顶力。工具串上下端压力可根据天然气沿环形空间流动公式［式（4-2）］计算：

$$p_{wf} = \sqrt{p_{wh}^2 \times e^{\frac{0.06969\gamma_g L}{\overline{z}\,\overline{r}}} + \frac{1.2893 \times 10^{-8} f q_g^2 \overline{Z}^2 \overline{T}^2 p_{sc}^2 \left(e^{\frac{0.06969\gamma_g L}{\overline{z}\,\overline{r}}} - 1\right)}{(D-d)(D^2-d^2)^2}} \qquad (4-2)$$

式中　L——工具串上（下）端在井筒中的深度，m；

　　　　p_{wf}——井筒内深度 L 处的流动压力，MPa；

　　　　p_{wh}——流动条件下的井口压力，MPa；

　　　　f——摩阻系数；

q_g——气井产量，$10^4 m^3/d$；

$\overline{T}$——井筒天然气平均温度，K；

$\overline{Z}$——井筒天然气平均偏差系数；

γ_g——天然气相对密度；

p_{sc}——标准条件下压力，0.101325MPa；

D——油管内径，m；

d——工具串外径，m。

3. 井下工具、仪器和钢丝的浮力计算

在静压测试过程中，压力计两端基本处于同一压力系统，工具仅受井筒天然气的浮力作用。井下天然气密度可由式(4-3)计算：

$$\rho = \frac{28.97\gamma_g p}{RTZ} \tag{4-3}$$

式中　ρ——气体密度，kg/m^3；

γ_g——天然气相对密度；

R——通用气体常数，取8315Pa·m^3/(kmol·K)；

T——温度，K；

Z——气体偏差系数。

钢丝和仪器工具的浮力可由式(4-4)计算：

$$F = \rho \times g \frac{(l_1 \pi D_1^2 + l_2 \pi D_2^2)}{4} \tag{4-4}$$

式中　F——浮力，N；

ρ——气体密度，kg/m^3；

g——重力加速度，取9.8N/kg；

l_1——工具仪器串长度，m；

D_1——工具仪器平均直径，m；

l_2——钢丝长度，m；

D_2——钢丝直径，m。

在气水同产井或水井中，流体密度可以通过实测压力梯度进行换算，钢丝和仪器工具的浮力计算公式相同，井筒有液面或多个相态分布时应分段计算再合计。

4. 钢丝或电缆的上顶力计算

钢丝或电缆通过井口防喷装置的密封控制头，防喷管内流体会对钢丝或电缆产生上顶力，上顶力可由式(4-5)计算：

$$F = p \times \left(\frac{\pi \times D^2}{4}\right) \tag{4-5}$$

式中　F——浮力，kg；

p——气体压力，kg/m^3；

D——钢丝或电缆直径，m。

5. 井筒内平均流速计算

工具的存在减小了油管的过流面积，使得流速大大增加，不同截面气体流速可由式(4-6)计算：

$$v = \frac{q_{sc}}{86400} \frac{T_{sc}}{293} \frac{101.325}{p_{sc}} \frac{Z}{1} \frac{4}{\pi} \frac{1}{d^2} \qquad (4-6)$$

式中　v——气体平均流速，m/s；

　　　p——压力，kPa；

　　　q_{sc}——标准状态下气体流量，m³/d；

　　　p_{sc}——地面大气压，101.325kPa；

　　　T_{sc}——地面温度，293K；

　　　d——油管内径，m；

　　　Z——气体偏差系数。

气体平均流速与风力等级对比，可以加强对油管内流动气体的威力的认识，速度越快，密度越大，冲击力越强，井下测试风险越高。风力等级表见表4-1。

表 4-1　风力等级表

风级	风名	相当风速，m/s	地面上物体特征
0	无风	0~0.2	炊烟直上，树叶不动
1	软风	0.3~1.5	风信不动，烟能指示方向
2	轻风	1.6~3.3	脸感觉有风，树叶微响，风信转动
3	微风	3.4~5.4	树叶及微枝摇动不息，旗帜飘展
4	和风	5.5~7.9	地面尘土及纸片飞扬，树的小枝摇动
5	清风	8.0~10.7	小树摇动，水面起波
6	强风	10.8~13.8	大树枝摇动，电线呼呼作响，举伞困难
7	疾风	13.9~17.1	大树摇动，迎风步行感到阻力
8	大风	17.2~20.7	可折断树枝，迎风步行感到阻力很大
9	烈风	20.8~24.4	屋瓦飞落，稍有破坏
10	狂风	24.5~28.4	树木连根拔起，摧毁建筑，陆上少见
11	暴风	28.5~32.6	有严重破坏力，陆上很少见
12	飓风	32.6以上	摧毁力极强，陆上极少见

二、设备准备

作业设备选型要严格执行相关技术标准，其配置和性能必须满足作业对象的流体产量、压力、测试深度、抗硫化氢、抗腐蚀、强度等要求；根据井内流体性质情况，配备相应的人身安全防护设备；施工前应确认设备相关技术指标，不得使用不合格产品或技术性能不满足井况要求的设备。

测试设备准备包括：查看仪表标校资料、检测仪表和工具性能，检查井口防喷装置和绞车，要求检测合格且性能完好，符合测试井的工作条件；掌握测试井的井身结构、井眼轨迹、井口装置、井下管柱状态、生产情况、历次测试情况、流体性质和流动状态等资料；了解井场公路和电力供给情况，计划和准备备件、耗材和油料；标校电缆或钢丝深度拉力计量装置，按照所需加重杆重量和规格检查测试工具仪器串组合。

（一）试井绞车准备

1. 钢丝试井绞车准备

（1）检查发动机和分动箱是否运转正常，在滚筒离合器脱开的情况下，能否挂上绞车挡。

（2）检查各部位的固定螺钉是否紧固，链条张紧程度以及连接情况。

（3）检查绞车刹车、摇把、离合器等是否灵活好用。

（4）保证钢丝长度足够，直径满足测试中的最大负荷要求，认真检查钢丝有无锈蚀、死弯、裂缝、裂纹和砂眼等伤痕，不合格者决不使用。在含硫又含水的井中应使用抗硫钢丝。

2. 电缆试井绞车准备

（1）倒好足够长的电缆，测定电缆的绝缘性，并检查是否断芯。一般铠装电缆用摇表检查芯线与外层铠装钢丝绝缘电阻的大小。新电缆下井前必须释放电缆的扭应力，在没有井口压力的深井中加重杆空下一次。

（2）检查液压油液面是否符合要求，清洗过滤器。

（3）检查液压传动系统、操作系统、制动系统是否操作灵活、运转正常，有无渗漏情况。

（4）在含硫、含水气井中应用抗硫电缆。

（5）校正电缆深度。为了保证测量深度的准确性，一般要求1000m电缆的误差不超过±0.5m。

（6）要求供电系统工作正常稳定。

（二）深度和拉力计量装置准备

1. 绞车深度和拉力计量装置

（1）检查测深器各部位的螺钉是否紧固，变速齿轮是否啮合良好。

（2）确保计量轮完好无损，尺寸合格，槽内无油污。

（3）检查机械计数器转动是否灵活，有无跳字、卡死等现象。

（4）对于使用传动软轴的计数器要检查软轴的润滑情况和结合情况。

（5）根据选用钢丝（或电缆）的直径，配置与之配套的计量轮。

（6）电缆下入井内深度计量装置、光电测深器、深度记号接收器以及某些测井项目装置等，一般不用于试井。

（7）检查电子深度、速度、张力计量装置工作是否正常，设置换算系数、深度和拉力报警值。

2. 马丁－戴克指重器

（1）要求传压油缸、活塞杆、传压软管及各连接处无渗漏。

（2）确定表头指针转动自如，正确无误，调零可靠。

（3）确定传感器及传压管线中充满传压介质，无空气。

（4）确定活塞与活塞杆间张开距离合适。

3. SRZD-Ⅲ（Ⅳ）型深度、拉力和速度指示记录仪

（1）与绞车深度计量编码器连接可靠。

（2）确定拉力传感器和连接导线完好，标校合格。

（3）设置编码器脉冲数、深度、速度、拉力报警值。

（4）开机显示正常，实时数据采集、显示和记录工作稳定可靠。

（5）与计算机连接运行正常。

（三）钢丝防喷装置的准备

（1）根据测试井的井别、井口条件和测试内容，准备合适内径、合适长度、螺纹完好、工作压力等级和检测合格的防喷管、防喷控制头及短节；井产流体含硫时，应准备抗硫防喷管和防喷控制头。

（2）准备与之配套的放空阀门、滑轮和滑轮支架、防喷控制头和操作平台等。

（3）当防喷管较长时，还应准备地滑轮或钢丝绷绳等。

（4）确保放空阀门开关灵活、不渗漏，压帽密封圈完好。

（5）井口压力高于 35MPa 时，准备检测合格的防喷器和液压密封控制头和吊装工具。

（四）电缆防喷装置的准备

使用地面直读式电子压力计进行井下压力、温度测试时，应使用电缆防喷装置。

（1）依据井口压力、下井仪器、加重杆或工具的长度装配长度不同、耐压指标合格的防喷装置；井产流体含硫时，应准备抗硫防喷管和防喷器。

（2）准备与之配套的防喷器、放空阀门、帽法兰、滑轮和滑轮支架、注脂控制头、注脂装置以及密封脂软管等。

（3）在井口压力低于 2~3MPa 时，可不用注脂密封装置；使用注脂密封装置时，注脂压力一般应比井口压力高 3~5MPa，以井口上方不漏为准。

（4）检查并准备注脂泵、手压泵、密封脂桶、空压机以及相应的起吊装置。

三、测试仪器及工具的准备

（一）井下温度压力测试前准备

根据试井目的和试井设计要求，选择类型、压力及性能合适的压力计。一般情况下，干扰、脉冲、高地层系数的油层压力恢复试井、压力降落试井要求使用分辨率和精度均较高的压力计，压力计的实际使用范围应不超过最高量程的 70%~80%，仪器存储容量应符合采样要求。如果未提供试井设计，则压力计量程可按照式（4-7）选取：

$$p_g = \frac{\left(p_t + D \times \dfrac{\gamma}{100}\right)}{0.8} \tag{4-7}$$

式中　　p_g——压力计量程，MPa；

　　　　p_t——井口油压，MPa；

　　　　D——压力计下入深度，m；

　　　　γ——井筒流体相对密度。

或按照式(4-8) 选取：

$$p_g = \frac{d \times D \times \frac{R}{100}}{0.8} \tag{4-8}$$

式中　　d——地层压力系数，无因次。

压力计的工作温度可按式(4-9) 计算：

$$T_g \geqslant T_0 + D \times L \tag{4-9}$$

式中　　T_g——压力计工作温度，℃；

　　　　T_0——井口温度，℃；

　　　　L——地温梯度，℃/m。

1. 井下储存式电子压力计下井前准备

（1）检查标定日期是否已过期，确保仪器所有的 O 形垫圈和螺纹完好无损、干净，长时间连续测试前后应全部换新，清洗压力传感器接头和缓冲管，并注满硅油。

（2）仪表员室内检查印刷电路板的螺钉有无松动丢失，导线焊接处有无断开，印刷电路有无断线，安装的元件有无松动和受潮等，发现问题及时整改。

（3）编制数据采集程序并备份，对仪器进行通电检测。

（4）回放检测结果，查看采样数据和零位值，仪器工作正常才能下井，下井前对仪器进行清存和编程。

（5）用电池检测器活化备用电池，电压和容量必须满足使用要求。

（6）压力计接电池，观察运行指示正常后，记录接电池时间。

（7）抹螺纹密封脂，安装仪器外壳，并紧固到位。

2. 地面直读式电子压力计下井前准备

（1）检查标定日期是否已过期。

（2）准备需用的压力计、信息转换器及数据采集计算机等硬件装备。

（3）准备仪器的操作程序盘和数据采集盘，并存入测试井及所用压力计的参数。

（4）连接压力计与地面信息转换器及计算机，按照说明书要求检查信号输出情况。

（5）仪器连接电缆并放入防喷管前，再次接通电源，检查信号输出情况。

（6）其余详细检查工作按照仪器说明书进行。

（7）下井电缆检查：下井电缆的好坏，是压力计工作成败的关键。因此，在封装电缆头前，必须对电缆进行严格检查，一般铠装电缆用摇表检查，芯线与外皮绝缘电阻不得小于 20MΩ。不带铠装的导线，必须逐段检查外皮是否有损伤，必要时，将轻型导线浸入水中（导线首尾露出水面），检查芯线对水的绝缘情况。

（8）电缆头引出线处应严格密封和绝缘。

（二） 井下取样前的准备

（1） 取样前应将下井取样器清洗干净、仔细检查上、下阀的密封圈是否完好无损。

（2） 检查、试验取样器控制机构是否有效、灵活，调试连杆机构，使上、下阀关闭灵活，并进行试验。

（3） 取样器上、下阀关闭后，检查控制器和底堵螺纹是否顶住阀螺母，以免出现漏失。

（4） 每次进行高压物性取样时，必须准备 3 支以上取样器以及足够数量的胶皮圈。

（三） 井下液面测试前的准备

（1） 井下液面测试应准备如下工具：一套组合螺丝刀、全套变扣接头、一把虎口钳、一把偏口钳、两把小活口扳手、两把大活口扳手、生胶带等。

（2） 保证气瓶内氮气压力充足、笔记本电池电量充足，发声枪、压力传感器、声呐、接收器和连接电缆齐全完好。

（3） 井口连接器干净、无油，阀门转动灵活，各部件密封完好、无松动，传声孔畅通，耐压符合使用要求。

（4） 连接回声仪各部件，开机检查确认压力传感器和声呐通道的工作是否正常。

（四） 通井作业前的准备

（1） 根据测试井的工程条件和测试类型确定通井工具组合。

（2） 通井工具组合的长度、最大外径和重量应不小于后续作业工具仪器组合，可在井下测试井段正常通行。

（3） 钢丝通井作业基本工具串包括：钢丝绳帽、万向节、加重杆、震击器和油管规，检查部件是否齐全完好，确定最大长度、最大外径和总重量符合测试要求。

（4） 确定工具顶部都加工有外打捞颈，各连接部位螺纹紧固到位，无松动，没有 90° 的台阶。

（5） 绳帽：一般井常规测试作业在加重量较大时应使用圆盘形绳帽，其他特殊作业按照施工要求准备绳帽。

（五） 井下投捞作业前的准备

（1） 根据井下投捞作业项目和测试井的工程条件确定通井工具组合及井下投捞作业工具组合。

（2） 按照通井作业前的准备步骤完成通井工具组合的准备和检查，通井规最大外径应比下井工具最大外径大 1~2mm 且至少比井下管串最小内径小 1~2mm，刚性长度应大于下井工具长度。

（3） 准备和检查震击器（机械震击器或液压震击器等），要求部件齐全完好，性能测试合格。

（4） 准备和检查打捞工具（上丢手工具和下丢手工具等），要求部件齐全完好，性能测试合格，根据工具特点、管柱情况、下入深度和经验选择合适材料的销钉。

（5） 准备和检查下井工具（位移器、井下节流器和投捞颈等），要求部件齐全完好，性能测试合格。

（6）准备和检查钢丝作业辅助工具（刮管器、胀管器、铅印、打捞筒、打捞矛、油管末端探测器、钢丝剪、撞棍、捞砂筒和钢丝寻找器等），要求部件齐全完好，规格符合作业需要。

（7）准备全部作业工具的配件和备件，按照清单点数装箱。

四、对测试井的要求及其准备

（一）对测试井的工程要求

（1）清楚管柱结构、井斜数据及井下情况，特别是井下油管内有无节流器、安全阀等特殊构件和工作状态，是否出现过明显堵塞、穿孔、断落、结垢、结盐等安全隐患。

（2）提供井口采油树型号规格和帽法兰规格，检查井口采油树1、4号闸阀能否全开全关，确定7号闸阀开关灵活密封好，无泄漏。

（3）井口正上方无障碍（投棒装置、屋顶、高挂梁等），围墙高度或开门不影响钢丝通过；

（4）井场具备油气井测试车辆作业条件（油气井测试车对井口范围在15～30m），公路通畅无纠纷（纠纷主要包括塌方、修路、占道、通行受限制、路面情况糟糕或狭窄、存在赔偿纠纷等）；

（5）井口有坠落防护设施（井口操作台、安全网、高挂梁等），高压高含硫井操作台高度应在4号阀。

（6）明确历次井下测试遇到的问题：遇阻和遇卡的原因、处置情况和结果，井下落鱼及其位置，经历过的各种异常情况和特殊风险说明。

（7）前一次测试情况和结果：工具仪器串规格，下入深度，大斜度井上起最大钢丝拉力，井口和井下最高温度和压力，井下干净程度。

（二）压力温度测试的准备

（1）第一次测试时，仪器下井前，先用样模通井至测试深度，样模的直径、长度、重量与所用测试仪器串组合相同。

（2）若要准确测量到产层的温度压力数据，测试仪器应下到产层对产层井段进行测试，以排除井下流体和井筒积液对井筒温度压力梯度的影响。

（3）测取井下的静压力梯度曲线时，应关井足够长的时间，待地层内各处流体的压力不再变化，与井筒平衡后进行测试。

（4）测取井下的静地温梯度曲线时，应关井足够长的时间，待井筒内各处流体的温度不再变化，与地温平衡后进行测试；测取井下的动地温梯度曲线时，应保持生产制度稳定；测关井温度恢复曲线时，应停留足够长的时间。

（5）测试前油气水井工作制度必须稳定，测压力恢复曲线时必须有连续三天的稳定产量。

（6）稳定、不稳定、干扰、脉冲试井期间，不应改变邻井工作制度，防止井间干扰影响试井质量。

（7）稳定试井的井必须安装准确可靠的产油、产气、产水量或注入量的计量装置。

（三）高压物性取样的准备

（1）气井投产后，井筒、产层附近泥浆和酸化液喷净后，应尽快进行高压物性取样，避免造成大的压降，形成地层内脱气（凝析）。

（2）取样前应测得地层压力和温度资料，取样器应尽量接近产层。

（3）固井质量合格、底层无窜槽，气井不产水或含水率小于5%。气流稳定，没有间歇现象。

（四）井下节流器投捞准备

（1）清楚气井的基本数据，包括：井口装置规格型号、悬挂方式、悬挂器内径、完钻井深、油管管串结构、井斜数据、H_2S含量、作业前生产情况以及流体性质等参数。

（2）安装节流器前应测得产层压力和温度、井筒压力梯度和温度梯度资料。

（3）关井，待油压与套压平稳之后，或待油管内压力平衡之后，进行通井作业，若装有井下安全阀，应确认安全阀全开；通井应达到井下节流器投捞通道畅通无阻的要求。

（五）测液面准备

（1）清楚井下管柱结构、人工井底深度及井下情况，查找管串上的变径短节和特殊构件用作回音识别标志，最好其直径大小为环孔截面的60%~70%，长在1m左右，安装位置在动液面深度的2/3~3/4的范围内。

（2）井口采油树和井下管串内无堵塞，连通性好，没有水合物和泡沫等消音物质，应提前清除井口阀门内堵塞。

（3）生产井测试前应关井，直至井下流体平静、井口及附近无震动干扰；泡排井需要在气泡消除后才能使用回声仪测液面。

（4）井口压力稳定，天然气组分和物性参数齐全。

五、安全防护器材

测试作业基本安全防护器材包括：

作业人员每人1个硫化氢气体检测报警仪，含硫气井要配备空气呼吸器；低含硫气井2台、高含硫气井4~6台，全身背带式安全带2副，最好为双挂钩式。井口通风条件不好的井和含硫化氢井应具备防爆排风扇；配备井口高处作业坠落防护装置、警示标牌、警示带及防爆锁具，根据测试井情况，准备高压泄压软管及配件。

第二节　现场测试操作流程

一、钢丝试井操作流程

常规气井测试是指井口压力在35MPa，硫化氢含量低于$30g/m^3$的井从事通井、井筒静温、静压、流温、流压梯度测试和井下常规取样，通过人力安装井口防喷装置的测试作业。

高压气井测试是指井口压力在 35MPa 以上，硫化氢含量低于 $30g/m^3$ 的井从事通井、井筒静温、静压、流温、流压梯度测试和井下常规取样，以及需使用吊机安装井口防喷装置的测试作业。

高含硫气井测试是指硫化氢含量高于 $30g/m^3$ 的井从事通井、井筒静温、静压、流温、流压梯度测试和井下常规取样，需使用吊机安装井口防喷装置的测试作业。

（一）现场准备检查

（1）进入井场前，应穿戴统一的劳保用品和硫化氢检测仪等防护装备，准备正压式空气呼吸器备用。

（2）入场登记和交接，核实测试井的状况参数，查看井场作业条件；确认就近急救单位电话、逃生通道，识别风向，确定集合地点。

（3）工作前安全分析，进行危害识别，落实安全措施，根据需要安装硫化氢检测仪和风向标；如果存在交叉作业应进行沟通和能量隔离。

（4）开班前会，对测试人员进行明确分工，一般可分为绞车岗、井口岗、中间岗和仪表岗，各负其责，做到既分工负责又相互协作；交代作业内容、井况、主要风险及控制措施。

（5）根据测试井工作压力、流体性质和工具串长度，准备合适的防喷装置、注脂系统、特殊法兰、排放管线；确定组装位置，如需要用塑料布或塑料膜铺地防泥砂。

（6）宜距井口 20~30m 的上风方向选择停车位置，令滚筒中部对准井口，垫好车轮；

（7）作业区域进行隔离和警戒，疏散无关人员，严禁交叉作业，探测方井内硫化氢，高含硫气井启动排风扇，测井口油套压力。

（8）按照要求准备绳帽、加重杆、井下仪表、操作工具、井下作业工具，并摆放整齐；

（9）完成绞车操作前的检查准备工作，填写测试记录。

（二）井口岗和中间岗操作

普通防喷装置靠人力完成井口安装和拆卸，活接头连接防喷装置采用吊装方式完成井口安装和拆卸。

1. 普通防喷装置安装和拆卸操作

（1）系挂安全带，落实井口高处坠落防护措施，站上风方向操作。

（2）侧身关闭测试阀门，打开泄压阀泄去阀门以上的压力，确认压力泄为零。

（3）选择井口顶部连接方式（油管扣连接或法兰连接），按下述步骤操作：

① 拆卸油压表补心，清理润滑螺纹，油管扣连接部位缠生胶带要适当；安装防喷管基座，确认连接紧扣到位。

② 拆卸顶部连接法兰，清洁检查法兰密封槽和钢圈，抹密封脂，安装转换法兰；两法兰面之间的间隙一致，螺栓要对角紧，用力均匀，上紧到位；安装防喷管基座。

防喷盒准备，检查润滑防喷盒，确认密封件完好，从滚筒上拉出适量长度的钢丝，依次穿过压帽、顶密封、防喷塞和绳帽，确认钢丝通过顺畅，做好绳结或用绳帽固定好钢丝末端，连接入井工具仪器串。

检查润滑普通防喷装置各处螺纹和密封件，确保它们完好无损；依次安装地滑轮、防喷管、脚踏板、防喷管、天滑轮等，确认紧扣到位。

测试工具串装入防喷管，上紧防喷盒，加注润滑油，将钢丝导入天、地滑轮并固定，对准绞车，提工具串离开闸板，测量井深零位的校深，防喷管离地 6m 高时需装绷绳。

侧身缓慢平稳打开测试阀门，充压平衡后稳压，检查各连接部位有无泄漏，稳压验漏合格后，全开测试阀门，确认 1、4、7 号阀门全开；顶密封泄漏可及时调节，其他泄漏必须关闸泄压后整改。

护送钢丝起下，清洁钢丝，观察钢丝和防喷装置的运行情况，适时润滑钢丝、调节顶密封，确保其不泄漏。

井下工具串上起至井口 100m 后应保持钢丝缓冲，上起至井口 2m 时，采用人力拉钢丝工具使之进入防喷管，关测试阀门 2/3，上下活动试探闸板 3 次，确认后，关闭测试阀门。

打开防喷管泄压阀泄去阀门以上的压力，确认压力泄为零。

拆卸防喷盒，取出工具串，拆卸防喷装置、防喷管基座或转换法兰。

安装好油压表补芯或顶部连接法兰，恢复井口顶部连接方式，安装油压表，关闭放空阀，打开测试阀门，验漏合格。

清洁井口装置，防喷装置保养、装车；整理工用具，清洁场地。

2. 活接头连接防喷装置安装和拆卸操作

（1）系挂安全带，落实井口高处坠落防护措施，站上风方向操作。

（2）侧身关闭测试阀门，连接放空燃烧管线，或接到井场排空管线，打开放空阀泄去测试阀门以上的压力，活动放空阀丝杆防冰堵，确认压力泄为零；排放管线需固定牢靠，天然气放空燃烧时，安排人员监护和警戒。

（3）拆卸顶部连接法兰，清洁检查法兰密封槽和钢圈，抹密封脂，安装转换法兰；两法兰面之间的间隙一致，螺栓要对角紧，用力均匀，上紧到位；高含硫化氢气井需戴空气呼吸器操作。

（4）吊装防喷器，将检查合格的防喷器吊装到顶部连接法兰上，确认闸板已全开且平衡阀已关闭。

（5）防喷盒准备，检查润滑防喷盒，确认密封件完好，从滚筒上拉出适量长度的钢丝，依次穿过活塞杆、顶密封、防喷塞和绳帽，确认钢丝通过顺畅，做好绳结或用绳帽固定好钢丝末端，连接入井工具仪器串。

（6）检查防掉器、防喷管、短节、防喷控制头等部件的各处螺纹、密封件和密封面并确定它们完好无损，润滑合适，控制机构操控灵活。

（7）在地面支架上组装防喷管柱，依次安装连接，确认紧扣到位，防止物体碰撞和坠落伤人。

（8）将工具串平稳送入防喷管内，拉直钢丝防打圈，装上密封控制头，钢丝导入天滑轮，适度压紧顶密封圈。

（9）在防喷管上端装好吊具吊索，钢丝绳要平顺，不能扭曲，确认螺栓紧扣到位。

（10）连接防喷装置上部液控管线，安好绷绳，确认连接牢靠；固定好软管，保护钢丝。

（11）与吊机操作人员配合，平稳起吊防喷装置，与井口防喷器精准对接；防喷管对接应做到垂直对中，平稳操作，严禁猛提猛放。

（12）防喷装置吊装完后，将防喷控制头、防喷器和防掉器等的液控管线对接到液压泵上，打好绷绳。

（13）安装地滑轮，导入钢丝，天、地滑轮对准滚筒中心；与绞车配合，将仪器提至捕捉器闸板可全开的位置后，测量井深零位的校深。

（14）检查手动液压泵，或启动液控和注脂系统，确定其试运行正常；防喷装置整体全部安装调试到位。

（15）连接试压泵和试压管线，对井口防喷装置试压，检查并确认试压合格后，放掉防喷管内试压液，拆卸试压管线；若试压不合格，必须泄压后整改。

（16）侧身缓慢平稳开测试阀门，充压平衡后稳压，检查各连接部位有无泄漏，稳压验漏合格后；全开测试阀门，确认1、4、7号阀门全开；高含硫气井要求站上风方向戴空气呼吸器操作。

（17）全开防落器闸板，通知绞车岗下放钢丝，护送工具仪器串入井，固定好地滑轮，防落器闸板复位。

（18）护送钢丝起下，清洁钢丝，观察钢丝、防喷装置和（或）液控注脂系统运行情况，适时润滑钢丝、调节顶密封，确保作业中不泄漏和无阻卡。

（19）上起离井口100m保持钢丝缓冲，防工具串碰顶，20m人拉或手摇钢丝和工具全部进入下捕捉器，试探确认后，侧身关闭测试闸门。

（20）连接排放管线，打开放空阀泄去测试阀门以上的压力，活动放空阀丝杆防冰堵，并确认压力为零，阀门无内漏；天然气放空燃烧时，安排人员监护和警戒；高含硫气井要求站上风方向戴空气呼吸器操作。

（21）泄掉手动液压泵压力，或停液控和注脂系统，拆开液控软管、放空管线和绷绳。

（22）与吊机操作人员配合，起吊前，调整吊钩到井口防喷装置正上方，并应与转换法兰完全同轴心，将防喷装置平稳吊离井口，放到地面支架上；平稳操作吊车，严禁猛提猛放。

（23）拆卸防喷控制头，取出测试工具，依次拆卸防喷装置各部件，完成现场清洁保养。

（24）换装采油树顶法兰，恢复井口顶部连接方式，安装油压表，关闭放空阀，打开测试阀门，验漏合格。

（25）清洁井口装置，防喷装置装车；整理工用具，清洁场地。

（三）绞车岗操作

（1）配合其他操作人员拉出和收紧钢丝，绞车仪表全开，深度表校零。深度零位：井深零点在钻井方补心顶面，如果有钻井井架（试油除外）可以直接将仪器串放到方补心顶面对零位，一般情况下是测量仪器串的传感器到采油树油管挂顶部的距离，油补距减去这个测量值就是目前仪器串的入井深度零位值。

（2）平稳下放钢丝工具仪器串，根据作业类别和规定控制下放速度，凡通过管柱内的变径部位和全角变化率较大的井段，至少应提前 100m 将起下速度缓慢降至 20m/min 以下通过；正常井段速度为 50~60m/min；通井速度不超过 50m/min，严禁猛提猛放。

（3）按照梯度测试要求的深度和时间停点，测点前 100m 减速，缓慢下放到测点，平稳刹车，停点时拉紧刹车，锁定绞车滚筒锁定装置，做好停点记录。

（4）高压及高含硫气井测试：投放井下工具和打捞作业，在目标深度 100m 上方停车，接通绞车动力，试探判断作业目标深度，按照本次绳索作业要求进行操作，记录和判断作业效果，完成规定项目；将绞车系统压力、起下速度、拉力和次数严格控制在允许范围内，防止钢丝疲劳断裂，做好记录。

（5）接通绞车动力，缓慢调节液压压力到刚好能向上启动，最初 100m 速度为 20~50m/min，之后正常速度为 50~60m/min；按照规定平稳起钢丝，钢丝排列整齐，随深度和张力下降调低液压压力，距井口 200m 减速，距井口 20m 停车，人工将仪器拉入防喷装置内。

（6）回收钢丝，绞车复位，填写原始记录。

（四）仪表岗操作

（1）拉出适量的钢丝，检查确定顶密封是否有效，检查防喷盒各处螺纹和密封件是否完好无损，从顶密封控制头穿过钢丝；防滚筒上的钢丝松散。

（2）根据作业需要，选择绳帽类型，做好钢丝绳结，绳结应排列紧密、无损伤、转动灵活，检查合格并拍照。

（3）选择测试压力计和电池，检查润滑螺纹密封，联机检查性能并按照要求编程，安装电池观察启动情况，记录时间，仪器组装到位；确定仪器工作正常、编程正确、螺纹密封完好、组装到位、量程与井况相符，方可下井。

（4）选择取样器，润滑螺纹，更换密封，确定连接机构灵活可靠，确保时钟量程合适、运行正常，整体组装到位，现场试验关闭有效；阀连杆与连接器应重叠 5~7mm，上下阀开关灵活，提前下至预定深度，取样时间不少于 20min。

（5）确定入井工具串组合，将所需的加重杆、接头、仪器或工具螺纹清洁润滑，并依次连接紧固到位，测量长度和通径、计算重量、做好记录。

（6）高压及高含硫气井测试：投捞作业按照测试井况和作业要求选择工具组合，确定工具操作机构灵活可靠、锁定到位后，连接牢靠，现场检验整体性能完好，连接螺纹完好，依次连接紧固到位后，测量工具组合长度和通径，计算重量，做好记录。

（7）护送工具仪器串和钢丝到井口，测量工具仪器串零位，协助绞车岗工作。

166

（8）平稳传递取出工具仪器串，及时拆卸和清洁；将工具仪器串放到垫木上，平稳操作，严禁蹬踏、敲打和撞击，防止损坏工具仪器、丢失资料。

（9）回放测试资料，或放样，或检查工具，填写原始记录，备份测试资料，保养仪器和工具并归位，严防误操作丢失成果，回放数据立即备份，保管好样品。

（10）做好作业记录、汇报测试结果和工作信息，装备复位，清洁场地，与属地管理人员交接。

（五）编制钢丝绳结

1. 环形钢丝绳结编制

（1）将钢丝依次穿过防喷装置的密封控制头、普通型绳帽，拉出 2~3m 钢丝，在距离钢丝头 20~40cm 处挽一小环，紧贴钢丝环编制绳结。

（2）钢丝直径不大于 2.2mm 时挽双层，缠绕圈数不得少于 4 圈，钢丝应排列整齐、紧密；直径大于 2.2mm 时可以只绕一层，但必须绕 8~11 圈。

（3）绳结做好后，小环应处于绳结中心，圆环呈椭圆形或瓜子形、表面光滑、无裂纹或皱折、最大外径应不大于钢丝直径的 4 倍至 5 倍。

（4）绕钢丝时必须紧靠小环，紧贴钢丝密绕，圈与圈之间不能有间隙。反绕第二层时转角要平并紧贴第一层。

（5）绕制好后绳结不能有严重损伤，钢丝头应与绳结平齐，应在仪器绳帽内转动灵活。

达不到以上技术要求的钢丝结必须重做。

2. 梨形绳结编制

（1）将钢丝依次穿过防喷装置的密封控制头、梨形卡块型绳帽、钢丝卡箍筒，拉出 2~3m 钢丝，在距离钢丝头处制作一个 U 形钢丝环，U 形环底部宽度应与梨形锥体头的钢丝槽宽度相同，断头一端长 30~40mm。

（2）将梨形锥体放入 U 形钢丝环中，使 U 形钢丝环嵌入梨形锥体的钢丝槽内。

（3）将钢丝卡箍筒套入嵌有钢丝的梨形锥体，并装入绳帽内。

（4）U 形钢丝环应全部嵌入梨形锥体的钢丝槽内，用钢丝卡箍筒套卡紧。连接好工具串后，梨形锥套应在绳帽内旋转灵活。

3. 圆盘形绳结编制

（1）将钢丝依次穿过防喷装置的密封控制头、圆盘形绳帽及弹簧、垫环。

（2）将铁环夹在台钳上，从钳口上方向下穿过钢丝，钢丝头弯成手柄形状，用右手握住钢丝头手柄，距铁环 25~30cm，左手臂缠绕钢丝一圈，左手握住钢丝距铁环 12cm。

（3）将钢丝放入铁环槽内，双手用力，使钢丝紧贴槽底弯成圆形，然后右手下压，同时左手上抬，使钢丝紧贴铁环并打结，将自由端钢丝均匀、紧密地在钢丝上缠绕 9~10 圈。

（4）保持钢丝缠绕方向拧自由端钢丝，使应力集中在最后一圈切点处，再改变方向干净整齐地拧断钢丝，如果反复几次拧不断或断口不干净，可用锉刀处理，将钢丝校直后，拉进绳帽。

（5）钢丝结做好后小环应处于绳结中心，小环应紧靠铁环；绕钢丝时必须紧靠小环，紧贴钢丝密绕，圈与圈之间不能有间隙；绕制好后钢丝结不能有明显伤痕，钢丝头应与钢丝结平齐，应在仪器绳帽内转动灵活。

达不到以上技术要求的钢丝结必须重做。

（六）平板阀常见故障及处理方法

安装井口防喷装置需开关测试阀（采油树 7 号阀）、更换帽法兰或拆卸帽法兰堵头，常遇到平板阀关闭不严、无法开关和连接部位渗漏的情况，这会在一定程度上影响施工进度和安全。因此，为方便现场沟通和协助属地管理人员处置，下面简要介绍平板阀的几种常见故障判断方法及处理常识。

（1）法兰连接处渗漏：主要是井口长期生产，使得螺栓处于拉伸状态，井口内流体受温度影响膨胀或昼夜温差使得螺栓受力状态不均匀，导致压力降低时螺栓收缩速度不一致，造成法兰的连接间隙增大进而引发泄漏。

处理办法：最好先卸掉连接处的压力或关闭上游的压力源再操作，或者至少降低压力至最低允许降低的压力范围后，用加力杆对称上紧螺栓，注意调节法兰的平行度。最好选用防静电扳手，以免产生火花，造成安全事故。

（2）平板阀关闭不严主要会引发内漏。卸掉阀腔的压力后，观察确定是否属于内漏，导致平板阀关闭不严的原因主要有：

① 波形弹簧的弹力不够甚至断裂。

② 平板阀长期处于半开半关状态，甚至当作节流阀使用，造成阀板或阀座的密封面被刺坏。

③ 阀座的密封圈不能满足要求，已损坏。

④ 操作人员把平板阀当作楔形阀使用，开关到位以后仍用力开关，造成阀板关过位，且没有回转手轮 1/4~3/4 圈。

⑤ 阀门开关时阀腔的密封脂被流体带出，造成轻微的泄漏。

处理办法：

① 内漏不严重，可活动手轮 2~3 次，开关到位后回转手轮 1/4~3/4 圈可解决这种现象，也可向阀腔内注入 7903 密封脂。

② 如果渗漏严重，或者在半开半关状态使用过平板阀，或者波形弹簧断裂/弹力不足，应及时通知生产单位协助处理。

③ 平板阀中法兰阀杆、尾杆处（节流阀阀杆）渗漏：阀杆处的渗漏属于密封圈的渗漏，主要是阀门振动造成密封压帽松动，进而导致泄漏，或者是密封圈长期在压力作用下已经损坏或被刺坏。

处理办法：

① 卸掉密封盒的压力后，拧紧密封压帽解决渗漏。

② 拧紧密封压帽后，通过注塑孔注塑，注入 7603 或 EM08 等密封膏解决渗漏。

③ 如果渗漏严重，说明是密封圈损坏，可以利用阀门阀盖和阀杆处的倒密封结构带压更换密封圈。

（4）平板阀中法兰处渗漏：主要是中法兰螺栓出现松动现象，也可能是中法兰钢圈被介质腐蚀，已刺坏。

处理办法：如果是中法兰螺栓松动，只需泄掉阀腔的内压，对称拧紧中法兰上的螺母即可。如果是钢圈被刺坏，应尽快更换钢圈。

（5）平板阀注脂孔、试压孔处渗漏：注脂孔和试压孔的 NPT1/2 或 （9/16in Autoclave）的单流阀螺纹出现松动现象造成的，也可能是单流阀的弹簧失效，无法密封。现在已有部分单流阀没有弹簧，钢球直接密封。

处理办法：卸掉阀腔内压，拆下单流阀重新缠上生料带后上紧即可。如果渗漏不严重，可以直接用防静电扳手拧紧。如果是从单流阀内渗漏的，必须更换单流阀。

（6）螺纹法兰螺纹连接部位渗漏：螺纹法兰的渗漏也经常出现，螺纹的渗漏主要因为连接螺栓没上紧，采油气过程中的振动造成松动。

处理办法：关闭压力源，螺纹多数是 LP 管线管螺纹或 TBG 的油管螺纹，均属于 1∶16 的锥管扣，直接用管子钳上紧即可解决。

（7）仪表法兰堵头、截止阀处渗漏：仪表法兰上通常设计有 3 个 NPT1/2 的锥管螺纹，截止阀的螺纹端也是 NPT1/2 的锥管螺纹。

处理办法：若是 NPT1/2 螺纹，可直接拧紧或适当增加生料带解决问题。若是 9/16in Autoclave 接头连接螺纹不起密封作用，泄漏严重只能更换。

（8）平板阀无法开关：井内流体在阀腔内结冰；脏物堵塞阀腔（泥浆凝固、铁矿砂聚集在阀腔底部）；开关平板阀时用力过猛将阀杆螺纹卡死；暗杆阀的销轴被剪断或阀杆螺母咬扣等。

处理办法：

①阀腔内结冰可在其表面加热或用 80℃ 左右的热水加热。过高的温度冷却阀门可能会损坏内部的密封圈。

②脏物堵塞阀腔，可关闭压力源，拆开阀盖及时清洗阀腔的脏物，但不能取出阀板，因为阀板阀座需要专用工具才能安装。

③开关用力过猛将阀板抵死或造成螺纹卡死，可缓慢反向转动平板阀，活动后即可解决。

④暗杆阀的销轴断裂需要及时更换销轴才能开关平板阀。

⑤阀杆和阀杆螺母咬扣时，只能更换阀杆甚至整个阀门。

（七）平板阀二次密封结构

针对阀杆密封圈在使用中可能发生泄漏而暂时又无法拆换维修而设计的。阀盖上设计有一单流阀，直接与阀杆密封圈连通，当密封圈发生泄漏时，阀处于关闭状态，卸掉阀腔内的压力，卸下单流阀上的螺帽，用一个专用工具（注脂枪）连接在单流阀上，向密封圈内注入塑料密封膏（特氟隆，如 7603，EM08 等）或密封油脂，塑料密封膏充分填满漏失通道可解决泄漏问题。

（八）倒密封结构

平板阀在阀盖的内孔加工有 45° 的凹向光滑倒角，阀杆上加工有 45° 凸向光滑倒角，装配好后，阀门正常工作时这两个倒角面并不接触。如果密封圈发生漏失，或者用二次密封还不能止住密封圈泄漏时，可通过一定的操作程序旋转手轮，使阀杆上的倒角和阀盖上的倒角紧密接触，形成金属对金属的强制性密封，在确定回座密封已起作用后，通过回座密封检查孔回座是否成功，保持阀杆不动，即刻拆换密封圈或其他已损坏的零部件，重新装配调整后，即可继续使用。

二、电缆试井操作流程

电缆防喷装置的安装拆卸操作，除注脂密封控制头和注脂压力控制系统不同外，其余的准备检查工作与活接头钢丝防喷装置操作内容相同；高压的钢丝防喷装置也会用到注脂密封控制系统。

进行电缆测试前，应先通井，通井工具组合的长度和最大外径不小于后续作业工具仪器组合，保证后续作业工具仪器组合能在井下测试井段正常通行。

（一）地面安装程序

（1）将电缆车停放到距井口 20m 左右的位置，滚筒中心正对井口，清理后舱，启动发电机和空压机，安装电缆深度速度张力计量仪表、安装和启动数据采集系统、检查绞车动力和操作台、放电缆、卸电缆密封控制头。

（2）根据需要更换井口采油树帽法兰，将检查合格的电缆防喷器吊装到井口采油树上。

（3）在井口至绞车间的地面上，从预先穿好电缆的注脂密封头和单流阀中拉出电缆，做好电缆头并连接一根加重杆，再与所需长度的防喷管、防掉器组装好，把注脂管线与注脂密封头连接起来，装上起吊装置。

（4）使用自立式防喷装置时，应在注脂密封控制头上装电缆天滑轮，在防喷管顶部装固定绷绳装置和绷绳，使用井架支撑式防喷装置时，首先应放下井架天车吊钩，安装天滑轮对正井口，固定好绷绳，或把气动绞车上的钢丝绳拉出，穿过地滑轮后，再通过天滑轮、悬挂到采油树上方。

（5）把经过自检的压力计及电缆加重杆连接到电缆头上，检查信号输出情况，若正常，则将仪器拉入防喷管，关闭防掉器，上好防掉器护丝，拴好绷绳，固定好密封脂管线和液动控制管线，准备吊装。

（6）用起吊装置把防喷管总成起吊到井口防喷器正上方，保护好电缆，卸掉防掉器护丝，观察调整起吊装置使吊钩、防喷管和防喷器同心对接，极缓慢下放防喷装置，使其下方的密封头坐入防喷器活接头内，用钩扳手拧紧活接头。

（7）当使用自立式防喷管时，把防喷管顶部的四根绷绳连接在井口周围的地矛上，然后脱开吊车。

（8）安装液压拉力传感器和电缆地滑轮，把注脂管线连接到注脂泵上，把防喷装置液压控制管线连接到液压泵上。

（9）启动液压绞车动力系统，收好井口与绞车间多余电缆，使仪器刚好在防喷管中悬挂起来。

（10）测量油补距深度零位差，计算深度和拉力值，把深度指示计和拉力指示计校零位。

（11）启动注脂泵，向注脂密封头内注入密封脂，调节控制注脂压力。

（二）　仪器下井操作顺序

（1）缓慢开启测试阀门，使防喷管内压力上升，稳压 15min，检查防喷装置是否渗漏，如有渗漏及时处理，同时启动地面直读数据采集系统，观察压力计的工作情况，如有故障及时排除。

（2）确认井口 1、4、7 号阀门打开到位，以 30m/mi（最大不超过 50m/min）的速度下放仪器。仪器下放过程中，地面记录系统处于连续快速采样显示状态，监测下入过程中仪器工作状态及井内变化，并将文件随机存盘。

（3）仪器如不能直接下到油层中部，应在预计最大下入深度以上 100m 和 200m 处各停一个"台阶"做压力折算用，仪器停在"台阶"时，应在打印机上打印采集的数据，并将文件存盘。

（4）仪器下到预定深度后，刹住绞车，用手压泵压紧防喷盒，调节控制注脂压差。

（5）按照预定的采样速度，以显示、打印、磁盘记录 3 种方式采集压力和温度数据，具体采集过程及软件操作参照仪器使用说明书。

（6）作好仪器下入过程中，以及在井下停留期间的施工记录。

（三）　结束测试操作程序

（1）仪器在井下停留足够长时间取得合格资料后，结束测试上提仪器前，首先应保存和备份测试数据避免数据丢失，然后通知绞车操作员上提仪器。

（2）压力恢复测试时，上提 100m 和 200m 时应停"反梯度"上提仪器速度最大不可超过 50m/min，临近井口减速到 10m/min 以下。

（3）确认仪器进入防喷管后，关闭防掉器，关闭井口测试阀门，连接放空燃烧管线，打开防喷管放空阀门，卸掉防喷装置内压力，关停注脂泵，准备起吊，松开电缆、顶密封和绷绳，与吊机操作人员配合，调整吊钩到井口防喷装置正上方，应与转换法兰完全同轴心。

（4）若为自立式防喷装置，则首先使用吊车钩钩住放喷管的起吊装置，然后松开防喷管下部活接头，再卸掉连在地矛上的绷绳，用吊车上提防喷装置；若为井架支撑防喷装置，松开防喷管下部活接头后，可使用随车的起吊动力起吊防喷装置；将防喷装置吊离井口是一项高风险作业，一定要平稳操作，严禁猛提猛放。

（5）提起防喷管后，移动到井口附近合适位置，用绞车收电缆到工具仪器串刚好离开防掉器闸板，打开防掉器，将工具仪器依次放出防喷管卸下，或平放在井口与绞车之间的专用支座上，依次拆卸。

（6）将防喷管平放在井口与绞车之间的专用支座上，依次拆卸和清洗，放回到装载架上，结束测试过程。

（四）　井口防喷器操作

（1）准备一套法兰螺栓专用扳手，一根加力管，两把分别为 250mm、300mm 的活动扳手，一把钢丝刷，适量棉纱、密封脂，以及检验合格的防喷器和与之配套的活接头法兰。

（2）关闭清蜡阀，放空清蜡阀上方压力后卸去压力表，卸掉帽法兰的连接螺杆，取下帽法兰，严禁带压操作。

（3）清洁清蜡阀法兰钢圈密封槽和钢圈，钢圈和密封环槽应无损伤或锈斑，并抹上密封脂。

（4）清洁活接头法兰钢圈密封槽，抹上密封脂，并将其安装在清蜡阀上，上螺栓，用加力管拧紧螺栓；在紧法兰螺栓时，应对角紧，保证上下法兰四周间隙一致，各螺栓所紧力度一致。

（5）防喷器安装：

① 确认防喷器连接部位完好，涂抹硅脂；起吊防喷器，在吊装防喷器时，不能损伤密封环，防喷器有快速接头一面应朝向试井车；安装过程中防喷器的执行机构均不能用作起吊点，防喷器应处于全开状态。

② 连接并紧固防喷器下部与帽法兰，连接并紧固上部与防喷装置的防喷管（或下防掉器），检查并紧固防喷器两翼。

③ 连接液压供给系统与防喷器，液压泵宜放置在井口上风方向且便于操作的地方。

④ 连接好注脂辅助密封管线和接头（适用于有注脂口的防喷器）。

⑤ 确认液压管线和注脂管线连接可靠，防喷器闸板和手动锁紧装置处于全开状态，平衡阀处于关闭状态，试关防喷器，查看闸板动作和关闭状态。

⑥ 对防喷器进行水压验漏，检验合格后方能使用；若验漏不合格，应放空至零后处理泄漏点，严禁带压操作；若为防喷器漏，应放至地面处理。

（6）防喷器关闭操作：

① 测试工具串在井下时，需卸掉防喷装置内压力，进行防喷器关闭操作。

② 确认平衡阀处于关闭状态，且防喷器内腔无异物。

③ 将液压泵手柄置于关闭位置。

④ 用液压泵加压，液压压力应不大于液压系统额定工作压力。

⑤ 观察闸板指示杆位置，确认闸板完全关闭后，锁紧手动装置。

（7）防喷器重启操作：

① 侧身缓慢打开平衡阀，闸板上下压力平衡后，再将手动装置完全开启解锁。

② 将液压泵手柄置于开启位置。

③ 用液压泵加压，观察闸板指示杆位置，确认闸板完全打开到位。

④ 将液压泵手柄置于中间位置。

⑤ 完全关闭平衡阀。

（8）防喷器拆卸和装载：

① 关闭采油树测试阀门，卸掉防喷装置内压力，确保防喷装置内无余气。

② 反复活动液压泵手柄，确认开关方向液压压力显示值均为零，拆卸防喷器与液压泵连接的液压接头。

③ 盘好液压管线，管线不能有破损、死弯和挤压等问题。

④ 松开连接在防喷器上部的活接头，将防喷系统整体吊离井口，含硫井将防喷装置吊离井口后稍作停留，待余气散尽后进行拆卸。

⑤ 拆卸开防喷器下部连接活接头，将防喷器吊离采油树，清洁润滑防喷器螺纹后戴上护丝，装车固定。

（9）每次作业后的维护保养：

① 清洁防喷器内部空间，活动防喷器闸板，并对活动部位充分进行润滑。

② 清洁防喷器及其配件表面。

③ 清洁检查防喷器上下连接螺纹、密封件及密封面，涂抹黄油戴上护丝，密封件有损坏应及时更换。

④ 清洁检查液压泵、液压管线和液压接头。

⑤ 填写防喷器维护保养记录。

（五）电缆头制作

（1）准备台虎钳、万用表、三角锉刀、扳手、两把管钳、钢丝剪刀、200mm 手钳和150mm 斜口钳，一套电缆头，一卷高温塑料绝缘胶带，适量绝缘硅胶和油脂，一条手巾。

（2）卸去电缆头护丝套，并检查更换 O 形环，将电缆头（绳帽接头）固定在台虎钳上，卸掉绳帽和密封绝缘接头。

（3）将已穿过密封管的电缆从绳帽顶部穿进，再将电缆从梨形电缆锁紧头有钢丝孔眼一端穿进，从梨形电缆锁紧头底部算起留长约 250mm 的电缆，然后用绝缘胶布缠好电缆并拉紧。

（4）根据电缆下井深度，设置电缆头弱点，决定所留钢丝根数。7/32in 外径单芯电缆具体参数见表 4-2。

表 4-2　7/32in 外径单芯铠装电缆头弱点参数表

弱点额定值（-10%）（LBS）	股　　数	
	内　层	外　层
1400	3	5
1600	3	6
1800	3	7
1950	3	8
2100	3	9

（5）将外层钢丝等间隔反穿于梨形电缆锁紧头顶部孔眼中，将钢丝向外翻转并剪齐，去掉梨形电缆锁紧头底部多余钢丝，用上述方法将内层钢丝做好，注意留用钢丝要整齐，且受力均匀。

（6）将穿好钢丝的梨形电缆锁紧头推进绳帽，并将芯线从压紧垫中心孔穿过，再将芯线穿过护套，然后将压紧垫压进绳帽。

（7）剥支芯线端部穿过芯线上绝缘头的孔，并打结，将孔填满，用高温绝缘胶带将芯线上绝缘头及芯线缠好，注入绝缘硅胶。

（8）将绳帽和芯线上绝缘头套上绳帽接头后并固定，旋转绳帽接头上紧螺纹；在上紧绳帽接头时，不能转动绳帽和芯线上绝缘头，防止芯线扭断。

（9）芯线必须保证接触良好，电阻值应小于 500Ω；电芯与外壳应保持良好的绝缘性，电阻值应大于 $20M\Omega$。

（六）电缆防喷管安装

（1）在井口附近平坦的地面上摆放好防喷管安装支架，从车上卸下电缆密封控制头、单流阀、防喷管和防掉器，在的支架上放好，再将配套的注脂管线、手泵、液压管线、专用工具、天滑轮、吊装工具、密封脂、加重杆、密封件和配件等依次卸下放好。

（2）清洁检查所有连接螺纹、密封面和密封环，在密封面和密封环上抹密封脂。

（3）将已经穿好电缆的密封控制头和单向阀依次与两根防喷管对接紧固到位，并将做好的电缆头拉出，连接一根加重杆后，拉进防喷管内。

（4）连接防喷盒液压管线、密封脂回流管线、注脂管线和单流阀，接好绷绳，将管线固定在防喷管上。

（5）在第一根防喷管顶部安装吊卡，连接吊绳、张力传感器、天滑轮和吊环；使用自立式防喷装置时，应在注脂密封控制头上装电缆天滑轮；在防喷管顶部装上固定绷绳装置及绷绳；连接防喷盒手泵并压住顶密封。

（6）井口安装防喷管或地面安装防喷管的步骤主要如下。

① 井口安装防喷管：将余下的防喷管外螺纹朝上紧靠井口竖立，缓慢、平稳起吊组装好的串，与井口竖立的防喷管对接到位，带上活接头接箍并用专用工具上紧，并将连接软管和张力电缆固定在防喷管上，连接防吊器。

② 地面安装防喷管：将余下的防喷管在地面支架上依次对接到位，并接紧固到位，并将连接软管和张力电缆固定在防喷管上，连接防掉器，末端带护丝或连接拖车，紧固拉绳；缓慢、平稳吊起组装好的防喷管串，卸掉末端护丝或拖车，移动到井口附近上方。

（7）安装液压拉力传感器和电缆地滑轮，通过绞车收电缆，松开顶密封，从防喷管内放出电缆加重杆。

（8）按照测试仪器和工具的连接步骤依次将加重杆、工具和仪器在井口附近连接到位，通电检查合格后，拉入防喷管内。

（9）用起吊装置把防喷管总成起吊到井口防喷器正上方，保护好电缆，观察调整起吊装置，使吊钩、防喷管和防喷器同心对接，极缓慢下放防喷装置，使其下方密封头坐入防喷器活接头内，对接到位后，用钩扳手拧紧活接头。

（10）将防喷管顶部绷绳连接到井口周围的地矛上，适当放松吊钩。

（11）将注脂管线连接到注脂泵上，固定回流管线，将防喷控制液压管线连接到手压泵上，按照注脂泵操作程序启动注脂系统，向电缆密封控制头注脂，调节注脂压力。

（12）对安装的防喷装置进行水压验漏，合格后方能使用；若验漏不合格，应放空至零位后处理泄漏点，严禁带压操作；若防喷管串漏，应放至地面处理。

（13）测试结束后，按照结束测试的标准操作程序操作，依次将井口防喷装置卸下，并清洁和装车；清洁注脂管线和注脂泵，整理各类连接管线和电缆，填写使用保养记录。

（14）技术要求

① 各螺纹和密封环清洗后必须用毛巾擦干，不能有砂粒或污物。

② 组装防喷管时注意不能损坏电缆和各种管线。

③ 所有高压接头和高压管线应与防喷管额定工作压力相符。

④ 组装对接时动作要轻，注意保护密封 O 形环和密封面，密封头上到位后才能上紧活接头接箍。

⑤ 起吊时应注意地面设备和空中管线，防止撞击。

⑥ 电缆在进入注脂流管前，应始终保持清洁，禁止扭转和弯折。

⑦ 防喷管串的总长度必须大于工具串的总长度。

（七）注脂泵安装

（1）准备两台检查合格的林肯泵、密封脂桶和防沙盖、气源压力调节器、高压四通及阀门、空气管线等配套工具，以及固定林肯泵的绳子、高压密封脂和润滑油。

（2）密封脂桶安放在便于操作的安全地点，林肯泵吸脂口插入装有密封脂的桶内，用绳子固定吸脂口，并在桶上盖上防砂盖。

（3）连接高压四通与林肯泵，将高压注脂管接到高压四通上，用管钳上紧；将注脂密封器回流管线引导到远离生产生活区的回收油脂桶内，并固定牢靠。

（4）将气源压力调节器安装在林肯泵控制接头上，将压缩空气软管连接到气源压力调节器上。

（5）旋进控制器气压调压螺杆进行注脂，注意控制泵注频率、启动压力和出脂平衡压力。

（6）技术要求：

① 各控制管线连接部位必须清洁，不能有砂粒或污物，各密封环无损伤，连接牢固且无泄漏。

② 气源压力调节器上的油杯加满机油，及时排除空气滤清器的积水。

③ 高压四通上安装校验好的防振压力表，量程与林肯泵的额定工作压力相符。

④ 所有的高压阀门及接头与林肯泵的额定工作压力相符。

⑤ 工作中随时调节控制压力，保证回油管线不漏气，严禁关闭回油管线。

⑥ 保证密封脂油面一直高于林肯泵吸油口 10cm，及时补充密封脂并排除积水。

⑦ 防喷管充压前后，注脂压力一般应高于管串内压力的 10%~15%。

⑧ 空气软管在地面排放时应尽量平行，不要弯曲、打扭，禁止重物、利物挤压。

（7）橇装注脂装置或其他类型注脂装置参照其说明书操作，操作人员必须非常熟悉管线、闸阀连接和工况，防止出现误操作。

（8）为保障井口防喷控制头密封效果和施工安全，预防机械故障停机，高压注脂泵和空气压缩机应两台配套使用，压缩空气源由井场或车辆提供时，也必须有备用气源。

（八）指重传感器安装

（1）准备一套校验合格的马丁戴克指重表、一个地滑轮、一套钢丝绳套及 U 形卡，一把 250mm 活动扳手，适量指重装置液压油及一把加油枪。

（2）将钢丝绳套拴在采油树的适当位置，将测试车上的指重传感器和传压管一起放至井口。

（3）将传感器一端用 U 形卡固定在钢丝绳套上，传感器的另一端装上地滑轮。

（4）卸下指重表的加油接头护套，装上加油枪后打开指重表开关加注液压油至传感器张开距离合适，加完油后卸去加油枪并装上接头护套。

（5）将电缆或钢丝套入地滑轮，指重表使用完后，关闭指重表开关。

（6）技术要求

① 安装后，天滑轮与地滑轮之间的电缆或钢丝应尽量与防喷管平行。

② 安装好的指重传感器和地滑轮应使电缆或钢丝在正常起下时通过地滑轮的夹角为 90°。

③ 钢丝绳套、传感器和地滑轮之间的连接要牢固可靠。

④ 传压软管在地面排放时应尽量平行，不要弯曲、打扭，禁止重物、利物挤压。

⑤ 向指重表加油前，应将加油枪的空气排尽，持续加油直至指重传感器的承重块之间离开 11mm。

（九）电缆测试仪器和工具连接

（1）准备兆欧表、仪器连接专用工具一套，干净毛巾一条，润滑螺纹油一支，18in 管钳一个，经保养检验合格的测试用电缆加重杆、电子压力计和与其配套的 O 形密封环。

（2）将防喷管串起吊至井口便于操作的位置，挂上地滑轮，清洁电缆，打开工具捕捉器。

（3）用绞车收回多余电缆，松开顶密封，缓慢下放电缆，使加重杆出工具捕捉器至适当高度。

（4）用毛巾清洁加重杆螺纹检查 O 形环，在螺纹上抹上螺纹油，固定上方加重杆，使加重杆对接上紧。

（5）通知绞车岗上起电缆，并用上述方法组装所需加重杆，并用兆欧表检查绝缘性。

（6）用同样方法将电子压力计连接到加重杆底部，记录测试工具仪器串组合结构、通径、长度和重量。

（7）连接数据采集系统，启动采集程序，进行测试前通电检查，确认数据采集系统和测试仪表工作正常。

（8）通知绞车岗将仪器工具拉入防喷管防掉器内，关闭防掉器，将工具下放到防掉器上，保持电缆松弛状态。

（9）将工具捕捉器底部连接在防喷器上，并用专用工具上紧活接头接箍。

（10）技术要求：

① 装配测试管串时，必须用干净毛巾将密封及螺纹部位擦洗干净。不准使用棉纱擦洗。

② 连接过程中要求绞车平稳操作，做到轻提轻放，严禁猛提、猛放。

③ 连接时应慢慢对扣，防止错扣导致仪器损坏，注意保护香蕉插头。

④ 接地滑轮时，必须电缆入槽后才能上紧地滑轮盖扳。

⑤ 紧固加重杆时，必须用 18in 管钳。

⑥ 绝缘电阻应大于 20MΩ。

⑦ 仪器串连接完成后，必须确认仪器工作正常，才能全部拉入防喷管。

（十）井下电子压力计操作

（1）准备井下数据采集系统一套、笔记本电脑一台、通信接口线、链条扳手、开口 30mm 死扳手两把、8/5in 死扳手一把、O 形环数个、O 形环安装器、电池活化塞、电流监测器、螺纹脂、硅油、棉纱、毛巾一条。

（2）准备符合测试要求并检验合格的井下直读式电子压力计和井下存储式电子压力计各一支，电池容量及温度等级符合要求的高温电池一组，使用前用电池活化塞活化电池。

（3）清洁并检查压力计的连接丝扣和密封面，检查更换 O 形环后，在螺纹上抹上螺纹脂，压力计传感器缓冲管内充满硅油，缓冲管内应畅通无堵物，组装压力计，准备编程。

（4）井下电子压力计编程和数据采集主要包括以下几步：

① 安装，启动直读式电子压力计操作软件，检查系统配置后，装入仪表标定数据，编制符合测试要求的程序。

② 用通信接口线连接电子压力计与装有数据采集系统的计算机，查看仪表状态，进行零位采样，清内存，将采样程序输入到仪器中，脱开通信接口，连接直读数据传输短节。

③ 将直读式电子压力计送到井口，并连接电缆加重杆，用专用工具拧紧电子压力计各部件，将测试电缆连接到数据采集系统。

④ 采集井下直读式电子压力计在井口的测试数据，确认压力计工作正常后，将仪器拉入防喷管防掉器内，准备下井测试。

⑤ 按照施工设计要求，在仪表起下和井下停留过程中进行井下压力温度数据实时采集和记录，保障资料采集系统正常运行，及时整理测试资料，进行分析和判断，掌握测试进程。

⑥ 测试结束，将井下直读式电子压力计起出井口时，关闭井下数据采集系统，对全部测试资料进行整理和备份。

⑦ 卸下电子压力计，清洁外壳，卸开仪器，取下直读数据传输短节。操作过程中严禁登踏和敲击，防止损坏仪表。

⑧ 用通信接口线连接电子压力计与计算机，启动电子压力计操作软件回放仪器存储的原始数据，并将其转换成符合资料解释要求的 ASCII 码和电子表格文件，整理和检查测试资料是否合格并备份。

（5）井下存储式电子压力计编程和数据采集主要包括以下几步：

① 启动计算机上存储式电子压力计操作软件，检查系统配置后，装入仪表标定数据，编制符合测试要求的程序。

② 用通信接口线连接电子压力计与计算机，查看仪表状态，进行零位采样，清内存，将采样程序输入到仪器中，脱开通信接口。

③ 连接电池与电子压力温度计，查看仪表启动状态指示灯并记录连接电池时间，用专用工具拧紧电子压力计各部件，或用电磁监测器监听仪器的采样脉冲。

④ 将存储式电子压力计送到井口，并连接加重杆。按照测试要求，在仪表起下和井下停留过程中，自动进行井下压力温度数据的采集和存储。

⑤ 测试完毕后，卸下电子压力计，清洁外壳，卸开仪器，取出电池。操作过程严禁登踏和敲击，防止损坏仪表。

⑥ 用通信接口线连接电子压力计与计算机，启动电子压力计操作软件回放仪器的原始数据，并将其转换成符合资料解释要求的 ASCII 码和电子表格文件，整理和检查测试资料是否合格并备份。

（6）清洁压力计传感器的缓冲管，清洁螺纹和密封，仪表复位。

（十一）车装柴油机发电机的启停操作

（1）检查供电电路的各控制开关，并保证所有负载开关呈关闭状态。

（2）检查柴油机机油、冷却水是否符合要求，检查 ONNA 柴油机发电机各紧固件，合上启动用电瓶开关。

（3）按下检查开关时，确认所有指示灯显示正常后，再按下启动开关。

（4）发电机启动后空载运转一段时间。

（5）当机油压力表指针处于中间位置时，依次合上负载开关给用电系统供电。

（6）若需停止发电，先断开所有负载开关，发电机空载运行 5min 后才可关闭。

（7）关闭启动开关，发电机自动熄火。

（8）启动车装液压发电机主要包括以下几步：

① 使用操作面板上的手油门将发动机转速控制在 1200 转左右，打开液压发电机开关，调节液压发电机，将输出电压控制在 220~240V、频率控制在（50±2）Hz。

② 将配电控制表板上的电源开关指向液压发电机电源。

③ 若需停止液压发电，先断开所有负载开关，使用操作面板上的手油门降低发动机转速，然后关闭液压发电机开关。

（9）车装柴油机发电机操作的技术要求为：

① 如需重复启动，每次启动时间不能超过 15s。最多连续启动三次，至少等待 2min 后才能再次启动。

② 柴油机发电机启动后，必须等机油压力正常后才能给系统供电。

③ 在发电机熄火前必须先断去负载，严禁带负载熄火。

④ 机油温度、压力应在规定范围内。

⑤ 运行时不能超过发电机额定工作负载。

（十二）车装空气压缩机的操作

（1）观察故障灯是否正常，检查空压机供电线路是否完好、各部位紧固件有无松动。

（2）检查安全阀弹簧功能是否正常，检查压缩机机油是否在标准线以上。

（3）从测试车卸下空气软管，并将其连接到林肯泵空气调节器进气接头上。

（4）放掉分离器和气瓶内积水后，关闭放水开关。

（5）合上电源开关启动电机，观察气瓶空气压力上升情况，当压力上升至设定安全压力时，启动气动控制阀，断掉电机电源停机。

（6）打开放空阀放空，当气压降至控制低限时，气动控制阀应启动，接通电源使电机运转。

（7）每8h打开放水开关将水放净。

（8）车装空气压缩机操作的技术要求：

① 储气罐上的保险阀弹簧完好，无卡阻。

② 空气软管的输送压力不高于0.8MPa，避免损坏空气软管。

③ 压缩机工作间隔不小于5min。

④ 如需重复启动，每次启动时间不能超过5s。最多连续启动三次，再次启动至少要等待2min才能启动，如不能启动必须进行检查。

⑤ 严禁超压运转。

⑥ 储气罐起压后，打开排水阀排除积水，以后每工作8h排水一次。

⑦ 气连接管线应无泄漏。

⑧ 工作期间，应保持通风散热良好，避免雨水侵入。

（十三）电缆绞车操作

（1）电缆车停放在距井口20~30m的位置，绞车滚筒对准井口，将电缆绞车后支撑放下撑好，接好地线。

（2）打开油路连通开关，检查液压油面是否符合要求，检查液压传动系统有无渗漏、机械动力连接是否牢靠、操作制动机构是否灵活；将调压阀调至最松位置，液压系统过载保护开关弹起。

（3）检查和安装电缆排缆器和深度拉力测量仪表，安装电缆。

（4）启动绞车液压动力系统：先启动汽车发动机，当汽车发动机运转正常，气压表的压缩空气压力达到0.8MPa后，踩下离合器，合上取力器离合开关，缓抬离合器，打开液压系统过载保护开关。

（5）打开电子深度、速度、张力显示仪开关，打开绞车液压马达控制开关，松开滚筒刹车；收放电缆以配合井口连接防喷管和工具仪器串安装，根据油补距与仪器传感器位置高差校深度零位。

（6）下放电缆操作主要包括以下几步：

① 井口安装工作完毕后，确认防喷盒手泵压力为零。

② 调节调压阀使液压压力达到需要值，松开手刹把，向后扳动起下速度控制手柄。提升防喷管内仪器串，让其离开工具捕捉器，拉紧手刹，记下滚筒最外层电缆圈数。

③ 待试压正常后，开清蜡阀，开工具捕捉器，松开手刹，前推起下速度控制手柄。

④ 随着深度增加，电缆重量也不断增加，应相应调高控制压力。

⑤ 每下放 300m，向上提 30m，再继续下放。

⑥ 下放过程中记录滚筒上电缆的下入层数。

⑦ 仪器距预停点 100m 时减速，缓慢下放至预定深度，将起下速度控制手柄置于中间位置，同时刹紧滚筒。

⑧ 将液压系统过载保护开关弹起。

⑨ 逆时针旋转调压阀手轮，卸去控制压力。

（7）上起电缆操作主要包括以下几步：

① 确认防喷盒手泵压力为零。

② 调节调压阀，直至控制压力表显示预期压力。

③ 松开滚筒刹车，先向下松动 2m 左右，停车后，再上起电缆。

④ 随着电缆的上起，重量不断减轻，应相应调低控制压力。

⑤ 上起过程中记录滚筒上起回电缆层数。

⑥ 上起过程中距井口 300m 时减速，距井口 30m 时，时时观察工具捕捉器手柄，确认仪器串全部进入防喷管后，刹住电缆滚筒，通知井口关清蜡闸。

（8）下放电缆操作的技术要求：

① 起下电缆时，应卸完防喷盒手泵压力，使防喷盒处于松弛状态。

② 下电缆时，必须先调节调压阀，待控制压力上升后才能继续下放，严禁未调加控制压力就松刹车自由溜放。

③ 起下过程中应密切注视悬重变化，至少分配 3 个点记录上起正常张力，如遇阻或遇卡应停车分析原因并进一步处理。

④ 遇卡时，应上下活动解卡，车组上提张力上限为电缆头弱点的 60% 与悬重之和，若尝试 3 次均不能解卡应向测试站请示，测试站上提张力上限为电缆头弱点的 80% 与悬重之和，若尝试 3 次仍不能解卡应向地研所请示，采取其他措施。

⑤ 起下速度要平稳，保持在 30~50m/min，同时密切注意转数表及电子深度、速度、张力显示仪的运行情况。

⑥ 电缆初起或通过油管鞋时，速度应不超过 10m/min，深度超过油管鞋 100m 后才能加速。

⑦ 对所有的油路、电路、气路进行巡回检查，确保工作正常。

⑧ 做好设备运行过程的资料记录和测试资料采集工作。

三、井下液面探测操作流程

气水同产井需经常探测油管、油套环空内液面的位置，因为根据液面位置和井口压力可计算流动压力或产层压力，及时指导生产；利用回声仪测试资料还可以确定井下工具位置、落鱼深度和井下安全阀开关情况等，所以回声仪探测技术也是气田勘探开发动态监测的重要手段之一。

（一）回声仪安装步骤

（1）检查井口压力表安装位置和相关阀门的开关状况，确认阀门开启到位，读取井口油套压力。

（2）关闭压力表截止阀，放空表内压力，卸下压力表，开关截止阀吹扫，检查压力传递通道是否畅通，如有堵塞需及时清除。

（3）清理管口（防止有杂物冲击堵塞气枪），更换铜垫，安装发声枪，安装时气枪两个阀门为开启状态。

（4）安装压力传感器，关闭放空阀，缓慢打开截止阀，如井口压力不足，可连接氮气瓶充压；稳压验漏，如有泄漏，泄压后整改，直至所有连接件无泄漏。

（5）连接麦克风接口和压力传感器等线路。

（6）仪器和电脑连接后，打开回声测试仪和电脑。

（二）回声仪测试软件操作

（1）打开回声仪测试软件，监测进入连接状态。

（2）设置井深、管串规格、天然气组分和物性参数等参数。

（3）创建新的本次测试文件夹。

（4）选择测试类型。

（三）回声仪测试操作步骤

（1）点击进入测试状态。

（2）进入测量界面后，接通分析仪，关闭气枪所有阀门，关闭压力表前放空阀门。

（3）开启气枪主球阀，缓慢开启压力表阀门（仅需开启一点即可），气枪管内充满气体后关闭气枪主球阀，开启压力表阀门，调节放空阀控制击发压差。

（4）如果井口天然气压力太低或无压力，通过充气阀连接氮气瓶充压管线向气枪管内充压直至压力达到击发压力，关闭放空阀，卸去充压管线。

（5）开始回声仪测试前，确认井场和井口附近安静，已停止一切振动。

（6）点击操作软件测试按钮，听到"嘟"的提示音后迅速打开主球阀，击发声波，开始测试，保持安静。

（7）回声波测试结束后会自动显示测试曲线，可初步判断资料质量和液面位置。

（8）测试结束后保存得到相应的数据文件。

（9）进行第二次测试前，先关闭主球阀，打开放空阀进行放空，然后重复上述操作步骤；一般连续测试三次，结果一致为合格。

（10）最后一次测量完成后，关闭压力表阀门，打开放空阀进行放空。

（11）确认压力泄为零后，拆除连接线路，卸下气枪。

（12）重新安装压力表，关闭放空阀门，打开压力表阀门，还原现场。

（13）现场整理资料，计算液面，完成资料处理报表。

四、井口压力测试操作流程

监测纯气井的油管和油套环空压力能够比较准确地计算出产层流动压力或地层压力，因此，井口电子压力计在气田动态监测中得到了广泛应用。

（一） 井口电子压力计安装

（1） 检查井口压力计安装位置和相关阀门的开关状况，确认阀门开启到位，读取井口油套压力。

（2） 关闭压力表截止阀，放空表内压力，卸下压力表，开关截止阀吹扫，检查压力传递通道是否畅通，如有堵塞需及时清除，更换铜垫。

（3） 安装测试三通，连接井口电子压力计，并紧固到位，按照预计关井最高压力的1.2倍，且不超过设备的最高工作压力，用活塞式压力计进行耐压验漏，如有泄漏及时整改。

（4） 装好压力表，打开截止阀，验漏检查合格后，启动井口电子压力计，记录启表时间，确认运行正常，对比两支压力表示值。

（5） 对压力传递通道上的阀门挂牌上锁，长时间连续监测，定期巡查，避免因阀门关闭、堵塞和压力计故障等原因漏取资料。

（6） 测试结束，关闭压力表截止阀并放空，卸下测试三通和井口电子压力计，压力表复位。

（二） 井口电子压力计操作

（1） 在计算机上启动电子压力计操作软件，校对时间，检查系统配置后，装入仪表标定数据。

（2） 用通信接口线连接井口电子压力计，查看仪表状态，进行零位采样，清内存，检查电池电量，编制符合测试要求的程序，将采样程序输入到仪器中，脱开通信接口，上好外壳。

（3） 将电子压力计安装到采样点上，启动仪表，查看测量的压力和温度值，记录启动时间，确认仪器工作正常。

（4） 测试完毕后，卸下电子压力计，清洁外壳，卸开仪器；中途回放资料也可以在采样点上进行。

（5） 用通信接口线连接电子压力计与计算机，启动电子压力计操作软件回放仪器的原始数据，并将其转换成符合资料解释要求的 ASCII 码和电子表格文件，整理和检查测试资料是否合格并备份；如要继续测试需重复写入测试程序操作。

（6） 清洁压力计传感器、螺纹和密封，仪表复位。

第三节　气井测试技术要求

一、通井

试井作业期间，仪器第一次下井测试前应通井，通井工具串的长度、直径不小于仪器工具串的最大尺寸。

应使用动力上起、下放钢丝，正常起、下速度应不大于 50m/min，操作应平稳、匀速，严禁猛提猛放，凡通过管柱内的变径部位和全角变化率较大的井段，至少应提前100m将起下速度缓慢降至20m/min以下。

通井深度应大于预计仪器最深停点深度的5m以上，无卡阻现象为合格；如下入活动式井下节流器则通井至设计深度以下20m处，如下入固定式井下节流器则通井至节流器坐放短节处。

若确需下出油管鞋，工具串下出油管鞋应具备以下条件：油管鞋下端应为喇叭口；试井钢丝与仪器连接部件（绳帽头）具有打捞颈；入井工具各连接部位无90°台阶。

距工具串出油管鞋50m时，应上提记录钢丝正常下放和上提的拉力，然后将速度控制在20m/min，平稳下放，观察钢丝张力变化，预防遇阻和量轮上的钢丝跳槽。

工具串进入油管内30m前，上提钢丝速度控制在10m/min以下，提升（液压系统）压力以能使滚筒正常转动为宜，上提钢丝拉力应小于钢丝弱点拉力，且控制在钢丝破断拉力的60%以内。

探砂面或确定遇阻位置应使用张力指重仪，下放速度应缓慢、平稳，实时监测张力指重仪的指数变化。当张力指数突然变小或仪器遇阻时应立即停车，上提钢丝至钢丝运行悬重正常位置以上10m左右，然后缓慢下至砂面位置（遇阻位置），反复起下2～3次验证该位置的准确深度。

上提工具串至距井口200m时应减速，距20m左右时，人工将工具串缓慢拉入防喷装置内。

二、井下压力温度测试

气井压力温度测试通常指测井底流动压力、静止压力、压力梯度、压力恢复曲线、压力降落曲线，以及干扰和脉冲试井曲线等，测压仪器采用存储式井下电子温度压力计，采集试井资料通常采用高精度和高分辨率的电子温度压力计。

（一）压力温度梯度测试

压力温度梯度测试对仪器、起下过程、停点和质量控制等的基本要求主要包括以下几方面。

（1）压力或温度梯度测试停点不少于3个，最后两个停点间隔为100m，当井筒内存在两相或两相以上介质时，应根据实际情况加密测点间隔。

（2）压力温度停点时间不应低于电子压力计感压或感温的稳定时间，一般电子温度压力计的感压稳定时间快，感温稳定时间慢，因为测试仪器串与井筒温度平衡需要时间。

（3）仪器固定采样程序：每2～10s采一组样。

（4）测液面技术要求：估算井筒内大致液面位置，压力计进入液面前至少停2个点，进入液面后至少停2个点。

（5）仪器入井的最大深度要求：一般情况下，工具串应下至距井下工具或油管鞋50m以上。若确需下出油管鞋，工具串下出油管鞋应具备以下条件：油管鞋下端应为喇叭口；试井钢丝与仪器连接部件（绳帽头）具有打捞颈；入井工具各连接部位无90°台阶。

（6）测试过程对井下压力的影响。

关井期间，井筒是一端封闭充满天然气和水的压力管道，测试前，整个井处于一个压力和温度相对平衡状态，安装井口要放空泄压，用钢丝起下测试工具和仪器会改变井筒实际容积大小，开关闸阀对井筒有压力波击作用，施工过程有少量泄漏，这些操作结果都会对井筒的压力和温度平衡产生影响，特别是水井和液面离井口较近的井，压力波动尤其明显，但这对纯气井影响较小。因此，井下静压力梯度测试过程中，在进行井口安装前，首先应准确测量井口套压和油压，测试时调节控制防喷装置顶密封，尽量做到少泄漏或不泄漏；最好能用井口电子压力计一直监测到测试结束，每个井下测试停点记录井口压力值，与测试前的井口压力比较，对测试结果进行修正，消除测试过程对井下静压力的影响；也可以在上起过程中反停点，进行修正；准确测试产层压力的最好办法是在井底停留到井底压力临时波动结束。

开井期间，井筒是一段供流体流动的压力管道，测试前，整个井处于一个相对稳定的流动状态，井筒内压力和温度也相对平衡，测试工具和仪器串的起下会临时占据部分管道，影响流体通过，特别是地层能量不足的小油管带水采气井和泡排井，会影响生产，因此，这类井应采用小直径通井工具和压力计进行测试。

（7）测试静压、静温梯度的仪器应尽可能下至产层顶部深度；当气井产量较大时，应防止电缆或钢丝缠绕，此时测试仪器应下至产层顶部井深 200m 以内。

（8）井下温度测试。

井下温度测试工艺与井下压力测试工艺基本相同，使用电子井温仪进行测试时，为防止破坏井温的原状，一般都要求在井温仪下井过程中进行测量，井温仪的测速一般应控制在 16m/min 以内，并保持测速均匀。井温仪进入测量井段之前，应校验完恒向比例。

在测取气水井的地温梯度曲线时，关井时间应足够长，待井筒内各处流体温度不再变化并与地温相平衡再进行测量。

测关井温度恢复曲线时，应停留足够长的时间，操作与测压力恢复曲线相同。

温度测试中应注意的几个问题：

① 测前的关井时间，为分析、判断吸水层位，向一口注水井注水一段时间，然后关井，并多次进行井温剖面测试，观察井温剖面恢复到原地温梯度的时间。由于吸水井段回到地温的速率比没有吸水井段慢得多，只要掌握测前的关井时间，就能测出温度变化明显的曲线。若关井时间过短或过长，易导致井筒内液体与地层的热交换时间不够，或热交换趋于平衡，测得的井温剖面曲线变化均不明显，难以正确区分吸水层位。

② 测点的选择：常温层为第一测点，再根据井深、地层增温率和产层位置合理安排测点，一般在水层顶部以上和气层部分加密选点。

③ 井口开闸稳压时，防喷管内气体压缩温度升高，夏天太热、冬天太冷，都会影响仪器串的整体温度，因此仪器串应在常温层深度先停留 1~2h，待仪器串温度与井筒温度平衡后，再向下测试。

（二）压力恢复、压力降落和稳定试井

选用两支高精度井下电子温度压力计，压力精度不低于 0.025%，量程符合测试井况，内存容量可满足测试需要，按照压力恢复测试编程：一支用每 2s 采样一次进行测试，另一

支用变采样率测试：先用每2s采样一次测3天，然后再用每30s采样一次直至测试完毕。

记录压力计在仪器串中的连接位置和两个压力传感器的零位深度差，使用安装在下部的压力传感器位置校测试零位深度。

1. 压力恢复试井

气井关井测试前应连续稳定生产10天以上，产量变化幅度不超过10%。

根据试井设计要求完成流动压力温度梯度测试，仪器到达连续测试停点深度后，待仪器串的温度和压力与停点处井筒温度平衡后（一般在0.5h以上），才可关井。

关井测试时应做到瞬时关井，从关阀门到完全关闭，时间不超过1min。

测试从关井时刻开始，记录关井时间以及关井前流动状态和关井后的压力、温度变化数据。

根据试井设计方案、井口压力恢复资料和试井实时诊断图判定是否结束压力恢复试井。

测试压力恢复曲线结束时，应上提100m或200m时应停"反梯度"，或测试一个完整的静压力梯度，判断井下是否有液面，并为用井口压力计算井底压力提供校对依据。

压力恢复测试仪器测试时应尽量靠近产层中部，对于带水生产气井和井以下有积液的气井，井筒积液会影响压力恢复测试资料质量。

2. 压力降落试井

气井开井前应关井到压力基本稳定，对压力计的要求与压力恢复试井相同。

测试从开井时刻开始，记录开井时间以及开井前静止状态和开井后的压力、温度变化数据。

气井测试产量的确定方法是生产压差低于地层压力的20%，约为无阻流量的20%~30%，测试期间保持连续稳定生产，产量变化不超过10%。根据试井设计方案和试井实时诊断图判定是否结束压力降落试井。

3. 稳定试井

选择4~5个工作制度进行测试，测点产量由小到大，逐步递增，测点的最大压力降控制在地层压力的20%以内，各测点之间压力降的差值应基本一致。

测量每一个工作制度下的气、水和凝析油产量，同时测量井口（或井底）压力、气流温度；每个稳定测点取气、水样分析；砂岩储层应测定产出流体的含砂量。

判别纯气井是否达到稳定流动状态的经验性方法是8h内气井井底流压变化量不超过该时间段初始点井底稳定流压的0.5%，产量变化小于5%。一般条件下，高产气井开井2~4h后即能达到稳定流动状态，低渗透气藏低产气井则可能要超过8h。

底水气藏和凝析气藏开采初期应避免生产压差过大；凝析气藏稳定试井选择工作制度时，应考虑凝析气油比的稳定条件。

（三）干扰试井和脉冲试井

1. 干扰试井

干扰试井、低渗透地层试井或探边测试应选择高灵敏度的压力计，其有效分辨率不得低于0.005MPa。

设计激动井合理产量：根据激动井与观测井的距离、地层渗透率等参数，计算激动井生产在观测井处产生的压力变化，判断其是否能被现有仪器准确录取，干扰试井方案是否可行。

激动井与观测井都要关井至平稳状态，然后激动井开井，观测井关井测试。

测试期间激动井保持连续稳定生产，产量变化不超过10%。

根据试井设计方案或观测井压力变化数据实时诊断图判定是否结束干扰试井。

观测井测压应选高精度、高灵敏度压力计，一般采用井底测压的方式。

2. 气井脉冲试井

脉冲试井仅仅在地层渗透性高、激动井产量大（$20 \times 10^4 \, m^3/d$ 以上）、观测井到激动井的距离小于1000m的特殊情况下适用。

（四）修正等时试井要求

修正等时试井主要适用于低渗透地层的低产量气井，也可以用于产量较高的气井，但不适用于产水量较高或井筒积液严重的气井。

按照产量从小到大设计3~5个开井工作制度，最后安排一个中等产量的工作制度，延长开井时间生产到稳定状态；最小产量工作制度的确定方法是能够控制产量稳定（正常带出井筒积液）；最大产量工作制度的确定方法是生产压差低于地层压力的20%。凝析气藏开采初期，井底流压应尽可能控制在露点压力之上。

每1小时测量一次气产量、水产量、凝析油产量，并且测量对应时间点、各开关井时刻、最后稳定生产状态的井口油压、套压、气流温度，或者连续测量整个修正等时试井期间的井底压力和温度。

（五）其他试井

1. 产水气井试井要求

产水气井试井采用井下压力计测试。如果井筒内有积液，那么压力计应下至液面以下，准确记录气井的气、水产量。同时，保持平稳生产，产量波动控制在10%以内。

2. 凝析气井试井要求

凝析气井试井采用井下压力计测试，压力计应下至产层中部。

凝析气藏开发初期气井试井应同时进行气井流物取样，用作凝析油气体系相态分析，取样方法按照标准SY/T 5154—2014《油气藏流体取样方法》执行。

3. 储层探边测试要求

探边测试的开井及关井时间要足够长，至少保证压力扰动传播到边界。

对于以计算单井供给区域形状系数和计算单井控制储量为目的，要求对应的压降和恢复过程达到拟稳定流动状态。

三、井下节流器投捞

（一）通井

通井是在关井，待油、套压平稳之后进行的操作。

通井的操作步骤如下：

(1) 准备通井工具串：绳帽、加重杆、机械震击器和油管通井规。

(2) 关闭清蜡阀，换装井口转换法兰。

(3) 将防喷器吊到法兰上端安装好，打开清蜡阀对防喷器进行试压，稳压15min不漏为合格。

(4) 将整个通井工具串装入防喷管内用绳卡卡定，用吊车将防喷管及通井工具串吊到防喷器上端并安装。

(5) 打开放空阀，缓慢打开清蜡阀置换空气，置换完毕后关闭放空阀，检查防喷管上下两端密封情况，密封合格后全开清蜡阀。

(6) 收紧钢丝，将钢丝计数器拨回零位，松开绳卡，以不大于50m/min的速度下放通井工具串，无卡阻现象为合格。如下入活动式井下节流器则通井至设计深度以下20m处，如下入固定式井下节流器则通井至节流器坐放短节处。

(7) 以不大于50m/min的速度上提通井工具串，最后30m提升速度小于15m/min，待工具串进入防喷管并确认钢丝计数器回零后，用绳卡卡定。

(8) 关闭清蜡阀，待防喷管泄压后，用吊车将防喷管及通井工具串一起吊下，拆卸清洗通井工具串。

（二）投放井下节流器

1. 投放固定式井下节流器

投放固定式井下节流器操作步骤如下：

(1) 准备坐放工具串：绳帽、加重杆、机械震击器、坐放工具和固定式井下节流器。

(2) 将坐放工具串装入防喷管用绳卡卡定，用吊车将防喷管及坐放工具串一起吊到防喷器上端安装好。

(3) 打开放空阀，缓慢打开清蜡阀置换空气，置换完毕后关闭放空阀，检查防喷管上下两端密封情况，密封合格后全开清蜡阀。

(4) 收紧钢丝，将钢丝计数器拨回零位，松开绳卡，以小于50m/min的速度下入坐放工具串，记录坐放工具串悬重和下入深度。

(5) 坐放工具串下至坐放短节处后停止下放，记录钢丝悬重，上提2~4m，再快速下放，剪断坐放工具上的销钉。

(6) 慢提钢丝，观察指重计，钢丝悬重下降15kg以上表明连接销钉已剪断，丢手。否则重复上述步骤直至坐放工具的销钉剪断。

(7) 以不大于50m/min的速度上提丢手后的坐放工具串，最后30m确保提升速度小于15m/min，待工具串进入防喷管并确认钢丝计数器回零后，用绳卡卡定。

(8) 关闭清蜡阀，待防喷管泄压后，用吊车将防喷管及丢手后的坐放工具串一起吊下，拆卸清洗坐放工具串。

2. 投放活动式井下节流器

投放活动式井下节流器操作步骤如下：

(1) 准备坐放工具串：绳帽、加重杆、机械震击器、丢手头和活动式井下节流器。

（2）将整个坐放工具串装入防喷管内用绳卡卡定，用吊车将防喷管吊到防喷器上端安装好。

（3）打开放空阀，缓慢打开清蜡阀置换空气，置换完毕后关闭放空阀，检查防喷管上下两端密封情况，密封合格后全开清蜡阀。

（4）收紧钢丝，将钢丝计数器拨回零位，松开绳卡，以小于 50m/min 的速度将坐放工具串下至预定深度，同时记录坐放工具串悬重，投放过程中严禁上提钢丝以防节流器坐封。

（5）慢提钢丝，观察指重计，当拉力超过下井工具串的重量 20kg，表明卡瓦已坐在油管内壁上，坐封前应缓慢上提 150kg 预紧力，确认卡瓦卡紧在油管壁上后，方可向上震击剪断销钉。

（6）缓慢下放工具 2~3m，确保震击器闭合，以大于 150m/min 的速度上提钢丝，剪断销钉。若不成功反复进行上提震击，直至连接销钉剪断。

（7）以不大于 50m/min 的速度上提丢手后的坐放工具串，最后 30m 确保提升速度小于 15m/min，待工具串进入防喷管并确认钢丝计数器回零后，用绳卡卡定。

（8）关闭清蜡阀，待防喷管泄压后，用吊车将防喷管及丢手后的坐放工具串一起吊下，拆卸清洗坐放工具串。

3. 打捞井下节流器

1）打捞固定式井下节流器

打捞固定式井下节流器操作步骤如下：

（1）准备打捞工具串：绳帽、加重杆、机械震击器和下击释放打捞工具。

（2）关井，换装井口转换法兰。

（3）将防喷器吊到法兰上端安装好，打开清蜡阀对防喷器进行试压，稳压 15min 不漏为合格。

（4）将打捞工具串装入防喷管用绳卡卡定，用吊车将防喷管及坐放工具串一起吊到防喷器上端安装好。

（5）油、套压平衡 10min 后，打开放空阀，缓慢打开清蜡阀置换空气，置换完毕后关闭放空阀，检查防喷管上下两端密封情况，密封合格后全开清蜡阀。

（6）收紧钢丝，将钢丝计数器拨回零位，松开绳卡，以小于 50m/min 的速度下入打捞工具串，记录深度和悬重。

（7）观察钢丝计数器，当下入深度接近坐放短节时，将打捞工具轻放在固定式井下节流器打捞头上部，慢提钢丝，当负荷大于井下打捞工具串自重时，表示打捞工具已抓住固定式井下节流器打捞头。

（8）反复向上震击打捞工具串，直至整个固定式井下节流器退出坐放短节。

（9）以不大于 50m/min 的速度上提打捞工具串，最后 30m 确保提升速度小于 15m/min，待工具串进入防喷管并确认钢丝计数器回零后，用绳卡卡定。

（10）关闭清蜡阀，待防喷管泄压后，用吊车将防喷管和打捞工具串一起吊下，拆卸清洗各部件，完成打捞工作。

2）打捞活动式井下节流器

打捞活动式井下节流器操作步骤如下：

（1）准备打捞工具串：绳帽、加重杆、机械震击器和打捞工具。

（2）关井，换装井口转换法兰。

（3）将防喷器吊到法兰上端安装好，打开清蜡阀对防喷器进行试压，稳压15min不漏为合格。

（4）将坐放工具串装入防喷管用绳卡卡定，用吊车将防喷管及坐放工具串一起吊到防喷器上端安装好。

（5）油、套压平衡10min后，打开放空阀，缓慢打开清蜡阀置换空气，置换完毕后关闭放空阀，检查防喷管上下两端密封情况，密封合格后全开清蜡阀。

（6）收紧钢丝，将钢丝计数器拨回零位，松开绳卡，以小于50m/min的速度下入打捞工具串，记录深度和悬重。

（7）距活动式井下节流器10m左右时停止下放，再次确认油、套压平衡后，将工具轻放在活动式井下节流器上部，慢提工具串，当负荷大于井下工具自重时，表示抓住了井下节流器打捞头，向下震击解封活动式井下节流器，若整个打捞工具串通过工具原卡定位置，表明工具已解卡。若向下震击无法解封活动式井下节流器，则丢手，起出打捞工具串，下入盲锤下击解封，然后再下打捞工具进行打捞。

（8）以不大于50m/min的速度上提打捞工具串，最后30m确保提升速度小于15m/min，待工具串进入防喷管并确认钢丝计数器回零后，用绳卡卡定。

（9）关闭清蜡阀，待防喷管泄压后，用吊车将防喷管及打捞工具串一起吊下，拆卸清洗各部件，完成打捞工作。

4. 投放节流器施工效果检验

（1）开井前的检查和准备按照标准SY/T 6125—2013《气井试气、采气及动态监测工艺规程》中的规定执行。

（2）若装有井口安全阀，应确认安全阀未关闭。

（3）缓慢打开井口控制节流阀，油压下降至设计压力前将压力控制在场站流程的工作压力范围内。

（4）开井后观察油压下降速度，使油压降到设计压力，油压稳定30min以上为合格，交井。

（5）若井口压力、产量突变，应立即关井，分析原因，确定下一步措施。

（6）若井口压力无法达到设计压力，应关井，分析原因，确定下一步措施。

5. 投放井下节流器质量要求

（1）每批次的井下节流器应抽样进行水压密封试验，试验压力为作业井关井压力的1.2倍，保持40min无渗漏者合格。

（2）井下节流器入井前应检查卡瓦是否活动自如，节流嘴是否装配到位。

（3）加砂压裂井和出砂井使用的井下节流器应具备防砂功能。

（4）打捞和坐放井下节流器应符合SY/T 5587.12—2004《常规修井作业规程：第12

部分：打捞落物》和 SY/T 5827—2013《解卡打捞工艺作法》中的技术条件和设计要求。

（5）作业完毕后应填写施工总结表，评价施工质量和效果。

（6）对于实施井下节流的井应建立台账，并进行后期动态跟踪分析和评价。

四、井下取样

取样前应测得取样深度处的压力和温度数据，井下取样时，宜下两只取样器，便于分析对比，高压物性取样时，取样深度要尽可能接近产层中部。

取样器底部应安装尾堵，在含砂井取样时，取样器应安装滤砂网。

设置取样器开关（阀）时间，与取样器实际使用时间相比，多预留 10min 以上的时间，阀关闭后，应停留 15~20min，再上起取样器。

平稳下放和上起取样工具仪器串，通过油管变径部位、异常井段和全角变化率较大井段时，应提前减速缓慢通过；正常上起速度为 50~60m/min；严禁猛提猛放。

取样器起至地面后，应检查取样筒是否存在漏失、是否取得样品，不合格应重取。

需现场转样时，取样器和转样工具应置于开阔区域。转样时，由专人操作，1 人监护，转样口不可对着人。

五、特殊井测试

（一）大斜度井和水平井测试

大斜度井和水平井中，入井试井工具串的长度会受到井眼几何形状的限制。因此，应根据工具串长度计算最大下入深度，或根据设计要求的下入深度、井斜角大小计算入井工具串的最大允许长度。

根据压力计与加重杆的外径、长度、气井瞬间最大产量，使用环空产气公式计算加重杆与压力计连接体上下端的压差。据此压差和加重杆横截面积计算气流产生的上顶力。加重杆的重量必须大于上顶力，并留一定的安全系数，对于产水量大的气井，应加大安全系数。

大斜度井和水平井作业中，原则上钢丝作业仪器串最大下入井斜角井段不超过 45°井斜角深度；若地质上需下入更大井斜角井段（仅限点测压力或流体取样作业），必须进行充分的工程论证，结合狗腿度、井下管柱情况和工具串组合等综合因素确定最终入井深度，并编制应急处置措施；进入井斜角大于 30°的井段，入井工具串需安装旋转接头，若工具串长度超过 2m 还需安装柔性短节，也可根据需要使用滚轮加重杆，降低工具仪器串运行阻力。

测试工具进入大斜度井段后，测试工具的下坠重量随井斜角增大而减少，测试工具对管壁的作用力会随井斜角的增大而增加，测试工具与管壁的摩擦力（运行阻力）也随井斜角的增大而增加，因此，就会出现向下运行的重力减少而阻力增加的现象，测试工具随井斜角的增大向下运行速度降低，直至速度为零。

因此，测试工具进入大斜度井段，向下运行时地面钢丝要有适当的张力。必须保持绞车运行速度和井下工具运行速度同步，避免上部钢丝走得快，下部工具走得慢，出现钢丝松散的情况；也要避免工具突然加速下行产生冲击，拉伤钢丝等测试意外事件的发生。

当测试工具在大斜度井段向上运行时，地面钢丝拉力要大于相同深度直井的上起拉力，原因是：测试工具与管壁的摩擦力（运行阻力）大于直井，并随井斜角的增大而增加，增加的运行阻力传递到钢丝上，又会增加钢丝与管壁摩擦力；井眼轨迹的复杂性（表现为井斜角和方位角同时变化）也会增加钢丝与管壁摩擦面积和钢丝上行阻力，方位变化越多和水平位移越大，钢丝和工具的上行阻力越大。

因此，大斜度井和水平井测试作业中，仪器工具进入大斜度井段后，首先要保持绞车运行速度和井下工具运行速度同步，其次工具不能盲目下入太深，应每下 200~300m 上起一次观察记录钢丝拉力，将最深处的上起钢丝拉力控制在安全范围内。

大斜度井易造成工具串松扣，工具各连接部位应紧固到位，下井前需认真检查，发现问题立即整改；管壁对测试工具和钢丝的运行阻力还与油管内壁的粗糙程度及附着物有关；井下油管柱变径接头（大通径变小通径，小通径变大通径）出现在斜井段，易造成工具仪器串运行受阻，表现为下不过大通径变小通径接头，或上起时在小通径变大通径接头处遇阻，特别是第 2 种情况，有可能拉断钢丝。

因此，安排和执行测试任务要综合考虑上述大斜度井和水平井测试作业的特殊性，遵守气井安全管控及复杂情况处理原则，充分识别可能存在的工程风险，确定最大测试深度，控制测试风险。

大斜度井和水平井钢丝测试的深度通常离产层较远，井筒压力梯度末段为空白，当不能确定最大测试深度到产层之间是否有液面时，产层压力计算存在不确定因素，对确实存在液面的井，如果按纯气柱计算，给出的产层压力会偏低，推算的深度越大可能误差也越大，在测试报告中应作特别说明，提醒资料使用人员注意。

在大斜度井和水平井中，使用回声仪测出井下液面位置，对于为井下压力梯度测试资料作证或作校正，是一种比较好的解决办法；当井内无音标或音标位置不好时，可用工具仪器串作音标，在井下压力梯度测试停点时，用回声仪测试，同时获得工具仪器串反射波和井底液面反射波，准确计算井底液面位置。

（二）气举井测压

气举井测压能够为分析气举生产提供重要资料，测流压可确定注气点位置，判断油管漏失或气举阀的工况等。

收集气举井井况资料，对进行施工设计，特别是计算上顶力，判断测试风险，确定测试工具串组合、长度和重量等十分重要。

连续测流压时，气井流动状态必须稳定。

当产量很高、气液比很大时，下仪器时应先关闭生产阀门降低产量，防止顶钻的发生，仪器下过上顶位置后开井生产，待井口压力基本稳定后才开始测量。

每个气举阀之间应有 2~3 个点，以便确定气举井在举升期的流压梯度和气举阀工况。

为核实注气点，可在每个气举阀上下 30m 处各测一个点。

上提仪器接近井口时，由于液体流速增高，为保证安全，可关井或压产。

（三）注采井测压

注采井除了具有大斜度井和高流速井的测试风险外，测试时还可能存在以下风险：

（1）注采井都安装有井下安全阀，与井下安全阀连接的井口接头和阀门泄漏不容易被发现，常导致开启压力不足而关闭，在关闭状态下，盲板靠上下面压差密封，靠弹簧上位，压力平衡时，向下很小的力即可打开盲板，工具仪器串通过很容易，但上起时易遇卡。因此，测试前应检查井下安全阀开启压力是否够大且有无泄漏，确认井下安全阀处于全开状态，避免因意外关闭而卡钢丝。

测试前，也可用回声仪探测井下安全阀是否处在开启状态；仪器工具串通过井下安全阀时提前降低速度并调低拉力试探后，缓慢通过，注意钢丝拉力变化。

（2）注采井油管内将长期存在油泥是动态监测风险。注采井油管通径大，完井时因洗井不干净，大斜度定向井井下油管内低处有油管螺纹密封脂和缓蚀剂层积，投产后，增压机用密封润滑脂被气流带入井内，也在油管内壁层积，黏附在钢丝和仪器串上，增加运行阻力，导致下行速度减慢，上起钢丝拉力增大。

注采井测试宜使用圆盘绳帽，适当加重以保持绞车钢丝下放速度与工具仪器串下行速度同步，钢丝张力适当以预防工具串中途停顿或下冲，以及钢丝与量轮打滑跳槽；在大斜度井段边下边上提以试探钢丝拉力，将最大上起拉力控制在安全范围内。

（3）注气量大，流速向下增加，对钢丝和仪器串下冲力随流速增加而增大，井口、管道变径和弯曲部位流态不稳定，钢丝和仪器可能因碰撞油管壁受到损伤。稳定注气阶段，当绞车张力超过 3kN 时立刻降低注气量，若发现不适合进行大产量注气测试，应提前取出仪器串，改用井口测试；在进行调产操作前，加强观察，保持联系，防止发生意外。

（4）投产前注气管道内的固体颗粒（未清理干净的泥土、石子、铁锈、焊渣、粉尘等）会流入井内，会对钢丝和仪器串产生撞击和冲蚀作用，造成钢丝断裂，仪器工具串落井，因无法检测，且无防范措施，初始注气阶段不可进行井下测试。

（5）增压机组启动、停机和调产都会产生压力波动，特别是猛开猛关会导致瞬时压力变化太快和瞬时流量太大，这会对注采井内的油管和测试钢丝仪器串产生直接冲击，因此要求平稳调产和调压，在进行上述操作前加强观察，保持联系，防止发生意外。

（6）仪器工具串接近和通过井口时，此处流量大、流速快和流向突变，为保障安全，可临时关井或降低产量。

（四）高含硫化氢气井测试

1. 试井工作条件

试井的前提条件除满足 SY/T 5440—2009《天然气井试井技术规范》的要求外，应有两套以上（含两套）地面测试流程能正常使用，并能承受井口最高关井压力，所有的井下、井口控制设备及地面测试设备等直接或可能接触井内流体的设备均应满足高酸性气体工作环境的防腐蚀要求。

井口、井场及放喷点火设备要求按照高酸性气体完井测试相关安全技术规范要求执行。

2. 试井设备和人员要求

试井车和绞车系统工况良好，绞车拉力应达到 10kN，井深记录装置应具有机械和电子两种记录方式。

井口压力控制设备的额定工作压力应高于被测试井最高关井压力的 25%。压力控制设备及辅助设备的基本组成：与采油树匹配的井口转换法兰、液压钢丝防喷器、防喷管、注脂短节、钢丝密封器、注脂密封系统。

注脂液压管线的长度应大于 35m，出脂管线的长度应大于 60m。

测试仪器应采用压力精度不低于 0.025% 的电子压力计，如果采用存储式压力计测试，入井的压力计至少应串联两只。

参加试井作业的所有人员均应持证上岗，接受 H_2S 安全及防护知识培训合格。

3. 高含硫化氢气井测试室内准备

（1）检查维护保养试井车，确保其工况良好。

（2）检查测试井钢丝的力学性能。

（3）标校钢丝的深度记录仪、张力记录仪、压力表。

（4）检查维护所有入井工具，确认是否满足高酸性工作环境。

（5）检查维护井口压力控制设备，更换所有井口压力控制设备的密封件。按其额定工作压力的 1.5 倍进行清水试压。

（6）检查维护注脂系统，确保其工况良好。

（7）检查维护标校井下测试仪器，确保其测试精度符合要求。

（8）准备足够的密封脂、密封件、材料和各类工具。

（9）准备足够的安全防护设备、防爆通信设备，并进行检查维护，确保其使用安全可靠。

4. 高含硫化氢气井测试现场准备

（1）检查所有入井工具、仪器并丈量工具长度。

（2）调试注脂密封系统，使其工作正常。

（3）固定井口防喷管，安装防喷软管，点火口管线应固定。

（4）井口压力控制系统按井口最高压力或预期最高压力的 1.5 倍进行清水试压验封。

（5）检查压力计数据转换系统的通信传输状况，确保数据准确可靠。

（6）调试防爆通信系统，确保各岗位能正常接听。

（7）检查地面安全控制系统的工作性能，确保在紧急情况下能够实现自动报警和整个测试系统的紧急关闭。

5. 高含硫化氢气井测试操作要求

（1）高度超过 6m 的防喷管柱，应安装绷绳稳固防喷管柱。

（2）注脂压力在流动测试状态下应高于井口压力的 20%，在关井状态下应高于关井压力的 20%。

（3）按照设计要求通井，应记录钢丝张力变化情况，通井深度应比压力计停置点深 50m。

（4）入井工具上提下放过程中，速度不应超过 50m/min，距井口或设计停置点 100m 前应将速度降至 10m/min，防止工具碰、刮。

（5）测试工具在入井和上起过程中应实时监视悬重仪的变化，做出钢丝张力与井深（产量）实际变化曲线关系图表，如果钢丝张力出现异常或与理论图表相差太大，应停止起下，找出原因，采取措施，确保施工安全。

（6）如果井下工具遇阻不能起下，应判断遇阻部位，分析遇阻原因，切忌强行上提。

（7）在上起井下工具过程中，应用清水连续冲洗钢丝，并用防爆排风扇吹散钢丝上残留的 H_2S。

（8）高压放喷软管和出脂管应距井口 60m，并用地锚固定。

（9）防喷管应采用地面放喷管线或高压软管泄压，并点火燃烧，点火人员应处于逆风方向。

（10）对于产量大的测试气井，应台阶式逐步将产量提高到设计产量，提高产量时应密切监视井下测试工具的悬重变化情况，如有异常应停止操作。

6. 高含硫化氢气井测试安全措施

1）组织工作

（1）成立现场施工安全领导小组、事故应急小组和医疗救护小组，并确定一名现场指挥，各岗应将施工情况报告给现场指挥，由现场指挥统一组织协调。

（2）试井作业中应根据不同的作业内容召开安全技术交底会议，责任落实到个人。

（3）开始工作前，应检查当天的计划任务、工作方案、设备要求及应急方案。

（4）施工作业前，应告知非作业人员撤离作业区域，不允许非作业人员进入施工现场。

2）安全标志配置

用警示条带隔离作业区域。在试井作业现场，应设置风向袋、彩带、旗帜或其他相应的装置以指示风向，风向标应置于人员在现场作业或进入现场时容易看见的地方。

3）安全防护措施

（1）注脂橇、试井车等试井设备应距井口 25m 以上，井口附近应在上风口方向摆放 2 台以上防爆排风扇并向井口吹风。

（2）在主导风向下风侧离井口 3m 范围内以及防喷管泄压口、出脂管口、井口附近低洼区域和不良通风区域应安装固定式硫化氢报警仪。

（3）所有测试设备应按规定进行检测和校验，并有检测记录和检测合格证书。井口拆装工具应使用防爆工具。

（4）控制进入作业区的人数，井场范围内严禁吸烟，杜绝一切火源，作业区内应使用防爆型通信工具。

（5）现场操作人员进入作业区前，应佩戴好便携式硫化氢报警仪。

（6）当作业区域内硫化氢或二氧化硫的大气浓度超过安全临界浓度时，应佩戴全面罩自给式正压空气呼吸器。

（7）在进行井口防喷系统试压验漏和拆卸等高危作业时，至少应安排 2 名救援技能培训合格并配备防护设备的人员一同工作，1 人作业，1 人监护。

（8）试井放喷测试工作应尽量安排在白天进行。

4）救护

作业时现场应安排救护车、医护人员值班，并备好 H_2S 中毒急救药品。

如救护设备出现故障，或出现其他安全隐患时，应停止作业，排除安全故障后再继续作业。

5）中断试井

若出现以下情况，才可中断试井：

（1）风向变化危及放喷测试安全时。

（2）放喷测试管线出口处长明火熄灭，且不能及时点燃时。

（3）放喷测试管线或防喷管柱刺漏危及测试安全时。

（4）放喷测试管线的固定出现隐患危及放喷测试安全时。

（5）出现人员意外中毒时。

（6）防喷管柱刺漏，钢丝防喷器、注脂密封短节、钢丝密封器均不能有效关闭和密封，危及测试安全时，应剪断钢丝关井，终止测试。

第四节　事故的预防和处理

气井安全管控原则：所有作业必须保证气井安全，如遇紧急情况现场可采取有效措施首先确保气井安全受控。

复杂情况处理原则：施工过程中如遇井下复杂情况，应采取逐级汇报制度，必要时需组织技术人员现场认真分析情况，采取安全处理措施，不得仅凭经验进行操作，避免复杂情况事故化。若井下工具串遇卡，现场操作人员应及时汇报并在钢丝破断张力的 40%以内间歇上下活动，但活动次数不得超过 5 次；专业技术人员认真分析井下情况，合理选择处置措施，在钢丝破断张力的 60%以内进行复杂情况处理，避免频繁活动导致钢丝局部变形影响钢丝强度；若经活动解卡及其他措施无效，需剪断钢丝时，应由施工单位提出申请，经项目单位分管业务领导同意方可实施。

钢丝作业中的常见事故是井下工具被卡或断钢丝，为此提出如下预防及处理措施。

一、事故的预防

测试前应充分收集和掌握测试井的井下管串状况以及生产情况，施工方案应针对性地进行风险识别并采取相应的控制措施，测试时应严格执行施工方案，按照操作规程操作，作业人员之间密切配合，确保试井作业安全。

（1）经常检查和保养各种设备和工具，对液压式震击器等各种下井工具和装置定期进行功能检查，保证下井工具或装置处于良好的工作状态。

（2）下井装置下井前，要用直径大一些的刮管器进行通井作业。

（3）控制绞车拉力，为避免钢丝塑性变形经常用机油润滑钢丝，并定期检查钢丝质量。

（4）避免钢丝出现硬伤和打结。

（5）定期校正绞车计数器。

（6）使用正确的井下装置，平稳操作，待井下装置上下压力平衡后再震击打捞。

（7）下井装置和工具要设计有利于打捞的打捞颈，并配备相应的专用打捞工具。

（8）按照设备的技术规范合理选用。

（9）凡下井的工具和装置等要记录清楚尺寸。

（10）了解本油田和本井的事故记录，每进行一步作业，要考虑可能发生的事故，并提出相应的处理措施。

（11）不断提高人员的技术素质，随时掌握井下情况，操作人员要熟悉下井工具或装置的规范、结构、原理和性能，每项作业严格按照操作规程进行。

二、常见测试异常原因分析及预防措施

井下钢丝作业是目前运用最为普遍的测试工艺之一。由于井下情况复杂，起下过程中工具串遇阻和遇卡的事件时有发生，下面通过对遇阻和遇卡现象的原因分析，提出预防措施或处置办法，达到提示和降低测试作业风险目的。

（一）特殊油管结构

下井工具串是靠在油管壁上运行的，在通过油管特殊变径短节、安全阀、插管、滑套或油管鞋等部位时，易与油管鞋或变径部位的台阶发生碰撞，进而遇卡；此现象在张力表上反映为钢丝拉力迅速增加或减少，易于发现；由于是刚性撞击，速度越快冲力越大，易造成钢丝绳结抽芯，导致井下工具串落井。

作业前必须掌握详细的井下管串结构，确认井下安全阀全开，避免下井工具下出油管鞋和进入危险变径井段，检查钢丝绳帽头和工具串上无90°的台阶；对于必须下出油管鞋、井下为复合管串、有变径接头的情况，下井工具应加旋转接头和万向节，通过对应井段时应提前减速，缓慢通过，观察张力的变化情况。

如发生下井遇阻、卡，应立即停止起下绞车作业，分析遇阻、卡情况后，严格控制绞车的液压油压力，将钢丝拉力控制在允许安全范围内，尝试用较低的速度上下活动钢丝，试探确定遇阻卡深度；如果是在下放过程中遇阻，一般不得再向下测试；如果是在上起过程中遇卡，尝试用不同拉力和速度上起，通过后不得再下过此深度。

（二）井下管道变形

下井工具串通过井下油管腐蚀、结垢和变形处，在工具串尾锥的导向下，工具串将沿着大通径口位置下行，井下管道变形会导致工具串在狭窄处遇阻或遇卡；油管断裂后，下放的工具串可能下至断口的油管内或者油套环形空间，到狭窄处遇阻或钢丝缠绕油管；全角变化率大的斜井段，允许通过的工具串规格受限制，超尺寸的下井工具串通过时，极易发生遇阻或遇卡。

作业前了解测试井的生产情况，特别是井下油管腐蚀、结垢、变形和断裂的情况，如果判断井下油管变形和断裂，不得进行井下测试作业；为避免下井测试工具在油管腐蚀或结垢井段遇卡，应先用油管规通井，通井工具串的规格不得小于测试工具串，按照规定严格控制下井速度，如遇阻，尝试用较低的速度上下活动钢丝，试探确定遇阻深度；下井测试工具最大下入深度应距遇阻深度有一定的安全距离。

全角变化率大的斜井段，作业前应根据井斜和油管尺寸资料计算出允许通过的工具串规格，并按照全井最小允许通过工具串长度的 80% 控制下井工具串规格，同时在下井工具中间加万向节，通过危险斜井段时，提前减速，缓慢通过，注意钢丝张力变化。

（三）井内异物

下井工具和钢丝不断地与油管壁摩擦，锈蚀的铁屑或盐垢落向井底，导致井下工具串卡在碎屑中；油管壁上附着稠状物（如油泥、钻井液、缓蚀剂等），作业过程中，稠状物黏附在钢丝和下井工具串上，增加运行阻力，最终使工具串无力下行遇阻，上提时，异物容易进入密封控制头，稠状物易将井下工具串包裹，严重时发生遇卡现象。为避免钢丝在顶密封被卡，应及时在钢丝上或油盒内加润滑油，每上起一段钢丝要下放一定距离，保持顶密封润滑不阻塞。

作业前了解测试井的生产情况，特别是井下油管锈蚀、排污、结盐、加缓蚀剂和化排剂的情况；对于油管内盐垢或锈蚀铁屑脱落严重的井，应尽量用小直径的测试工具和仪器，测试过程中为避免碎屑堆积，每运行一段距离后，可反方向运行甩掉铁屑；最好先用油管规通井，清管后再作业，或不下入危险井段。

如果是在下放过程中遇阻，一般不得再向下测试；如果是在上起过程中遇阻，尝试用不同力量上起，通过后不得再下过此深度；如果确定是遇卡，应停止作业，分析遇卡原因，提出解卡措施。

在发生上述现象前，与正常情况相比，张力值通常偏小、偏大或不稳定，这些变化都能通过张力和深度的变化情况进行判断，提前发现，若及时采取相应措施可防止遇阻和遇卡现象加重。

工具串易下入井底的油泥、沉砂、高密度钻井液和落鱼中被困住，防范措施：探砂面或出油管鞋作业要严格控制，进入前，先测试正常的起下拉力，缓慢下放试探，密切观察钢丝拉力变化，发现拉力减小，立即停止下放，上起钢丝确定遇阻深度，不可久留；被困后，可考虑向上震击或慢加力上拉解困。

（四）仪器脱扣

仪器脱扣是指仪器在起下过程中螺纹连接部位产生内、外螺纹脱离的现象。造成这种事故的原因如下：（1）螺纹未拧紧，或螺纹中有泥污及砂粒等导致螺纹磨损，螺纹间隙太大；（2）绳结不符合要求，转动不灵活，起下过程中的仪器转动造成卸扣脱落。

预防措施：（1）绳帽与仪器连接好后，保证绳结在仪器绳帽内孔中转动灵活。（2）装配仪器时螺纹连接部分要洗刷干净，用专用工具紧固，内、外螺纹要吻合好。

（五）仪器顶钻

产生仪器顶钻的原因如下：（1）缓蚀剂加注制度不合理，油管壁结垢严重。（2）刚清完蜡就进行测试，刮下的蜡块悬浮在井筒中，仪器下行时蜡块挤入仪器和油管的环形空间，堵住油气流通道。（3）在高产气井及气水同产井和稠油井中，仪器加重不够，遇到段塞流。

预防措施：（1）结垢严重的井测试前必须进行清理，清蜡后必须停留足够长的时间方可测试。（2）在高产井、气水同产和稠油井中测试时，仪器需连接适当重量的加重杆。（3）起下仪器时要保持平衡，上起仪器时不要在中途停留，发现上起负荷变轻时应加快上起速度，高产井应适当降低产量后上起。（4）使用小直径的测试仪器工具串，减少运行阻力，降低作业风险。

（六）钢丝拔断

产生钢丝拔断的原因如下：（1）钢丝质量不好，有砂眼、损伤及死弯等。（2）绳结做得不好。（3）操作不平稳，钢丝打扭或跳槽。（4）测深器失灵造成深度差，仪器起至井口发生强烈碰撞。（5）仪器在起下过程中遇卡。（6）安装不当导致钢丝在放喷管内打圈。（7）工具仪器串上冲把钢丝绞成团。

预防措施：（1）定期检查钢丝质量。（2）钢丝绳结必须打结实，严格检查有无伤痕。（3）起下过程中随时注意测深器是否运转正常。（4）在斜井及稠油井中上起仪器时，速度不超过 60m/min。（5）使用带卡瓦打捞器的防喷盒。（6）电缆试井时注意安装指重表和防喷器。（7）安装仪器时钢丝要拉直。（8）严防工具仪器串上冲。

（七）仪器卡钻

仪器在起下过程中被卡在某一位置称卡钻。造成这种事故的原因如下：（1）井内有落物。（2）分层测试井口注入液流中有脏物，仪器卡在工作筒中。（3）工作筒有毛刺，工具、仪器螺钉退扣，下井工具不合格。

预防措施：（1）有落物的井，打捞出落物后，才可下仪器测试。（2）仪器在上提或下放过程中如出现遇卡现象，不硬拔，不硬下，勤活动，慢起下。（3）仪器通过工作筒时，速度要缓慢，通过后再用正常速度起下，若仪器在工作筒内卡住不可硬拔，可调换方向慢慢上提。（4）仔细检查下井工作筒及下井工具、仪器。（5）电缆试井时要安装指重表和防喷器。

（八）钢丝或电缆跳槽

钢丝或电缆从滑轮槽内跳出称为跳槽，造成跳槽的原因大致为：（1）下放速度过快，突然遇阻，导致地面钢丝松动，突然下坠。（2）操作不稳，导致钢丝猛烈跳动。（3）滑轮不正或轮边有缺口。

预防措施：保持适当的下放拉力，平衡操作，加强检查，发现问题及时整改。

（九）水合物阻卡

井内高压、低温，以及液态水、硫化氢的存在，易促进水合物的形成；控制头的密封圈与钢丝间未压紧导致泄漏，从而在控制头处也可形成水合物。在下井过程中，工具串下至水合物处，会产生遇阻现象，如不及时处理，水合物会将工具串包裹，产生遇卡现象；低温天气，含硫气井或高气油比的油井中进行钢丝作业时，钢丝可能在防喷管中被形成的水合物冻住。

作业前了解测试井的生产情况和水合物出现情况，判断气井是否符合井下水合化物的形成条件；作业时观察是否出现水合物阻塞现象：井口闸阀关闭不严（或关不动）、下捕捉器不能正常开关到位、下井工具在井口附近和低温井段运行不断遇阻等。如果确定测试井内有水合物，应先通过化排泵或井口防喷装置向井内灌注适量的乙二醇或三甘醇溶液，浸泡后再下测试工具作业。对于高压含硫气井，防喷装置严禁加水充压验漏，建议使用化学剂注入装置，在钢丝运行过程中及时向井内加注乙二醇或三甘醇溶液，防止形成水合物。

如果卡点计算结果表明卡点在井口附近，可仔细检查防喷管上部的电缆或钢丝绳是否有断丝，没有断丝即可判断电缆或钢丝绳被冻。不能判断时，还可通过关闭防喷器、防喷管泄压，从防喷管下部拧开快速接头，提升防喷管直接检查防喷管内电缆或钢丝绳。

如果作业过程中出现水合物阻卡，可以选择以下办法解卡：向遇卡段加注乙二醇或三甘醇溶化，向防喷管内水合物阻卡处喷热水或蒸汽熔化水合物（如锅炉车、热水车等装备），恢复气井生产，提升井内温度，其他能保证安全的给井口局部升温的办法（如热敷、晴天升温等），低压井可先用组合绳索作业工具（机械震击器加油管规）清除。

（十）钢丝断头在防喷管外的处理

钢丝在绞车计数滑轮处最易损伤破断，钢丝断头若在防喷管外，可将钢丝断头连接起来。如果工具串井下被卡，需先剪切井下钢丝再起出。

（十一）其他电缆钢丝作业事故预防

（1）查阅井的基础资料：井深、井斜；狗腿井段；钻具遇阻遇卡的深度；产生井漏的井段；压井液密度、黏度；相邻井试井时有无异常；

（2）下井前要检查电缆磨损情况。

（3）正确选用合适的弱点，弱点受力超过额定最大拉力的70%后，必须更换，并且要检查电缆头头是否受损。

（4）电缆头不允许使用超过40口井或半年，超过40口井必须切断重新砸制，并且每季度应打开检查。

（5）下速和起速都要符合规定要求，在有问题的井段要很慢（低于20m/min的速度），在到达井底或接近井口时一定要减速。

（6）遇阻后不能快速往下冲，以正常速度下放三次，如果仍遇阻就立即要求洗井。

（7）试井时必须正确使用拉力计。拉力计要安装在天滑轮上，试井时绞车工和操作员应时刻观察拉力变化，必须能够随时说出当前的拉力和最大安全拉力，每个季度必须重新校验（或更换电缆、张力传感器或信号通道维修等项目）。

三、电缆钢丝作业常见事故处理

电缆钢丝作业有时会因各种原因造成井下工具或仪器遇卡或发生落井事故，严重影响油气（水）井的正常生产，因此，需要选用合适的打捞工具和打捞方法，及时打捞井下落物；一般情况下，打捞掉出油管的落物十分困难，因此，以下打捞作业主要涉及落物在油管内的情况。

（一）打捞前准备

打捞前准备工作的好坏直接关系到打捞工作的成败。准备工作做得越充分，打捞工作就会进行得越顺利，成功的可能性就越大。打捞前准备工作的内容包括：

（1）了解落物井的井下管柱结构和目前生产情况，检查井口各阀门开关是否灵活。

（2）清楚落物原因、落物形状、重量、尺寸和深度，根据落物原因及形状的不同，选用不同的打捞工具，编制打捞施工方案，当不清楚落物深度时，先下铅锤试探。

（3）估计落物在井下深度：地面钢丝破断后，井下工具如果没有被卡就会自然下滑到有挡的位置，要从工具被卡或挡住的深度开始计算钢丝头的深度。

（4）计算钢丝在井下的收缩长度。钢丝落井后会由原来的伸直状态变为弯曲状态，钢丝收缩长度与钢丝的尺寸和使用年限、油管内径、井液（油、水或气等）、钢丝破断时的拉力等因素有关。一般情况下，钢丝在油管内会缩短 1%～1.5%，拉力越大，收缩越多；钢丝尺寸越大，油管内径越小，钢丝在井下收缩长度越小。

计算钢丝断头在井下的深度可按照式（4—10）估算。

$$H = H_{工具串} - (L_{钢丝} - \Delta L_{油管} - \Delta L_{拉力}) \tag{4—10}$$

式中　H——钢丝断头在井下的深度；

　　　$H_{工具串}$——工具串在井下的深度；

　　　$L_{钢丝}$——钢丝断在井下的长度；

　　　$\Delta L_{油管}$——受钢丝和油管尺寸影响的钢丝收缩长度；

　　　$\Delta L_{拉力}$——受拉力影响的钢丝收缩长度。

（5）选用合适工具在计算得到的钢丝断深附近探得落井钢丝顶端的位置，并通过工具在钢丝头处多次下放，将钢丝弄弯，以便捞矛捞住钢丝头。

（6）确定井下落鱼的位置：若井下落物不带钢丝，可用回声仪测试或用油管规通井确定井下落鱼位置；若井下落物带钢丝，可用回声仪测试确定落鱼位置。

（7）按照井下打捞作业准备井口防喷装置、作业车辆和工具。

（8）在气井安全可控的条件下，为检查井口与井底是否连通以及井下管柱内卡钻落物上下压力是否平衡，先试生产或放喷。

（9）打捞工具的准备与选择。根据落物位置、形态特点，选用或设计加工出合适的打捞工具并进行详细检查。

① 打捞脱扣落物：卡瓦打捞筒适合打捞外径小且光滑细长的落物，当落物的鱼顶顶住两片卡瓦时，卡瓦推动弹簧，沿打捞筒上行至最大处，卡瓦张开落物鱼顶进入卡瓦内后，卡瓦在弹簧的作用下，卡瓦下行至打捞筒最小处，卡瓦上的内齿夹住落物的鱼顶，完成打捞动作。

当脱扣落物外部带有孔眼时，用内钩打捞筒。

② 找钢丝头工具：用工具下部铣开很多竖槽形成很多爪，便于寻找井下钢丝断头的位置。在井下找到断头位置后，稍微向下震击使钢丝头微微向内弯曲，起出该工具，再用捞矛打捞钢丝。

需要特别要注意的是，找钢丝头工具在井下可能越过钢丝头的位置找不到钢丝头，如果出现这种情况，要赶快起出工具，否则，可能会造成钢丝在工具上部堆积，后果严重。

如果预计钢丝头在安全阀下部，通过安全阀时不可震击，以免弄断工具底部的爪，增加事故处理难度。距预计钢丝位置50m时，要缓慢下放，仔细观察指重表的重量变化，确定钢丝头的位置。

Bowen钢丝打捞工具类似于找钢丝头工具，不同的是，如果钢丝断头能够插入Bowen钢丝打捞工具内，其锥形芯子即可夹住钢丝，因此不必再下捞矛打捞钢丝。但实践证明，钢丝头能够插入Bowen钢丝打捞工具的机会比较小。

钢丝抓由棒材（如旧加重杆或抽油杆）钻几个孔并穿钢丝形成。钢丝穿成的环要与油管内径匹配。由于钢丝伸缩性好，该工具适应性较好，基本上可用于任何油管，通过小内径工作筒后还能找到较大内径油管内的钢丝头。不过，钢丝抓上的钢丝非常容易缠绕在偏心工作筒侧袋内的阀帽上，需要特别注意。

③ 打捞带钢丝落物的工具主要包括内钩打捞器和外钩打捞器。

内钩打捞器：打捞前必须先找到钢丝头的位置并稍微将钢丝头弄弯，之后才能下入打捞器打捞钢丝。如果打捞器超过钢丝头一两米才抓住钢丝会造成钢丝在打捞器顶部堆积进而导致钢丝无法捞出，后果严重。

为了减少上述情况出现带来的后果，每次用打捞器打捞钢丝时，需在打捞器上接上绳帽再接RB型投捞工具才可下井。一旦打捞器被钢丝缠住，RB型投捞工具能够顺利脱手。

外钩打捞器：只有钢丝在井下非常乱，无法用内捞矛打捞时，才可使用外钩打捞器。一般情况下，不要使用外钩打捞器打捞钢丝，因为该工具可能会带来很大的麻烦。如果打捞器超过钢丝头一两米才抓住钢丝，可采用与内钩打捞器相同的措施。

④ 打捞外部带有伞形台阶的落物适合使用与伞形台阶相匹配的卡瓦打捞头和卡块打捞头。

⑤ 无钢丝、无绳帽类井下落物适用的打捞工具有：翻转卡块式打捞器、直筒内箍式打捞器、内箍内钩式打捞工具、活动内钩式打捞器、钢丝内钩式打捞器以及大引鞋与卡瓦打捞器组合。

大引鞋与卡瓦打捞器组合打捞：打捞套管内落物时，由于落物直径小，套管直径大，落物在套管内往往呈一定角度斜靠在套管壁上，一般打捞工具下部接引鞋效果较好。打捞工具引鞋如图4-1所示。

⑥ 强磁打捞器系列打捞工具适用于打捞小件落物。强磁打捞器如图4-2所示。

⑦ 小型工具系列适用于小件物品的打捞，如偏孔通井刷、小型内外钩、偏孔钢丝内钩、堵塞器偏头打捞器。

⑧ 通井规系列工具主要用于通井，为测试和打捞作前期准备，主要包括：浅口通井规、螺旋式通井规、梯形螺旋槽式通井规、长出削槽通井规、宽出削槽通井规。

⑨ 震击器：在井下装置的投捞过程中经常需要切断销钉，或者在打捞井下装置时需要很强的力量，仅仅靠钢丝或钢丝绳拉力是远远不够的，这些作业只有靠震击器的震击力才能完成。震击器撞击是一个做功的过程，为了获得强大的震击力，除取决于被震装置或

工具内销钉的刚性、内外剪切筒间隙、震击器下部工具串的弹性阻尼作用外，撞击能量还与加重杆重量及撞击时的速度平方成正比。

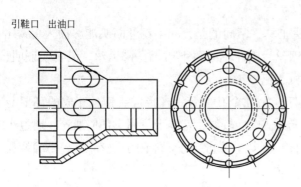

图 4-1　打捞工具引鞋

图 4-2　强磁打捞器

震击器向下运动的速度靠加重杆的下滑获得，因此，向下震击的能量比较有限。如果在高斜度井或高黏度井中作业，震击器下落的速度就更加有限。震击器向上运动的速度可通过提高绞车滚筒的速度来获得。因此，用于向下切断的销钉强度小，而向上切断的销钉强度大。

链式机械震击器结构简单，可上下震击，是最常用的震击器。冲程长的震击器有助于增加震击时的速度，但易于损坏。

当井下钢丝作业的操作位置较深时，链式震击器常常无法获得足够的向上震击力，应考虑使用充液式震击器以获得足够的向上震击力。充液式震击器的常用尺寸有：$1\frac{1}{4}$in、$1\frac{1}{2}$in 和 $1\frac{3}{4}$in。充液式震击器内的液体为液压油，要选择合适的液压油以适应井下温度，并保证有 30s 的延迟时间。注意：决不要将充液式震击器接在链式震击器下部。因为充液式震击器有减振作用，因而会减弱链式震击器向下震击的能力。

在浅井作业时，由于钢丝伸长量小，如果使用充液式震击器就需要配合使用震击加速器。

强力向上震击器用于向上震击。在下井前，根据预计的井下情况调节所需向上拉力，在井下需要向上震击时用绞车拉到拉力设定值加上钢丝及其井下工具重量后，震击杆上行一段距离后即可与下部锁定机构脱开，并在钢丝的大拉力下产生很大的震击力。震击完成后，下放震击杆，由于控制锁定机构的弹簧力较小，震击杆很容易即可插入锁定机构。

管式震击器用于较大冲程的震击。由于移动过程须从小孔排液，所以震击较为缓和。

关节式震击器用于向上、向下震击，可以自由转动，但冲程较小，震击力也较小。

（10）穿心电缆式打捞器主要用于钢丝及下井仪器的解卡打捞。当井口无压力，井下仪器在井内遇卡时，绞车上提钢丝、张力指示最大安全拉力，重复 2~3 次，若不能解卡，则建议实施穿心打捞。穿心电缆式打捞器结构如图 4-3 所示。

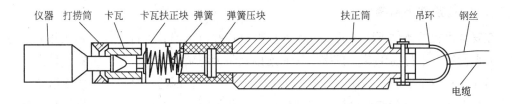

图 4-3　穿心电缆式打捞器结构示意图

　　穿心电缆式打捞器主要由电缆、吊环、扶正筒和卡瓦式打捞筒四大部分组成，电缆的主要作用是提高抗拉强度，可承受 3~4t 的拉力。扶正筒主要作用是钢丝能够通过吊环将遇卡钢丝及下井仪器扶正。卡瓦式打捞筒由喇叭引鞋、卡瓦、弹簧、穿心卡瓦扶正块组成，主要作用是打捞并牢固锁住打捞的下井仪器，确保在起下电缆过程中，不会脱开仪器，提高打捞的成功率。

　　穿心打捞钢丝和井下工具仪器的步骤：首先用"钢丝夹子"夹紧钢丝，使钢丝悬挂在井口防喷盒上方，保证钢丝不损伤不松脱，在距夹子 15m 以外处截断钢丝，将钢丝暂分为井下钢丝与试井绞车上的钢丝两部分。将井下钢丝依次穿过卡瓦打捞筒、扶正筒及吊环后完成与试井测试绞车的连接。然后配接好电缆与扶正筒，这样即可确保电缆在井内起下过程中始终沿钢丝轨迹运移。连接完毕，摇紧钢丝，穿心电缆式打捞器即可沿钢丝轨迹下井，此时下放速度要均匀直至预定深度。穿心电缆式打捞器到位后轻起电缆观察液压绞车张力系统和井口钢丝承受载荷的变化情况，以此确定是否打捞到仪器，若第一次未捞到仪器，匀速上起电缆，上起高度不要超过 15m（上起过多易造成钢丝打扭），然后下放打捞器，重复施工，确认打捞到井下仪器后，匀速上起电缆和钢丝，注意时时保持电缆的起下速度和钢丝的起下速度一致，直至仪器起出井内，完成穿心打捞任务。

　　穿心电缆式打捞器解卡工艺是用来打捞井下遇卡仪器和钢丝的新工艺，既简便又有效。该工艺在施工过程中能够通过打捞工具准确地抓住遇卡仪器，同时利用电缆抗拉强度大的特点满足钢丝测试过程中遇卡的承受力，进而达到解卡的目的。

　　穿心电缆式打捞器解卡工艺具有以下优点：（a）打捞成功率高；（b）能够完整地保存仪器，避免仪器受损；（c）打捞周期短，与作业打捞投入相比，费用明显降低；（d）适用于各种仪器的打捞，在水井调配水嘴解卡中应用更广泛；（e）具有扶正功能，完全适用于斜井钢丝沿井壁运行磨出槽造成钢丝嵌入槽内卡住仪器，或套管磨损造成遇卡方面的解卡。

　　注意事项：（a）打捞过程中，注意必须借助液压绞车张力系统和井口钢丝的承受载荷轻重，观察判断打捞是否成功，仪器是否已经解卡。（b）仪器遇卡处理要及时，时间越长越容易大面积的遇卡，加剧解卡难度。（c）打捞到仪器后，电缆的起下速度和穿心电缆式打捞器的起下速度要一致，避免因电缆起下速度过快导致井内钢丝出现打扭现象，给解卡带来一定的难度。（d）在电缆与马龙头处设计安全拉力棒，此处可承受 3~4t 拉力，解卡过程中注意电缆解卡所受的拉力不能超过电缆规定的抗拉强度指标，否则电缆自动从拉力棒处脱卡，应采取其他安全解卡措施。

（二）打捞井下落物

在安全可控的条件下，可先试生产或放喷检查井口与井底是否连通，确认井下落物上下压力平衡后，下打捞工具。打捞工具的连接顺序为绳帽、加重杆、震击器、打捞头。

捞住落物后不能硬拔，使用震击器反复震击，为防止因遇卡严重再次拔断钢丝，需在打捞工具上接一个负荷安全接头；当超过设定负荷值时，安全接头上的销钉便被剪断，打捞工具以上的工具及钢丝可以顺利起出。

（三）打捞带钢丝的井下落物

打捞工具的下放深度不宜过大，下一定深度后上提，密切注意观察指重器的负荷变化，然后再继续下放一定深度，再上提，试探负荷的变化，逐步加深，直至捞住钢丝。如果一次下得过深，上提时，打捞工具捞住的下部钢丝会上翻，导致钢丝聚集一团，堵死油管，卡住打捞工具，造成重叠事故。

打捞带有钢丝的落物时，应安装防喷器，防喷管的长度应大于打捞工具长度并留有两根防喷管余量。当打捞工具已抓住落物并进入防喷管内时，关闭防喷器，放空后卸下防喷管，取出打捞工具，将防喷器以上部分的钢丝环解开理直，将理直后的钢丝穿过防喷管及防喷盒丝堵，在距防喷盒丝堵5m处剪断钢丝，与绞车上的钢丝连接。

如果理直的钢丝长度不够，需将绞车上的钢丝穿过防喷盒丝堵和适当长度的防喷管与断头钢丝连接。

打开防喷器，慢慢上提。当下部环子到达堵头处但提不动时，按照上述处理方法，一节一节地取出落井钢丝，直至取出落物。

（四）井下切断钢丝

1. 井下切断钢丝

当出现如下情况时需要在井下切断钢丝。

（1）震击器在井下无法震击：

① 工具串在井下被液流顶到井筒上部；

② 钢丝缠绕震击器；

③ 工具串被砂埋住；

④ 工具串在震击器上部被卡；

⑤ 打捞工具捞着井下装置但起不出来且无法脱手。

（2）工具串在套管内无法拉入油管时应在工具串处切断钢丝。

（3）钢丝断在井下且工具串被卡住，打捞钢丝前应先在工具串处切断钢丝。

2. 井下切断钢丝工具

视事故情况选择井下切断钢丝的工具。

（1）砸断棒总成：可砸断被卡在井底的工具串绳帽处的钢丝。砸断棒总成由实心锤、加重杆和绳帽组成。砸断棒总成如图4-4所示。

加重杆的长度要根据井的斜度和流体性质选择。稠油井和高斜度井中需要多加一些加重杆；直井和气井中可以不用加重杆。

太重的加重杆可能会砸坏井下接头，偏心工作筒等井下工具。实心锤的外径要适合管柱内径和绳帽外径。实心锤外径选择示意图如图4-5所示。

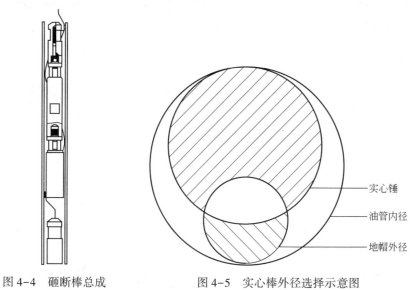

图4-4 砸断棒总成　　　　　　图4-5 实心棒外径选择示意图

（2）利用钢丝割刀工具剪断钢丝，工具串留在井内，可起出钢丝。

（五）井下打捞工具不能正常投捞的处理

有些井下打捞工具在下井过程中没有到达预定位置之前可能就已张开锁定机构导致下井工具处于遇卡状态，要根据下井工具本身的结构特点进行操作。

有些下井工具在下井过程中遇卡后，可能会被断裂的密封填料卡住而无法脱手，如果经过各种可能的方法未能奏效，可考虑在井下绳帽处切断钢丝，起出井下钢丝，等待下一步处理。

如果未能起出井下落物，可能是由于链型机械震击器不能有效震击，这种情况，需考虑使用液压震击器或向上作用力大的震击器震击。

（六）电缆、钢丝绳井口鸟窝事故的处理

电缆或钢丝绳被卡后，首先必须判断被卡的位置。由于与流管之间的间隙非常小，当电缆或钢丝绳有损伤、外径不均匀时，变形处就可能在流管底部被卡。用力一拉，电缆或钢丝绳就会被拉成鸟窝状并聚集在流管底部，形成事故，称为鸟窝事故。这是电缆、钢丝绳作业井口常见的事故。

1. 电缆和钢丝绳鸟窝事故判断

仔细检查防喷管上部的电缆或钢丝绳是否有断丝，有断丝即可判断为鸟窝事故。当不能判断时，可通过关闭防喷阀、防喷管泄压，从防喷管下部拧开快速接头，提升防喷管直接检查防喷管内电缆或钢丝绳加以确认。

2. 电缆和钢丝绳鸟窝事故的处理

电缆或钢丝绳鸟窝事故处理过程如下。

（1）电缆和钢丝绳鸟窝事故如图 4-6 中（a）所示。

（2）如图 4-6 中（b）所示：

关闭防喷阀、防喷管泄压，如果在高压气井中作业，需要在两个防喷阀之间注入密封脂防止防喷阀无法密封高压气。

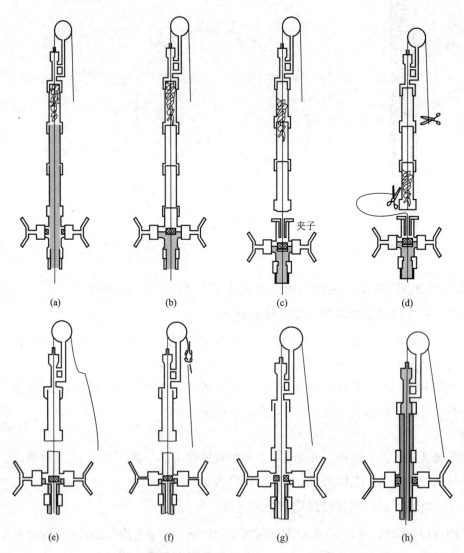

图 4-6　电缆和钢丝绳鸟窝事故处理步骤（a）～（h）

（3）如图 4-6 中（c）所示：

拧开开并提升防喷管，用特制的电缆夹将电缆或钢丝绳挂在防喷阀上。特别注意电缆夹要合适，不能夹坏电缆。

（4）如图 4-6 中（d）所示：

尽量在靠近鸟窝的部位切断电缆或钢丝绳，放下防喷管，取出鸟窝状的电缆或钢丝绳，卸下足够长的防喷管使防喷阀上部的电缆或钢丝绳能够穿过注脂密封系统。

（5）如图 4-6 中（e）所示：

将电缆或钢丝绳穿过注脂密封系统和天滑轮。

（6）如图 4-6 中（f）所示：

连接电缆或钢丝绳的两端。

（7）如图 4-6 中（g）所示：

用足够的力拉紧电缆或钢丝绳，检查绳结能否承受井下工具的拉力；卸掉电缆夹，将防喷管连接到防喷阀上。

（8）如图 4-6 中（h）所示：

打开防喷阀中的平衡阀，待防喷阀上下压力平衡后，完全打开防喷阀；如果在第（8）步后，防喷管的长度不够无法起出工具，先进行第（2）、（3）和（4）步，切断电缆或钢丝绳后再做第（5）、（6）、（7）和（8）步。

（七）打捞注意事项

（1）下井工具必须绘制草图，注明尺寸。

（2）在打捞过程中，如果一次或多次未捞上，不要乱下、猛顿，防止损坏鱼顶和工具形状，给下一步打捞工作带来困难。

（3）在打捞过程中，严防发生井下落物事故，导致事故扩大。

（4）注意做好防喷、防火、防冻等安全工作。

（5）防喷管过高时，应加绷绳。

（6）在打捞落物过程中，无论打捞何种落物，下放和上提速度都应缓慢、平稳，不能猛刹猛放。

（7）下入的打捞工具遇卡拔不动时，应及时脱卡，以便进行下一步措施。

习　题

一、简答题

（1）测试施工设计、施工方案和任务书有哪些内容相同？对现场作业有何指导意义？

（2）简述测试设备准备的主要内容和意义？

（3）测试施工作业前，应核实被测试井的哪些井况资料、落实哪些工程要求？

（4）打捞井下节流器作业前需要完成哪些室内工具准备和井的准备工作？

（5）通井作业前的准备工作内容是什么？为什么要求工具串不能有90°台阶？

（6）钢丝试井测试施工前有哪些准备工作？

（7）录井钢丝使用需要注意的事项是什么？

（8）井口岗和中间岗操作主要内容和需要相互确认的关键节点有哪些？

（9）绞车岗操作存在的风险及控制措施有哪些？

（10）怎样才能保障工具仪器串在井下正常运行并顺利完成测试任务？

（11）平板阀操作的要领是什么？请分析平板阀开关不到位的原因，倒密封有什么作用？

（12）电缆测试和钢丝测试操作程序的主要区别在哪些方面？与高压测试设备的主要区别是什么？

（13）电缆测试装备有哪些？简述它们的操作要领。

（14）为保障回声仪测试成功，安装发声枪时要做哪些检查？如何控制激发压差？

（15）为保障压力传递通道通畅，在井口电子压力计安装时要做哪些操作？

（16）通井的目的和意义是什么？如何防范通井过程中可能出现的井下风险？

（17）测试过程对井下压力梯度和井底压力有哪些影响？对静压力梯度的影响如何校正？工具仪器串是如何影响流动压力梯度的？如何降低影响？

（18）请描述井筒温度梯度、地温梯度和关井温度恢复曲线测试工艺的特殊要求？

（19）试井工具进出油管鞋有哪些技术要求？为什么？

（20）进行压力恢复试井测试时，如何从生产制度、仪表、资料录取和质量控制方面把好关？

（21）大斜度井和水平井测试存在哪些特殊风险？如何进行测试风险控制？

（22）气举井测压有何特殊作用？其测试工艺的特殊技术要求有哪些？

（23）为保障高含硫化氢气井测试的安全，请从施工组织工作、安全标志配置、安全防护措施落实、救护和中断测试条件这五个方面提出具体要求。

（24）为预防测试作业事故应重点做好哪几方面的工作？

（25）哪些井下特殊油管结构是测试风险识别时需要特别注意的？在这些特殊油管结构位置发生井下工具遇阻、遇卡或事故的特征是什么？应如何防范？

（26）哪些情况会引起井下油管通道变形（变窄），如何识别和防范？

（27）井下油管内的哪些异物是井下测试的安全隐患？如何识别和防范？

（28）简述测试工具被水化物阻卡的位置、原因和处置办法。

（29）如何计算钢丝断头在井下的深度？

（30）常见的井下落物打捞工具有哪些？

（31）打捞井下落物前应做好哪些准备工作？

（32）简述电缆和钢丝绳鸟窝事故的判断和处理步骤。

二、计算题

（1）某井用直径为 1.8mm 的钢丝试井，仪器重 5kgf，加重杆重 10kgf，仪器下入最深点 4600m，钢丝密度 7.8g/cm³，井口压力为 21.6MPa，天然气相对密度为 0.5734，试求此时防喷盒外钢丝承受的拉力是多少？

（2）某观察水井进行井下静压力梯度测试，已知井口压力为 18.2MPa，最深测点 4800m，液面在井深 2400m 处，地温增温率为 2.1℃/100m，根据估算的最大测试压力和温度选择井下压力计的量程。

（3）已知某型号电缆最大张力为 5000lbf，设计拉力应小于最大拉力的 50%。根据试井设计已知下放深度并求得下放电缆在井内液体中重 900lbf，由上述条件可知设计弱点拉力应小于多少？

第五章

油气井测试资料处理

第一节 动态监测要求

一、压力监测

（一）井底流动压力测试要求

（1）投产初期应每月测一次井底流动压力，生产半年之后应两个月测一次，一年之后应每季度测一次。

（2）每次测井底恢复压力前应测井底流动压力及压力梯度。

（3）采气井在生产过程中突然出现异常，如出现产量大幅度下降或增加，水量明显增加，井口油压、套压大幅度变化等情况时，应及时监测井底流动压力。

（二）井底恢复压力测试要求

（1）投产前应测关井稳定时的气井地层压力，若为探区新井，则将气井地层压力视作原始地层压力。

（2）测取投产之后各井生产阶段的关井恢复压力。凝析气井应每半年测一次，其他类型气井投产一年后应测一次，以后应每两年测一次。

（三）地面工作压力测试要求

（1）正常生产过程中，若采用人工监测，井口工作压力（套压、油压）、分离器前节点压力、分离器压力、流量计上流压应每小时记录一次；若采用自动控制装置监测，应按要求设定，自动采集。

（2）气井在进行压力恢复测试或压力降落测试时，应按设计要求进行井口压力监测。

二、温度监测

（一）井筒中的温度测试要求

（1）在监测原始地层压力时，应同时测取原始地层温度。

（2）生产过程中进行流动压力监测时，应每半年测取一次井下流体的流动温度和井口气流温度。

（3）重点生产井应监测静地温曲线和动地温曲线。

（4）在关井监测稳定的关井压力时，应同时监测关井稳定温度。

（二）地面流程温度测试要求

正常生产过程中，若采用人工监测，分离器前各节点温度、分离器温度、计量系统气流温度应每小时记录一次；若采用自动控制装置监测，应按要求设定，自动采集。

三、产出流体监测

（一）产出流体产量监测

（1）气井产气量由流量计连续监测，按日计数。

（2）产水气井在产水初期应视产水量大小按小时或按班监测产水量，生产正常后，可按日监测产水量。

（3）凝析气井按日监测其产凝析油量。

（二）产出流体（天然气、水、凝析油）理化性质监测

（1）常规理化分析，应半年取一次样。

（2）凝析气井应一年进行一次高压物性分析，掌握流体性质变化；其他重点气井的高压物性应在投产初期分析一次。

四、产出剖面监测

（1）重点开发井应在投产初期进行生产测井，解释产出剖面。在生产过程中，应按动态监测方案定期进行监测。

（2）气井突然大量产水或产气量突变时，应及时进行生产测井，监测其产出剖面。

（3）全气藏 1/3 的生产井在投产初期的 3~5 年内要进行产出剖面监测，搞清产出剖面，并选定其中的典型井，以后每 3~5 年测产出剖面，进行对比分析。

（4）对重点气水同产井、固井质量不好的井，要测取气水产出剖面及可能存在的气串情况。

（5）多产层一次射开气井要测一次产出剖面。以后每 3~5 年或见水初期要测产出剖面，进行对比分析。

（6）要对多层合采、储层非均质性强、水平井或大斜度井等类型的气井，开展生产测井，掌握分段产量贡献状况和能力。

五、特殊监测

（1）对于含 H_2S、CO_2 及产盐水的气井，应两年监测一次井内油管和套管的腐蚀情况，定时定量加注缓蚀剂。突然出现井口压力、生产压力、产量不正常时，应及时监测。

（2）对于突然停喷或产量突然剧增的井，应监测井下垮塌、出砂情况（特别是产层段裸眼井）和井下管柱断落情况。

（3）气井试采、投产初期应进行产能测试，核实气井无阻流量。气井压裂酸化改造等措施前后、见水前后要进行试井并做对比分析。

（4）边底水气层要针对实际气水界面设定观察井，每季度测地层压力和静液面。

（5）定期开展井下管柱技术状况、腐蚀状况及防腐效果监测。

（6）在开发前期评价阶段，围绕开发概念设计、探明储量计算、开发方案编制的需求，作好相应的动态资料录取和分析工作。

（7）在气藏稳产阶段，围绕深化认识气藏特征和开发规律、复核气藏储量和产能、提高稳产能力、延长稳产期的需求，作好相应的动态资料录取和分析工作。

（8）在气藏产量递减阶段，围绕认清递减规律及控制因素、掌握剩余储量分布、确定挖潜对策、延缓气藏产量递减的需求，作好相应的动态资料录取和分析工作。

第二节　压力温度资料录取

一、静止地层或井口压力温度资料录取

（1）对控制气藏压力分布的定点测压井，每半年采取向井筒内下压力计的方法，测量一次静止地层压力、地层温度（含静止井筒压力梯度、温度梯度）；非定点测压井，可1~2年测量一次静止地层压力、地层温度（含静止井筒压力梯度、温度梯度）。

（2）纯气井或井底无积液的井可采用压力计测关井井口压力、井口温度，计算静止地层压力、地层温度。

（3）观察井采取向井筒内下压力计的方法，每半年实测一次静止地层压力、地层温度（含静止井筒压力梯度、温度梯度）。

二、井底流动压力温度资料录取

（1）定点测压井采取向井筒内下压力计的方法，每半年实测一次井底流动压力、流动温度（含井筒流动压力梯度、温度梯度）。

（2）纯气井或井底无积液的井可采用压力计测井口压力、井口温度，计算井底流动压力、流动温度。

三、液面资料录取

（1）井下积液井关井期间，需在静止地层压力稳定后测静液面，并记录测试时关井井口油压、套压。

（2）井下积液生产井每季度测一次动液面，并记录测试时井口油压、套压。

（3）气水界面观察井每季度测一次液面，并记录测试时井口油压、套压。

四、产能试井的资料录取

产能试井资料录取的具体做法是：依次改变井的工作制度，待每种工作制度下的生产处于稳定状态时，测量其产量和压力及其他有关资料；然后根据这些资料绘制指示曲线、系统试井曲线、流入动态曲线；得出井的产能方程，确定井的生产能力、合理工作制度和

油藏参数。

（1）选择4~5个工作制度进行测试较为合适，最少不得少于3个，测点产量由小到大，逐步递增。

（2）测点的最大压力降控制在地层压力的20%以内，各测点之间压力降的差值应基本一致。

（3）测量每一个工作制度下的气、水和凝析油，同时测量井口（或井底）压力、气流温度，每个稳定测点取气、水样分析。砂岩储层应测定产出流体的含砂量。

（4）判别纯气井是否达到稳定流动状态的经验性方法是8h内气井井底流动压力变化量不超过该时间段初始点井底稳定流压的0.5%，产量变化小于5%。一般条件下，高产气井开井2~4h后即能达到稳定流动状态，低渗透气藏低产气井则可能超过8h。

（5）底水气藏和凝析气藏开采初期应避免生产压差过大。凝析气藏稳定试井选择工作制度时，应考虑凝析气油比的稳定条件。

五、不稳定试井资料录取

（1）安排和调整测试井和邻井的井下条件以及测试井压力恢复前保持稳定生产制度，产量变化幅度不超过10%。关井测试时应做到瞬时关井，从关闭阀门到全关，时间不超过1min。

（2）安排和调整地面计量流程，计量误差应小于5%；或妥善安排计量和放空环境。按照设计要求提供正确的流量和测试时间记录。

（3）认真检查下井仪表和一切辅助装备，确保其在测试期间正常、有效工作。

（4）严格执行设计的测试时间顺序；对具有地面监控显示的仪表，可适当调整采样密度和测试时间，当按照设计要求已取得可进行有效分析的资料时，可终止测试。当应用地面直读压力计测试时，设计的测试时间以屏幕监测为准。

（5）压力计尽量下到产层附近，应测取关井前相应深度的流压、流温梯度和关井结束后的静压、静温梯度数据。

第三节 记录资料要求

一、现场测试记录表

（一）油气井测试现场记录表
油气井测试现场记录表见附件四。

（二）油气井测试资料采集要求
（1）大气温度和井口温度：大气温度是指在测井口油套压力时井口附近的空气温度（测量时仪器要避免被太阳直射）；井口温度是指压力计在井口停点时采油树内流体的温度（测量时仪器探头要放入井口温度测量槽内），使用地面温度计。

（2）日产油量、气量和水量：测试时该井稳定生产的油、气、水日产量。

（3）油压和套压：测量时要保证与井筒连接畅通，连接部件牢靠无渗漏，一般要求与压力计井口停点同时测量；如果静液面在井口附近，测试过程中要求监测每个压力计停点时的井口压力，用于修正测试过程对井筒内压力造成的波动。

（4）深度校正。

① 确定零位：测试的井深零点在钻井方补心顶面，如果有钻井井架（试油除外）可以直接将仪器串放到方补心顶面对零位；一般情况下是测量仪器串的传感器到采油树油管挂顶部的距离，油补距减去这个测量值就是目前仪器串的入井深度值。

② 地面海拔、补心海拔和油补距的关系：

油补距＝补心海拔－地面海拔±油管挂顶部到地平面距离（油管挂顶部低于地平面取加号，反之用减号）。

③ 试井绞车的钢丝长度计量系统精度是±0.1%，要定期校验，保证测试深度计量准确。

（5）停点时间：一般井筒压力温度梯度测量每点的停留时间为 5~15min，井筒静地温梯度和流动温度梯度测量的每点停留时间为温度计测量到稳定温度所需的时间，停点时间长短根据仪器感温性能确定，一般为 15~60min。

注意：仪器串的下放速度和停留时间都对测量结果有影响，要求做到平稳下放并与停点时间一致，否则，同车同仪器都可以测量出不同的结果，造成测试资料质量不合格。

（6）起下速度：仪器串下入或上提要遵守操作规程，应缓慢、匀速进行，保证测试资料质量和作业安全。

（7）压力温度测试数据文件格式：

① 保留测试仪表的全部测试数据原文件，作为原始记录存档；

② 将全部测试数据按照日期、时间、累计时间（h）、压力（kPa）、温度（℃）的格式转换为 ASCI 码文件或文本文件；

③ 将转换后的 ASCII 码文件或文本文件导入电子表格，编辑后生成各项测试资料标准格式的电子表格文件。

（8）读点：读取测试停点时间段上稳定的压力温度测试数据，并对被读取点做颜色标记。

（9）相关情况记录：

① 测试过程中井口套压和油压的变化情况；

② 钢丝和工具带出的井下污物情况；

③ 钢丝张力突变情况；

④ 测试过程中井口装置和防喷管泄漏情况；

⑤ 测试过程中井的产量变化情况；

⑥ 其他异常情况。

二、测试报表

（一）通井、取样和井下节流器施工报表

通井、取样和井下节流器施工报表见附件五表 1。

（二）压力温度梯度测试报表及计算要求

压力温度梯度测试报表见附件六表1。

（1）压力梯度：深度每增加100m，井筒压力的增加值，单位为MPa/100m。压力梯度的计算方法：压力梯度=（后一点压力−前一点压力）÷（后一点深度−前一点深度）×100，修约到三位小数。

（2）温度梯度：深度每增加100m，井筒温度的增加值，单位为℃/100m。温度梯度计算方法：温度梯度=（后一点温度−前一点温度）÷（后一点深度−前一点深度）×100，修约到两位小数。

（3）中部压力：利用测试资料计算的产层中部深度压力值，单位为MPa（绝）。中部压力的计算方法：中部压力=（产层中部深度−最靠近测点深度）×（最靠近测点压力梯度）÷100+最靠近测点压力，修约到三位小数。

如果只有最深一个测点进入液面，中部压力=（产层中部深度−最深测点深度）×（0.981）÷100+最深点压力，修约到三位小数。

如果测试仪表给出的是表压力，则上式计算结果要加上0.0980665MPa，换算成绝对压力。

（4）中部温度：利用测试资料计算的产层中部深度温度值，单位为℃。中部温度的计算方法：中部温度=（产层中部深度−最靠近测点深度）×（最靠近测点温度梯度）÷100+最靠近测点温度，修约到两位小数。

（5）液面深度：利用测试资料计算的井筒测试管柱内液体表面的深度值，单位为米。液面深度的计算方法：液面深度=[纯液深度×纯液梯度−纯气深度×纯气梯度−（纯液压力−纯气压力）×100]÷（纯液梯度−纯气梯度），修约到两位小数。

如果计算的第一个压力梯度为混合梯度，要先利用简便公式计算出井口的纯气梯度，液面深度=[第一个纯液深度×纯液梯度−井口深度×纯气梯度−（第一个纯液压力−井口压力）×100]÷（第一个纯液梯度−纯气梯度），修约到两位小数。

如果只有最深一个测点进入液面，要先估计一个纯液梯度（一般取0.981MPa/100m），液面深度=[最深测点深度×纯液梯度−上一个测点深度×纯气梯度−（最深测点压力−上一个测点压力）×100]÷（纯液梯度−纯气梯度），修约到两位小数。

（6）纯气梯度推荐简单计算方法：

$$G_{气}=0.0070302×p_{气} \quad （天然气相对密度 \rho=0.56）$$

$$G_{气}=0.0072821×p_{气} \quad （天然气相对密度 \rho=0.58）$$

$$G_{气}=0.0075342×p_{气} \quad （天然气相对密度 \rho=0.60）$$

（三）产能试井数据要求

（1）作好试井值班记录，特别需要记录开井时刻、动操作情况和试井过程中出现的异常情况。应准确取得与产量计量变化时刻对应的压力、产量、温度数据。

（2）按照压力计操作要求回放全部测试数据：日期、时间、累计时间、压力、温度的格式转换为ASCII码文件或文本文件。

（3）将原始数据导入 Excel 表，选取产能试井初始时间，对数据进行等间距筛选，直至达到合理数量值。

（4）做出累计时间与对应压力变化关系图。

（四）不稳定试井数据要求

（1）作好试井值班记录，特别需要记录开关井时刻、动操作情况和试井过程中出现的异常情况。

（2）按照压力计操作要求回放全部测试数据：日期、时间、累计时间、压力、温度的格式转换为 ASCII 码文件或文本文件。

（3）将原始数据导入 Excel 表，分析测试数据出现异常突变点的原因，结合现场记录关井时间做出取舍，按照前 4 个对数周期各自选择 50 个点的方式筛选数据，最后 1 个对数周期筛选至关井结束。

（4）做出累计时间与对应压力变化的对数关系图。

第四节　存储式井下电子压力计测试不成功原因分析

一、探头振坏

电子压力计的纵向抗振性能远远优于它的横向抗振性能。即便如此，由于电子压力计属于高精度仪器，在测试-射孔联作过程中，仍然要使其尽量远离射孔枪，并安装足够的射孔减振器或连接足够的减振油管，以避免电子压力计损坏。

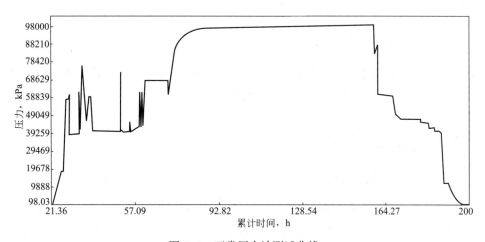

图 5-1　正常压力计测试曲线

尤其应该注意的是，起出测试工具时不要用大锤砸电子压力计的托筒，而应该用管钳和加力杠松开接头。这样能够有效地防止电子压力计的横向振动，保护电子压力计的内部元器件，从而顺利录取和回放地层测试数据。

经验总结：探头与传压接头采用嵌入式连接及 O 形圈密封的电子压力计可以用密封缓冲短节来防止压力计损坏。同时在扶正器上可以加上缓冲弹簧；而探头与传压接头之间

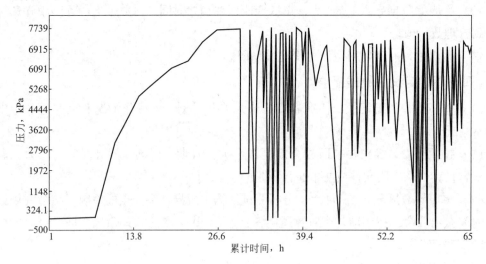

图 5-2　某井测–射联作电子压力计探头振坏曲线

用金属锥面密封的电子压力计则不能在扶正器上加缓冲弹簧，而只能进行螺纹硬连接，否则更易造成金属锥面的反复碰撞，防护效果适得其反。

二、电池脱落

电子压力计电池筒的深度往往大于连接后电池的长度。电池与电子压力计的连接有直装式、插拔式和螺纹连接 3 种方式。McAllister 电子压力计属直装式，电池与电池筒之间以弹簧相连，弹簧作为电池的一个电极顶在电池筒上。DDI、PPS、Spartek 等电子压力计的电池为插拔式。北京双福星电子压力计和英国南高电子压力计的电池与压力计则以螺纹连接。其中，插拔式连接最易造成电池脱落。

电池脱落会使源而录取不到任何数据，从而造成测试失败。解决方法是根据电池筒剩余空间的大小，用合适的弹簧或纸球填充这个空间，顶住电池，保证其不脱落。应该注意的是，温度高于 180℃ 时不适合用纸球填塞电池筒，应该用弹簧填塞；温度低于 180℃ 的井，填塞纸球应该每井一换。

三、O 形圈失封

O 形圈失封会造成电子压力计的损坏。电子压力计本体 O 形圈失封使得井筒内的油和水进入压力计内部，浸泡电器元件，导致电子压力计的芯片因短路报废；电池筒的 O 形圈失封会使得井内油气水进入电池筒，破坏电池或导致电池短路发生爆炸，从而损坏电子压力计。

解决方法：领取电子压力计时仔细检查本体螺纹的松紧程度，如有松动立即上紧；上井操作时不得擅自拆卸电子压力计本体；电子压力计下井前要更换 O 形圈，以保证电池筒的密封性；有支撑环的，应按正确的方向安装支撑环。

气井密封难度较大，下井前一定要更换新的 O 形圈，防止电池筒密封失效，不要存有侥幸心理。

四、信息丢失

电子压力计的基本信息包括压力计号、压力量程、温度量程、标定日期、存储容量、现存数据点数、外筒材料等。在与计算机连接并建立通信之后，一般情况下这些信息会显示在软件画面上。但有时这些信息却无法显示，无法判断是电子压力计损坏还是丢失了基本信息，不敢轻易将电子压力计下井使用。

实际上，这是硬件版本或软件版本不配套造成的。如 DDI、Spartek 这类电子压力计软、硬件版本更新很快，往往使用旧接口箱或用旧软件版本操作新版本电子压力计时，会出现上述情况。出现上述问题后，电子压力计仍可下井使用，只要地面试验正常即可。电子压力计标定计量中心可以将基本信息通过软件再次编写进去。

解决方法：用配套的接口箱和数据录取软件操作电子压力计。

五、标定系数有误

类似于每支电子压力计都有一个专门的序列号，每支电子压力计都有一套专门的标定系数。标定系数对电子压力计录取数据的准确性大有影响。标定系数不对，就会导致电子压力计数据异常。多数电子压力计软件是根据标定系数的文件名来寻找标定系数的，当文件名与标定系数不配套时，回放数据就会出现混乱，轻则基值不对，重则曲线失真。

一些电子压力计厂家为了避免这种混乱，在软件中对标定系数设置了两种选择：(1) 在硬盘上读取；(2) 在工具中读取。其中，工具是指电子压力计。

解决方法：(1) 在领取电子压力计时同时拷贝该压力计的标定系数；(2) 在数据录取软件中尽量把标定系数设置为从工具中读取。

六、数据不全

电子压力计录取数据不全主要有三个原因：(1) 电池电量耗光；(2) 电池在工具起下过程中掉落；(3) 存储器已满。

解决方法：(1) 领取电子压力计时要求标定计量中心用专门的仪表检测下井电池的电压或电量；(2) 向电池筒中的多余空间内加入柔软且不易燃烧的填塞物；(3) 在满足设计要求的情况下，使电子压力计采点的加密区尽量短。

七、出现飞点

电子压力计出现探头损坏的故障时，往往会出现飞点。飞点是指严重偏离正常曲线的数据点。此外，软件中设置的数据通信的波特率越高，就越容易出现飞点，这是由于数据传输速度过快导致数据丢失。一般情况下，每种电子压力计的数据录取软件中已预置好波特率，不需要人为更改。

飞点多时，严重影响测试数据的评价解释，筛选起来非常麻烦。避免飞点的出现，应该做到：(1) 严格按操作规程操作电子压力计，有效减少震动，保证压力计时刻处于良好的工作状态；(2) 不要随意改动录取软件设置选项中的波特率。

八、曲线失真

电子压力计发生曲线失真的原因主要有两个：（1）标定系数不对；（2）电子压力计出现故障。

例如，六针 DDI 电子压力计出现曲线失真现象。解决方法：（1）仔细操作，选准电子压力计对应的标定系数；（2）每次同时下两支电子压力计，互相补充，减少曲线失真的概率。

九、通信异常

通信异常通信异常是电子压力计存储试井经常遇到的现象之一。

发生通信异常的原因主要有五个：（1）电子压力计电路板脱焊或导线拧断；（2）电路板螺钉掉落或因油水浸泡而短路；（3）芯片损坏；（4）接口箱或接口线问题；（5）软件通信设置错误。

解决方法：（1）下井前进行地面通信试验，合格后方可下井；（2）轻拿轻放，平稳操作，安全运输；（3）选好电池，同一个接口箱不能同时用外接电源和电池两种电源；（4）正确连接接口箱和接口线；（5）正确设置软件接口、波特率。

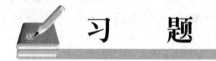

习　　题

一、选择题

（1）假定某支井下电子压力计在某井全井段测试时一直工作正常，该井中部井深为4588m，请问利用以下哪个停点深度理论上计算的中部压力更准确？（　　）

A. 4550m　　　　B. 4570m　　　　C. 4580m　　　　D. 4590m

（2）X 井在 3000m 停点的测试压力为 10MPa，压力梯度为 1，Y 井在 4000m 停点测试压力为 20MPa，压力梯度为 0.3，请问在两口井都在 4500m 停点时，预计哪口井压力更高？（　　）

A. X 井　　　　B. Y 井　　　　C. 相等　　　　D. 不能判断

（3）下列哪些是造成井下存储式电子压力计测试失败的原因？

A. O 形圈失封　　B. 出现飞点　　C. 标定系数有误　　D. 电池脱落

二、判断题

（1）井口电子压力计只能用于井口压力温度的资料的录取，井下电子压力计只能用于井下压力温度的资料的录取。（　　）

（2）只要是电子压力计测试过程中出现飞点，所取得的资料一概不可用。（　　）

（3）在井口压力极低且产量很大的情况下，通常采用较小直径的电子压力计，因为直径较大电子压力计测得的资料更加可靠。（　　）

（4）在排水采气井或产水量很大的气井中测试的压力数据台阶往往不明显，波动较大。（　　）

三、简答题

（1）井筒中的温度测试要求有哪些？

（2）产出流体（天然气、水、凝析油）理化性质监测要求有哪些？

（3）静止地层或井口压力温度资料录取要求有哪些？

（4）液面资料录取要求有哪些？

（5）有哪些原因可能造成井下存储式压力计测试不成功？

第六章

HSE管理

第一节　油气井测试风险识别

　　由于工作性质的原因，油气井测试一直承担着高空（离地面 3~5m）、高压（大多在 10~40MPa 之间）、高含硫气井的测试任务，因此作业过程中存在着诸多危险因素。根据分析，在测试作业中，井口操作和起下仪器过程比较容易发生危险，但这些危险是可以通过加强管理、严格按照规程作业避免的，属于可控事件，为一般危险源。

　　由于防喷管一直处于生产使用状态，要长期承受高压，虽然不易出现管体爆裂的危险，但如果一旦发生这种危险，其后果将是非常严重的，属于不可控事件，故将其列为重大危险源。

一、人的不安全行为

（一）不按照操作规程施工

　　随着石油技术的不断发展，新的钻井、试井工艺及方法不断出现，配套的施工方案、操作规程也相应增多，了解并掌握这些施工方案及操作规程是保证试井施工人员安全、优质完成施工的关键。

　　对施工方案、操作规程不了解或是不严格按照施工方案、操作规程进行施工，往往会导致各类意想不到的事故。经验表明，不按照操作规程进行试井施工造成工程事故的比例占整个工程事故的 80% 左右。

（二）施工设计不周密

　　施工前，试井方应详细了解施工井的情况及施工目的，针对不同的试井任务及每口井的具体情况，做周密的施工设计，分析可能出现的各种意外情况，有针对性地做出施工预案，对施工预案进行技术论证，确认其可行性后，在生产准备阶段备齐相关的设备及材料。

　　施工设计的不周密表现在现场操作中对出现的各类意外情况不能及时准确地采取有效的处理措施，导致事故发生。

（三）疲劳施工

　　试井任务的不确定性很容易导致施工人员疲劳。疲劳意味着思维迟钝、精力不集中，对突发事件反应迟钝。因此施工中要特别注意避免过度疲劳出现事故。

（四）对井筒情况了解不够

了解井筒情况是试井施工人员的首要工作，因为这有利于作业人员制订详细的工作计划，并对各种意外情况有一个全面的预测和综合的考虑。其中，需要了解的井况主要包括：井史、井斜、套管程序、钻井液性能、钻头尺寸、井径、工程事故、地层地质情况、井深、试井目的、试井项目、其他试井要求、井场环境、井场设施等。只有详细了解施工井的情况，才能制定合理的施工方案，做好充分的准备，保证施工顺利。

（五）人员组织和过程控制不力

试井施工过程需要周密的人员组织，人员分工明确、默契的配合是施工成功的重要因素。组织不利往往会导致施工作业人员职责不清，造成人力浪费或关键岗位无人值守，形成无序施工，容易发生事故。应按照操作规程对关键环节的质量、安全等方面进行严格控制，保证施工无缺陷、无漏洞。疏忽或考虑不周必然导致事故发生。

（六）仪器组合不当

试井施工前必须进行充分的准备，根据施工井的具体情况及施工通知单的要求，配备施工所需仪器，确定合理的仪器组合方案。仪器组合不合理，仪器串不能适应施工井的特殊情况，往往会导致事故的发生，因此，施工前要对井筒情况有充分的了解，做好准备工作。

二、物的不安全状态

（一）井筒不畅

（1）油田区块本身地层复杂，难以形成畅通的井筒，易造成试井仪器遇卡。

（2）钻井方为节约成本，压缩钻井过程中必要的资金投入，降低钻井液的性能，导致井下情况复杂性增加。

（3）钻井周期较长，期间发生过复杂的钻井事故，造成井身质量差。

在这类井中施工，为防止仪器遇卡等事故的发生，施工人员要随时汇总电缆张力变化情况和其他试井信息，进行全面分析，做出合理的判断，及时调整施工方案。

（二）动力故障

动力故障是指施工过程中动力设备出现故障，绞车无法起下电缆，电缆和井下仪器在井中停留时间过长，造成吸附卡，电缆和井下仪器卡在井中无法起出。因此施工前要认真检修保养动力设备，保证设备运转正常。

三、环境因素影响

试井施工中，尤其是水平井施工时，良好的通信是试井操作、井口、地面协调工作的关键。施工中应保证发出的所有指令都非常清楚，如果有疑问应停止作业，查看具体情况，因为如果未把全部情况都通知用户却采取错误的技术，极易造成设备损失或人员伤亡。

因此，施工前应对通信器材各部分进行详细的检查和试验，保证通信设施在各种情况下（大山、雷雨等环境条件）都能够保持良好状态。

第二节　油气井测试风险控制

一、方案控制措施

设计人员在施工作业设计内明确井控装置压力级别及井控装置配置。根据设计列出全部井下工具、井控装置清单。按照工具、设备保养规程，对井控装置（防喷管、电缆防喷器）进行检查和保养。

按照性能试验标准对井控装置进行试压，确保井控装置性能良好。

二、试压控制措施

试压前，由试压操作员负责检查试压间水、电路、仪器仪表、监控设备。在队长的指挥下，操作工将需要试压的井控装置运入试压间，并进行连接、组装，工序完成后撤出试压间并通知试压操作员做试压准备。

试压操作员通过视频监控检查确认各道工序正确无误，且试压间内无人停留，关闭试压间大门，按照井控装置性能试验标准开始试压操作，试压应从低到高缓慢分级试压，试验最高压力为井控装置的额定工作压力，随时观察监控实况，做好记录。

试压完成后泄掉压力，等压力回零后打开试压间大门，操作工进入拆卸工具、设备，完成试压流程。同时，试压操作员提供准确的试压曲线图。

岗位责任人：试井队队长、试井工。

三、安装控制措施

作业时，必须安装试压合格的采油（气）树、防喷管（盒）、电缆（钢丝）防喷器。在井控装置连接螺纹上均匀涂抹螺纹脂或密封脂。连接完成后，队长负责对螺纹连接紧固情况进行检查。若发现防喷装置刺漏，应立即强行将试井工具起至放喷管内，关闭清蜡阀门。

若防喷装置刺漏严重，无法上提钢丝或电缆，应迅速在井口位置剪断钢丝或电缆，关闭采油（气）树。多方配合作业时，由试井（生产测井）技术人员负责向配合方进行技术交底。

四、车辆摆放措施

班组负责对作业现场进行勘察，作业现场应平坦坚固、无坑洼、积水、油污，可允许大型车辆行驶。队长负责指挥工程车辆摆放就位，司机要密切观察后方路线情况，其他无关人员不得在车辆与井口之间的区域通过、停留。

五、吊装控制措施

在作业前办理吊装作业许可审批手续。试井（生产测井）工程师组织人员在地面连接井控装置，并在吊装夹板上安装防坠落差速器。队长负责指挥吊车，操作工负责用牵引绳控制，慢慢调整防喷管对正井口变扣连接接头，并保持30cm的距离。移动过程中防止防喷管串和各类液压及控制管线碰撞、剐蹭井口。

在吊装作业区域内，应确保指挥人员、操作工、吊车司机之间视线良好。操作工需将安全带挂在防坠落差速器上，作业使用的手工具尾端必须系牢保险绳，禁止上下攀爬过程中手持工具，严禁采用上抛下掷的方式传递工具。

井口周围禁止站人。试井工程师负责观察上方作业的人和工具，视线不清或大雾、大雪、雷雨、六级以上大风等恶劣天气情况下，禁止露天高处作业。

作业后清点各种剩余材料及使用工具、防护用具。吊装作业遇风力在六级以上、暴雨、雷电、大雾、暴雪等恶劣天气应停止作业，尽量不要在夜间吊装，若必须在夜间吊装必须保证有足够的照明。

地滑轮安装前工程师负责检查钢丝绳套，确保无断丝、死弯现象。地滑轮钢丝绳套一端索在采油树套管法兰盘以下，另一端索在地滑轮上。钢丝绳套应满足电缆（钢丝）提升负荷要求。U形环应满足额定载荷，螺栓、螺帽齐全，固定销完好。电缆两侧2m以外应设置警示隔离带，严禁作业过程中人员跨越电缆、从电缆下通过及停留。

岗位责任人：试井队队长、试井工程师。

六、有毒有害气体控制措施

在含有 H_2S、CO、CO_2 等有毒有害气体井施工作业时，应携带不少于4套便携式 H_2S 或多功能检测仪，并按作业人数1：1配备正压式空气呼吸器。

施工前，队长负责组织指挥进行防 H_2S 应急演练，工程师负责记录演练过程。施工前，应由2名佩戴正压式空气呼吸器并携带便携式 H_2S 或多功能监测仪的操作人员先进入井场，对井口附近及周边进行检测，1人检测1人监护，检测安全后设备和施工人员方可进入井场，连接作业仪器；防喷管密封性试压、开关井、泄压、拆卸打开防喷管活接头作业，应由2名操作工佩戴正压式呼吸器完成，1人操作，1人监护。

井控装置泄压时，应将管线引至安全地带，并在特殊装置内（中和）泄放或燃烧排放（根据风向选择下风点火）。施工中，一旦监测到有毒有害气体泄漏，发现人员应立即发出警报，同时与现场所有作业人员迅速沿上风头或侧风方向撤离到应急集合点，向队长汇报。队长清点人数、下令停止当前作业，安排人员正确佩戴正压式呼吸器检查泄漏点，根据监测结果，决定是否启动应急处置程序。

第三节　测试人员资质及 HSE 职责

一、测试人员职责

（1）严格遵守上级规章制度，服从工作安排，坚守工作岗位，安全完成生产任务；

（2）按照作业施工方案和操作规程，做好测试和井下油嘴投捞工作；

（3）熟悉台上设备、仪器仪表的技术性能，做到"四懂三会"；

（4）努力学习专业知识、提高业务操作技能和资料合格率；

（5）按时按规定对本班组设备、仪器、工具进行维护保养。

二、测试人员 HSE 职责

（1）作为安全生产的直接责任人，应认真执行国家及上级颁布的相关安全法律法规，对所在岗位的安全生产负责。

（2）全面执行 HSE 体系管理的各项规定，认真履行岗位安全生产职责，认真执行操作规程，参与应急救援预案的演练。

（3）坚决执行"十条禁令"，熟悉本岗位的"五个清楚"，积极开展岗位安全风险识别和危险源辨识，及时发现问题，提出整改建议。

（4）参加单位组织的各类安全技术培训。

（5）发现事故隐患或者其他不安全因素时，应当立即采取相应处置措施并向现场安全生产管理人员或者本单位相关部门报告。

（6）履行属地管理职责，做好作业区域的施工、维修整改、操作、维护等工作的安全监督，严格执行施工作业票，督促落实现场安全措施，杜绝"三违"行为。

（7）按规定加强外来人员的准入教育和安全管理，确保井站安全生产。

（8）按规定参与危害因素辨识，掌握井站危险源分布及应急处置措施。

三、测试人员资质要求

测试人员资质要求按照人事部门管理要求执行。

第四节　油气井测试应急处置措施

一、天然气泄漏应急处理措施

（一）紧急不可控制泄漏应急程序（Ⅰ级）

紧急不可控制泄漏应急程序通常指防喷装置管体以及采油树本体突发性的刺漏或泄漏，且随时可能发生爆炸，危及现场测试及周边人员的生命和财产安全，对资料和环境影响较大。

（1）应立即停止测试，及时通知绞车操作人员加快速度将仪器串上提至井口防喷管内，关阀放空，使设备处于安全状态。

（2）若在上起仪器串过程中，事态有扩大的可能，作业人员应在确保自身安全的前提下，立即抢关采油树 7 号阀门，剪断钢丝，控制井口；若 7 号阀门关闭不严则关 4 号阀门，4 号阀门关闭不严则关闭 1 号阀门，防止事态扩大。

（3）注意观察风向并做好通风，杜绝任何火源，且不要在危险范围内通信。

（4）测试人员应立即将情况告知井站人员，设立警戒区，要求井站人员熄灭井站内一切火源、疏散无关人员等，对事件进行控制。

（5）井口操作人员应准备好消防器材，发生火灾时能够及时扑灭。

（6）在 10min 内，现场作业负责人应在处理事故的同时向上级主管安全生产领导汇报情况，听候下一步处理意见。

（7）在现场的负责人应做好事故发生及处理全过程的记录。

（8）如果发生火灾，现场作业人员应立即用消防器材灭火，并请求井站人员援助扑灭火灾。同时，要将事故发生情况尽快向站领导汇报，请求救援。

（9）如果火灾不可控，现场作业人员应立即拨打当地"119""110"和作业区调度室电话，报告火灾发生地点、火灾程度，请求当地消防部门和作业区救援、当地公安部门维护秩序。撤离至安全位置观察火情，并随时向站领导汇报情况，现场的负责人应组织人员实施警戒。

（10）如果发生中毒和人员受伤事故，按硫化氢中毒和人员受伤事故应急处理措施进行处置。

若是高含硫气井发生泄漏，除采取上述措施外，还应采取以下措施：

（1）测试人员应立即将情况告知井站人员，设立警戒区，要求井站人员熄灭井站内一切火源、疏散无关人员等，对事件进行控制；

（2）应启用排风扇，佩戴好空气呼吸器，井口和中间操作人员在确保自身安全的前提下，立即抢关采油树 7 号阀门，剪断钢丝，控制井口；若 7 号阀门关闭不严则关 4 号阀门，4 号阀门关闭不严则关闭 1 号阀门，防止事态扩大；

（3）在 10min 内，现场作业负责人在处理事故的同时向上级主管领导汇报情况，听候下一步处理意见，并应做好事故发生及处理情况的全过程记录。

（二）可控制泄漏应急程序（Ⅱ级）

可控制泄漏应急程序是指调节措施无效，但短时不会危及人的生命安全，对资料和环境影响不大。常见问题：防喷装置顶密封调节失效泄漏；防喷管密封 O 形环损坏或连接螺纹处泄漏；防喷管放空针阀关闭不严泄漏；顶法兰未安装好或钢圈损伤造成泄漏。

（1）注意观察风向并做好通风，杜绝任何火源且不要在危险范围内通信。

（2）井口操作人员负责准备消防与防毒器材。

（3）值班人员加密巡检，观察泄漏量是否有扩大趋势。

（4）立即停止测试，及时通知绞车操作人员加快速度将仪器串上提至井口防喷管内，关闸放空，使设备处于安全状态，并向测试站和所属生产办汇报事件情况，进行泄漏整改，彻底检查泄漏原因，确定排除隐患后，方可重新测试，做好现场记录。

若是高含硫气井发生上述泄漏，除采取上述措施外，还应采取以下措施：

（1）注意观察风向和搞好通风，杜绝任何火源和在危险范围内通信。

（2）应启用排风扇和空气呼吸器，立即停止测试。

（3）及时通知绞车操作人员加快速度将仪器串上提至井口防喷管内，在上提仪器串过程中，加派人员对泄漏处进行监控，随时向所有测试人员通报泄漏状况，做好周围无关人员的疏散工作。

（4）通报井场值班人员，做好防范、配合和疏散的准备。

（5）待仪器串上提至防喷管内后，关闸放空，使设备处于安全状态。

（6）向上级部门汇报事件情况，进行泄漏整改，彻底检查泄漏原因，确定排除隐患后，才能继续进行重新测试，做好现场记录。

二、硫化氢中毒、受伤应急处理措施

本小节主要讲述油气井测试过程中硫化氢中毒事故应急处理措施。在测试过程中，如果发现井口操作人员因井口设备残留或泄漏的 H_2S 而中毒或摔伤，应马上采取救护措施：

（1）立即通报所有测试人员，停止正在进行的测试作业。

（2）救护人员应佩戴空气呼吸器，启用排风扇，并控制井口泄漏。

（3）至少两人前往井口将受伤人员抬下，迅速将受伤人员转移。

（4）另有一人通报井场值班人员做好防范、配合、疏散的准备。

（5）立即把受害者送至空气新鲜处，松开衣服静卧休息，根据实际情况决定是否进行人工呼吸。

（6）及时向上级领导汇报中毒或摔伤的程度和原因，拨打当地"120"，通知医务人员到现场进行救治。

（7）对中毒者的眼黏膜应及时用生理盐水冲洗。

（8）如果受害者失去知觉，呼吸困难，应立即口对口对其做人工呼吸，补充氧气，直至受害者苏醒或恢复正常呼吸。

（9）心跳停止者应进行体外心脏按压。

（10）受害者苏醒后，注意保暖，立即运往附近医院救治。

三、触电事故应急处理措施

（1）一旦在生产作业过程中作业人员发生触电事故，在现场工作的领导干部、技术干部或班组长应立即指挥停止正在进行的工作。

（2）安排现场的其他人员立即将触电人员抬至安全区域，并拨打当地"120"急救电话。倘若联系不上急救人员，应立即安排人员和车辆将触电者送往当地医院进行救治。

（3）安排人员立即切断电源，疏散无关人员并建立警戒区，设立明显的警戒标志。

（4）如领导不在现场，现场的技术干部或班组长应该立即向站领导报告事故发生的情况，并请示下一步的处理措施。

（5）在现场工作的领导干部、技术干部或班组长，应做好事故发生及情况处理全过程的记录。

四、钢丝跳槽应急处理措施

（1）在通井或测试时若发生钢丝跳槽，绞车操作人员应立即刹车；现场人员应该沉着冷静，不要慌张。

（2）如果站领导在现场，应立即指挥停止正在进行的工作，查看现场情况，同时向上级汇报发生的情况并请示处理意见。

（3）操作人员应穿戴劳保用品，井口操作人员应系上安全带，确认钢丝无异常情况发生，井口操作人员扳紧防喷盒，放出钢丝，用绳索或滑轮将钢丝拉上天滑轮，以防止钢丝折断，造成井下复杂情况难以处理，然后将盘在地面发软的钢丝摇回滚筒。若钢丝下滑，应等钢丝完全松软后再进行下一步操作。若扳紧防喷盒不能使钢丝松软，应使用吊车将钢丝上提后放入天滑轮。

（4）做好以上工作后，缓慢上起钢丝，确认钢丝未受损后，才可继续作业。

（5）班组长应组织现场人员进行整改，防止钢丝再次跳槽。同时，要及时测试站领导和生产办汇报的有关情况，请求指示。

五、井下遇卡应急处理措施

（1）连续上提下放，观察是否有摇起的可能。若井下遇卡部位仍不松动，则拧紧所有密封部件以防止漏气结冰卡住钢丝。同时立即向站长汇报情况，听取站长处理安排。

（2）站长接收到情况后应立即向所属主管领导汇报。然后，带领站应急救援队伍有关人员及设备赶赴作业现场。若站长不在，则由副站长带队。

（3）站上留守人员必须保证与作业现场通信畅通，以便二期准备和支援。

（4）应急救援队伍到达现场后，应立即了解现场情况，认真进行分析研究，制定出合理的处理方案。

（5）处理方案一般有以下4种：

① 手摇钢丝上起探棒，争取解卡；

② 钢丝在一定的张力负荷下静止一段时间，争取解卡；

③ 关井，使探棒周围的物质下沉，然后手摇上起探棒，争取解卡。或者提高产量，争取通过气流的带动解卡；

④ 在①②办法无效的情况下，可以考虑采用机械动力上起钢丝。

在①②③办法均无效的情况下，只能考虑剪断钢丝。若要采取这种办法必须先向气矿主要领导请示，征得同意后方可实施。

（6）若关井或提产，必须向气矿主管部门请示，由气矿主管部门向气矿主管领导请示并得到同意指示后，再由相关职能部门向井站下达关井或者提产指令。

（7）若采用机械动力上起钢丝，造成钢丝拉断的可能性较大，必须先将井口防喷装置打好绷绳，以防止井口防喷装置被拉倒，同时疏散周围人员，防止断裂钢丝将人员打伤。同时，必须向气矿主管部门请示，由气矿主管部门向气矿主管领导请示并得到同意指示后，方可进行。

（8）若需剪断钢丝，必须由站长亲自向气矿主管领导请示得到同意指示后，方可进行。

（9）方案制定好且各项工作准备就绪之后，开始进行处理。

（10）采用手摇钢丝上起探棒，钢丝张力指示不得超过2.70kN。

（11）采用机械动力上起钢丝，钢丝张力和绞车速度控制权限为：

班组长：2.80kN、15m/min；

技术干部：3.00kN、25m/min；

副站长：3.20kN、40m/min；

站长：3.50kN、100m/min；

分管所领导：4.00kN、120m/min；

4.00kN、120m/min 以上的钢丝张力和绞车速度权限，则由气矿分管生产的副矿长或授权油气井测试突发事件领导小组相关领导来管理。

（12）机械动力上起钢丝前，现场负责人应对现场人员进行分工：负责人负责全面指挥；两人负责监视井口防喷装置，一旦出现异常情况应立即采取控制措施；一人负责绞车操作；一人负责情况记录；驾驶员负责汽车发动；其余人员准备替换或者维护井场秩序，疏散围观群众。

现场人员必须听从现场负责人的统一指挥，不得擅自行动。没有特殊原因，不得拒绝现场负责人的指令或安排。

若是含硫井，应先弄清风向，准备好空气呼吸器。

（13）绞车运行时，除井口监视人员外，所有人员必须留在车上，不能停留在井口附近，严禁吸烟或出现明火。

（14）记录人员应密切注意钢丝张力指示、绞车速度和压力变化，记录解卡或钢丝拉断时的各项数据。

（15）一旦出现防喷装置被拉裂或拉断、天然气喷出的情况，所有人员不要慌张，应按照事前的安排，迅速用湿纸巾塞好耳朵，冲向井口关闭采油树 7 号阀门，以避免更大意外情况的发生。同时，司机应迅速将车辆熄火，参加事故处理。

（16）井口控制后，现场负责人应立即将井场发生的情况向站领导汇报。站领导向气矿主管部门及气矿主管领导汇报情况，请示下一步工作。

表 1　四川盆地地层层序表

| 界 | 系 | 统 | 阶（组） | 段 | 过去 | | 现在 | | 代码 |
					名称	符号	名称	符号	
新生界 Kz	第四系							Q	Q00
	新近系							N	N00
	右近系		芦山组		芦山	R_2	芦山	E_1l	E10
			名山组		名山	R_1	名山	E_1m	E20
中生界 Mz	白垩系	上统	灌口组		灌口	K_3	灌口	K_2g	10
			夹关组		夹关	K_2	夹关	K_2j	20
		下统	天马山组/嘉定组		天马山	K_1	天马山	K_1t/K_1j	30
	侏罗系	上统	蓬莱镇组		重四	Jc^4	蓬莱镇	J_3p	110
			遂宁组		重三	Jc^3	遂宁	J_3s	120
		中统	沙溪庙组	沙二段	重二	Jc^2	沙二段	J_2s^2	131
				沙一段	重一	Jc^1	沙一段	J_2s^1	132
		下统	凉高山组	凉上	自五	Jt^5	凉上	J_1l^2	141
				凉下			凉下	J_1l^1	142
			自流井组	过渡层	自四	Jt^4	过渡层	J_1g	151
				大安寨			大安寨	J_1dn	152
				马鞍山	自三	Jt^3	马鞍山	J_1m	153
				东岳庙	自二	Jt^2	东岳庙	J_1d	154
				珍珠冲	自一	Jt^1	珍珠冲	J_1z	155
	三叠系	上统	须家河组	须六	香六	Th^6	须六	T_3x^6	211
				须五	香五	Th^5	须五	T_3x^5	212
				须四	香四	Th^4	须四	T_3x^4	213
				须三	香三	Th^3	须三	T_3x^3	214
				须二	香二	Th^2	须二	T_3x^2	215
				须一	香一	Th^1	须一	T_3x^1	216
		中统	雷口坡组	雷五	雷五	Tr^5	雷五	T_2l^5	221
				雷四	雷四	Tr^4	雷四	T_2l^4	222
				雷三	雷三	Tr^3	雷三	T_2l^3	223

续表

界	系	统	阶（组）	段	过去 名称	过去 符号	现在 名称	现在 符号	代码
中生界 Mz	三叠系	中统	雷口坡组	雷二	雷二	Tr^2	雷二	T_2l^2	224
				雷一	雷一 3	Tr_3^1	雷一^3	$T_2l_3^1$	225
					雷一 2	Tr_2^1	雷一^2	$T_2l_2^1$	226
					雷一 1	Tr_1^1	雷一^1	$T_2l_1^1$	227
		下统	嘉陵江组	嘉五	嘉五 2	Tc_2^5	嘉五^2	$T_1j_2^5$	231
					嘉五 1	Tc_1^5	嘉五^1	$T_1j_1^5$	232
				嘉四	嘉四 4	Tc_4^4	嘉四^4	$T_1j_4^4$	241
					嘉四 3	Tc_3^4	嘉四^3	$T_1j_3^4$	242
					嘉四 2	Tc_2^4	嘉四^2	$T_1j_2^4$	243
					嘉四 1	Tc_1^4	嘉四^1	$T_1j_1^4$	244
				嘉三	嘉三 3	Tc_3^3	嘉三^3	$T_1j_3^3$	251
					嘉三 2	Tc_2^3	嘉三^2	$T_1j_2^3$	252
					嘉三 1	Tc_1^3	嘉三^1	$T_1j_1^3$	253
				嘉二	嘉二 3	Tc_3^2	嘉二^3	$T_1j_3^2$	261
					嘉二 2	Tc_2^2	嘉二^2	$T_1j_2^2$	262
					嘉二 1	Tc_1^2	嘉二^1	$T_1j_1^2$	263
				嘉一	嘉一	Tc^1	嘉一	T_1j^1	271
			飞仙关组	飞四	飞四	Tf^4	飞四	T_1f^4	281
				飞三	飞三	Tf^3	飞三	T_1f_3	282
				飞二	飞二	Tf^2	飞二	T_1f_2	283
				飞一	飞一	Tf^1	飞一	T_1f_1	284
古生界 Pz	二叠系	上统	长兴组		长兴	P_2^2	长兴	P_2ch	310
			龙潭组		龙潭	P_2^1	龙潭	P_2l	320
		下统	茅口组	茅四	阳三 4	P_{14}^3	茅四	P_1m^4	331
				茅三	阳三 3	P_{13}^3	茅三	P_1m^3	332
				茅二	阳三 2a	P_{12a}^3	茅二 a	P_1m^2a	333
					阳三 2b	P_{12b}^3	茅二 b	P_1m^2b	334
					阳三 2c	P_{12c}^3	茅二 c	P_1m^2c	335
				茅一	阳三 1a	P_{11a}^3	茅一 a	P_1m^1a	336
					阳三 1b	P_{11a}^3	茅一 b	P_1m^1b	337
					阳三 1c	P_{11c}^3	茅一 c	P_1m^1c	338
			栖霞组	栖二	阳二	P_1^2	栖二	P_1q^2	341
				栖一	阳二 1a	P_{11a}^2	栖一 a	P_1q^1a	342
					阳二 1b	P_{11b}^2	栖一 b	P_1q^1b	343
			梁山组		阳一	P_1	梁山	P_1l	350

界	地层分层								代码
	系	统	阶（组）	段	过去		现在		
					名称	符号	名称	符号	
古生界 Pz	石炭系	上统	黄龙组		黄龙	C_2	黄龙	C_2hl	410
		下统	河洲组		河洲	C_1	河洲	C_1h	420
	泥盆系				泥盆	D	泥盆	D	500
	志留系	上统	回星哨组		回星哨	S_3	回星哨	S_3h	610
		中统	韩家店组		韩家店	S_2	韩家店	S_2h	620
		下统	小河坝组/石牛栏组		小河坝	S_1	小河坝	S_1x/S_1s	630
			龙马溪组		龙马溪	S_1	龙马溪	S_1l	640
	奥陶系	上统	五峰组		五峰	O_3^2	五峰	O_3w1	710
			临湘组		临湘	O_3^1	临湘	O_3l	720
		中统	宝塔组		宝塔	O_2^3	宝塔	O_2b	730
			庙坡组	十字铺组	庙坡	O_2^2	庙坡	O_2m / O_2S	740
			牯牛潭组		牯牛潭	O_2^1	牯牛潭	O_2g	750
		下统	湄潭组/大湾组		湄潭	O_1^4	湄潭	O_1m/O_1d	760
			红花园组		红花园	O_1^3	红花园	O_1h	770
			分乡组	桐梓组	分乡	O_1^2	分乡	O_1f / O_1t	780
			南津关组		南津关	O_1^1	南津关	O_1n	790
	寒武系	上统	毛田组		毛田		毛田	$\in_3mt$	810
			后坝组		后坝	$\in_{2-3}$	后坝	$\in_3h$	820
		中统	平井组		平井		平井	$\in_2p$	830
			茅坪组		茅坪		茅坪	$\in_2m$	840
			高台组		高台		高台	$\in_2g$	850
		下统	龙王庙组		龙王庙	$\in_1^3$	龙王庙	$\in_1l$	860
			沧浪铺组		沧浪铺	$\in_1^2$	沧浪铺	$\in_1c$	870
			筇竹寺组		筇竹寺	$\in_1^1$	筇竹寺	$\in_1q$	880
元古界 Pt	震旦系	上统	灯影组	灯四	震四2		灯四	Z_2dn^4	911
				灯三	震四1		灯三	Z_2dn^3	912
				灯二	震三		灯二	Z_2dn^2	913
				灯一	震二		灯一	Z_2dn^1	914
			喇叭岗组/陡山沱组		震一		喇叭岗	Z_2l/Z_2d	920
		下统	南沱组		南沱		南沱	Z_1nt	930
			莲沱组		莲沱		莲沱	Z_1n	940
	前震旦系				前震旦		前震旦	Anz	A10

表 1　常用油管规格

尺寸代号	重量代号		外径 D mm	壁厚 S mm	内径 d mm	计算重量			
	平式（带螺纹和接箍）	外加厚（带螺纹和接箍）				平端 kg/m	因端部加工而增减的重量，kg		
							平式（带螺纹和接箍）	外加厚	
								标准接箍	特殊间隙接箍
1.900	2.75	2.90	48.26	3.68	40.9	4.05	0.27	0.91	—
2-3/8	4.60	4.70	60.32	4.83	50.66	6.61	0.73	1.81	1.34
2-7/8	6.40	6.50	73.02	5.51	62.00	9.17	1.45	2.54	1.71
2-7/8	8.60	8.70	73.02	7.82	57.38	12.57	1.18	2.27	1.43
3-1/2	9.20	9.30	88.90	6.45	76.00	13.12	2.27	4.17	2.45
3-1/2	12.70	12.95	88.90	9.52	69.86	18.64	1.81	3.72	2.00
4	10.70	11.00	101.60	6.65	88.30	15.57	—	4.81	—
4-1/2	12.60	12.75	114.30	6.88	100.54	18.23	2.72	—	—

表 2　常用加厚油管加厚端尺寸

尺寸代号	重量代号	外径 D mm	壁厚 S mm	加厚端尺寸			
				加厚端外径 0~1.59mm	管端至加厚厚度开始减小处长度-25.4~0mm	管端至加厚厚度减小终止处长度 L_a，mm	管端至加厚消失处最大长度 L_b，mm
1.900	2.90	48.26	3.68	53.19	68.26	—	—
2-3/8	4.70	60.32	4.83	65.89	101.60	152.40	254.00
2-7/8	6.50	73.02	5.51	78.59	107.95	158.75	260.36
2-7/8	8.70	73.02	7.82	78.59	107.95	158.75	260.36
3-1/2	9.30	88.90	6.45	95.25	114.30	165.10	266.70
3-1/2	12.95	88.90	9.52	95.25	114.30	165.10	266.70
4	11.00	101.60	6.65	107.95	114.30	165.10	266.70
4-1/2	12.75	114.30	6.88	120.65	120.65	171.45	273.05

表3 平式油管接箍

尺寸代号	油管外径，mm	接箍外径，mm	接箍最小长度，mm	单重，kg	接箍料推荐尺寸（外径×壁厚），mm
1.900	48.26	55.88	95.25	0.56	55.9×8
2-3/8	60.32	73.02	107.95	1.28	73×11
2-7/8	73.02	88.90	130.18	2.34	88.9×12.5
3-1/2	88.90	107.95	142.88	3.71	108×15
4	101.60	120.65	146.05	4.35	120.7×15.5
4-1/2	114.30	132.08	155.58	4.89	132×15

表4 加厚油管接箍

尺寸代号	油管外径，mm	接箍外径，mm	接箍最小长度，mm	单重，kg	接箍料推荐尺寸（外径×壁厚），mm
1.900	48.26	63.50	98.42	0.84	63.5×9.5
2-3/8	60.32	77.80	123.82	1.55	77.8×11.5
2-7/8	73.02	93.17	133.35	2.40	93.17×13
3-1/2	88.90	114.30	146.05	4.10	114.3×15.5
4	101.60	127.00	152.40	4.82	127×16
4-1/2	114.30	141.30	158.75	6.02	141.3×17

表5 油管长度范围

	一级长度 R1，m	二级长度 R2，m	三级长度 R3，m
总长度范围	6.10~7.32	8.53~9.75	11.58~12.80
100%车载量长度范围的最大变化量	0.61	0.61	0.61

表6 套管常用规格

尺寸代号	重量代号	外径 D mm	壁厚 S mm	内 d mm	计算重量			
					平端 kg/m	因端部加工螺纹而增减的重量，kg		
						短圆螺纹	长圆螺纹	标准偏梯形螺纹
4-1/2	9.50	114.3	5.21	103.88	14.02	1.91	—	2.04
4-1/2	11.60	114.3	6.35	101.60	16.91	1.54	1.72	2.09
5	13.00	127.0	6.43	114.14	19.12	2.18	2.63	2.99
5	15.00	127.0	7.52	111.96	22.16	1.91	2.36	2.63
5-1/2	14.00	139.7	6.20	127.30	20.41	2.45	—	—
5-1/2	15.50	139.7	6.98	125.74	22.85	2.18	2.63	2.90
5-1/2	17.00	139.7	7.72	124.26	25.13	2.0	2.45	2.63
5-1/2	20.00	139.7	9.17	121.36	29.52	—	2.0	2.09
5-1/2	23.00	139.7	10.54	118.62	33.57	—	1.45	1.54
7	23.00	177.8	8.05	161.70	33.70	3.63	4.72	4.99
7	26.00	177.8	9.19	159.42	38.21	3.27	4.26	4.35
7	29.00	177.8	10.36	157.08	42.78	—	3.63	3.72
7	32.00	177.8	11.51	154.78	47.20	—	2.99	3.08

续表

尺寸代号	重量代号	外径 D mm	壁厚 S mm	内 d mm	计算重量			
					平端 kg/m	因端部加工螺纹而增减的重量，kg		
						短圆螺纹	长圆螺纹	标准偏梯形螺纹
7-5/8	26.40	193.68	8.33	177.02	38.08	6.89	8.62	9.34
9-5/8	40.00	244.48	10.03	224.4	57.99	9.71	13.61	13.15
9-5/8	43.50	244.48	11.05	222.4	63.61	—	12.79	12.34
9-5/8	47.00	244.48	11.99	220.5	68.75	—	12.07	11.61
9-5/8	53.50	244.48	13.84	216.8	78.72	—	10.61	10.16
10-3/4	51.00	273.05	11.43	250.2	73.75	10.25	—	13.34
13-3/8	54.50	339.73	9.65	320.4	78.55	13.97	—	18.23
13-3/8	61.00	339.73	10.92	317.9	88.55	12.88	—	16.69
13-3/8	68.00	339.73	12.19	315.3	98.46	11.70	—	15.24
13-3/8	72.00	339.73	13.06	313.6	105.21	10.98	—	14.33

表 7　套管标准接箍尺寸和重量

套管规格 mm	接箍外径 mm	圆形螺纹				偏梯形螺纹	
		短圆螺纹		长圆螺纹			
		最小长度，mm	重量，kg	最小长度，mm	重量，kg	最小长度，mm	重量，kg
114.30	127.00	158.75	3.62	177.80	4.15	225.42	4.55
127.00	141.30	165.10	4.66	196.85	5.75	231.78	5.85
139.70	153.67	171.45	5.23	203.20	6.42	234.95	6.36
177.80	194.46	184.15	8.39	228.60	10.83	154.00	10.54
193.68	215.90	190.50	12.30	234.95	15.63	263.52	15.82
244.48	269.88	196.85	18.03	266.70	25.45	269.88	23.16
273.05	298.45	203.20	20.78	—	—	269.88	28.03
339.73	365.12	203.20	25.66	—	—	269.88	31.77

表 1　压力单位换算

单位	Pa	kPa	MPa	bar	mbar	kgf/cm²	cmH₂O	mmH₂O	mmHg	psi
Pa	1	10^{-3}	10^{-6}	10^{-5}	10^{-2}	10.2×10^{-6}	1.02×10^{-3}	101.97×10^{-3}	7.5×10^{-3}	0.15×10^{-3}
kPa	10^3	1	10^{-3}	10^{-2}	10	10.2×10^{-3}	10.2	101.97	7.5	0.15
MPa	0^6	10^3	1	10	10^4	10.2	1.02×10^3	101.97×10^3	7.5×10^3	0.15×10^3
bar	10^5	10^2	10^{-1}	1	10^3	1.02	1.02×10^3	10.2×10^3	750.06	14.5
mbar	10^2	10^{-1}	10^{-4}	10	1	1.02×10^{-3}	1.02	10.2	0.75	14.5×10^{-3}
kgf/cm²	98066.5	98.07	98.07×10^{-3}	0.98	980.67	1	1000	10.000	735.56	14.22
cmH₂O	98.06	98.07×10^{-3}	98.07×10^{-6}	0.98×10^{-3}	0.98	10^{-3}	1	10	0.74	14.22×10^3
mmH₂O	9.806	9.807×10^{-3}	9.807×10^{-6}	98.07×10^{-6}	98.07×10^{-3}	10^{-4}	0.1	1	73.56×10^{-3}	1.42×10^{-3}
mmHg	133.32	133.32×10^{-3}	133.32×10^{-6}	1.33×10^{-3}	1.33	1.36×10^{-3}	1.36	13.6	1	19.34×10^{-3}
psi	6894.76	6.89	6.89×10^{-3}	68.95×10^{-3}	68.95	70.31×10^{-3}	70.31	703.07	51.71	1

表 2　流量单位换算

单位	m³/s	L/s	cm³/s	m³/h	m³/min	L/h	L/min	ft/min (scfm)	gallon min UK	gallon min USA
m³/s	1	10^3	10^6	3.6×10^3	60	3.6×10^6	60×10^3	2.12×10^3	13.2×10^3	15.85×10^3
L/s	10^{-3}	1	10^3	3.6	60×10^{-3}	3.6×10^3	60	2.12	13.2	15.85
cm³/s	10^{-6}	10^{-3}	1	3.6×10^{-3}	60×10^{-6}	3.6	60×10^{-3}	2.12×10^{-3}	13.2×10^{-3}	15.58×10^{-3}
m³/h	0.28×10^{-3}	0.28	0.28×10^{-3}	1	16.67×10^{-3}	10^3	16.67	0.59	3.67	4.4
m³/min	16.67×10^{-3}	16.67	16.67×10^{-3}	60	1	60×10^3	10^3	35.31	219.97	264.17
L/h	0.28×10^{-6}	0.28×10^{-3}	0.28	10^{-3}	16.67×10^{-3}	1	16.67×10^{-3}	0.59×10^{-3}	3.67×10^{-3}	4.4×10^{-3}
L/min	16.67×10^{-6}	16.67×10^{-3}	16.67	60×10^{-3}	10^{-3}	60	1	35.31×10^{-3}	219.97×10^{-3}	264×10^{-3}

续表

单位	m³/s	L/s	cm³/s	m³/h	m³/min	L/h	L/min	ft/min (scfm)	gallon min UK	gallon min USA
ft/min (scfm)	$0.47×10^{-3}$	0.47	$0.47×10^3$	1.699	$28.32×10^{-3}$	$1.699×10^3$	28.32	1	6.23	7.48
gallon min UK	$75.79×10^{-6}$	$75.79×10^{-3}$	75.77	0.273	$4.55×10^{-3}$	$0.273×10^3$	4.55	0.16	1	1.2
gallon min USA	$63.09×10^{-6}$	$63.09×10^{-3}$	63.09	0.227	$3.79×10^{-3}$	$0.227×10^3$	3.79	0.13	0.83	1

表3　容积单位换算

公升, L	公乘, KL	美制加仑 gal（USA）	英制加仑 gal（UK）	美桶 bbl	立方英尺 ft³	立方英寸 in³
1	0.001	0.264178	0.219975	0.000629	0.035316	61.026
1000	1	264.178	219.978	6.28995	35.316	61026
3.78533	0.003785	1	0.83268	0.02381	0.133681	231*
4.54596	0.004546	1.20094	1	0.028594	0.160544	277.42
158.984	0.158984	42*	34.9726	1	5.6146	9.702*
28.316	0.028316	7.4805	6.2288	0.17811	1	1.728
0.016387	0.000016	0.004329	0.003605	0.000103	0.000579	1

＊此项数字是规定值，1立方公尺=1公乘=10，00升。

表4　重量单位换算

公斤, kg	公吨, m.t	磅, lb	短吨, sh.t	长吨, l.t
1	0.001	2.20462	0.001102	0.00984
1000	1	2204.62	1.10231	0.984205
0.45392	0.000454	1	0.0005	0.000446
907.184	0.907185	2000	1	0.892857
1016.046	1001605	2240	1.12	1

注：1市斤=0.5000公斤=1.1023磅。

表5　长度单位换算

公里, km	公尺, m	公分, cm	公厘, mm	公寸, in	英尺, ft	英里, mile
1	1000	10^5	10^6	39370	3280.83	0.62136
0.001	1	100	100	39.37	3.28083	0.0006214
10^{-5}	0.01	1	10	0.3937	0.032802	0.0^562
·10^{-6}	0.001	0.1	1	0.003937	0.003281	0.0^662
$2.54×10^{-5}$	0.0254	2.540	25.40005	1	0.08333	0.0000158
$0.384×10^{-4}$	0.3048	30.480	304.801	12	1	0.00018939

注：1（英海）=1.150776英里=6076英尺=1.852公尺，1市尺=1.0936英尺。

表6　面积单位换算

平方公尺, m²	平方寸, in²	平方尺, ft²	英亩, acre	平方英里, sq-mile	平方公分, cm²	平方公厘, mm²
1	1550	10.76	0.0002471	0.093861	10000	10^5
0.0006452	1	0.006944	0.061594	0.062491	6.452	645.2

平方公尺，m²	平方寸，in²	平方尺，ft²	英亩，acre	平方英里，sq-mile	平方公分，cm²	平方公厘，mm²
0.09290	144	1	0.072296	0.073587	929.0	92900
4047	6272640	43560	1	0.001562	40470000	4047×10⁶
2589998	—	27878400	640		259×10⁹	25.9×10¹¹

注：1公顷=100公亩=10.000平方公尺=2.471英亩=1.0310里 1里=96.99194公亩=2.3967英亩=2.934坪。

表7　主要力量单位换算（国际标准单位与公制单位换算）

力量名称	国际单位-公制单位	公制单位-国际单位
空气压力	1MPa=10.2kgf/cm²	1kgf/cm²=0.098MPa
荷重力	1N·m=0.102kgf·m	1kgf=9.8N
扭力	1N·m=0.102kgf	1kgf·m=9.8N·m
真空压力	−1kPa=−7.5mmHg	−1mmHg=−0.133kPa
惯性力距	1kg·m²=10.2kgf·cm·s	1kg·cm·s=0.098kgf·m²

表8　功率单位换算

单位	瓦，W	千克力·米/秒，kgf·m/s	卡/秒，cal/s	米制马力，hp	英热单位/时，Btu/h
瓦，W	1	9.80665	0.2388	1.36×10⁻³	3.412
千克力·米/秒，kgf·m/s	0.10197	1	0.0243	1.39×10⁻⁴	0.348
卡/秒，cal/s	4.1868	41.058	1	5.69×10⁻³	14.285
米制马力，hp	735.499	7212.78	175.64	1	2509.52
英热单位/时，Btu/h	0.293071	2.874	0.070	3.99×10⁻⁴	1

表9　热功单位换算

单位	焦耳，J	千卡，kcal	千克力·米，kgf·m	千瓦小时，kW·h	公制马力小时，hp·h
焦耳，J	1	2.389×10⁻⁴	0.10204	2.778×10⁻⁷	3.777×10⁻⁷
千卡，kcal	4186.75	1	427.216	1.227×10⁻³	1.58×10⁻³
千克力·米，kgf·m	9.80665	2.342×10⁻³	1	2.724×10⁻⁶	3.704×10⁻⁶
千瓦·小时，kW·h	3.6×10⁶	860.04	3.67×10⁵	1	1.36
公制马力小时，hp·h	2.648×10⁶	632.61	2.703×10⁵	0.7356	1
英制马力小时，UKhp·h	2.68452×10⁶	641.33	2.739×10⁵	0.7458	1.014
英尺磅力，ft·lbf	1.35582	3.24×10⁻⁴	0.1383	3.766×10⁻⁷	5.12×10⁻⁷
英热单位，Btu	1055.06	0.252	107.658	3.1×10⁻⁴	3981×10⁻⁴

表10　传热系数/热导率单位转换

单位	千卡/(米²×时×摄氏度) kcal/(m²×h×℃)	瓦/(米²×开尔文) W/(m²×K)	英热单位/(英尺²×时×华氏度) Btu/(ft²×h×℉)
千卡/(米²×时×摄氏度) kcal/(m²×h×℃)	1	1.16279	0.2048
瓦/(米²×开尔文) W/(m²×K)	0.8600	1	0.1761
英热单位/(英尺²×时×华氏度) Btu/(ft²×h×℉)	4.8828	5.6777	1

表 11 质量单位换算

单位	吨, t	千克, kg	英吨, UKton	磅, lb	盎司, oz	短吨, sh. ton	长吨, long ton
吨, t	1	1000	0.9842	2205	$3.527×10^4$	1.102	0.984
千克, kg	0.001	1	$9.842×10^{-4}$	2.205	35.27	$1.1×10^{-3}$	$9.8×10^{-4}$
英吨, UKton	1.0161	1016.1	1	2240.5	$3.584×10^4$	1.12	1
磅, lb	$4.535×10^{-4}$	0.454	$4.463×10^{-4}$	1	15.995	$5.0×10^{-4}$	$4.462×10^{-4}$
盎司, oz	$2.835×10^{-5}$	0.02835	$2.79×10^{-5}$	$6.251×10^{-2}$	1	$3.124×10^{-5}$	$2.79×10^{-5}$
短吨, sh. ton	0.907	907	0.893	2000	$3.2×10^4$	1	0.892
长吨, long ton	1.016	1016	1	2240.28	$3.583×10^4$	1.12	1

附件四

表1 油气井测试现场记录表

构造名称			井的类型		仪器串记录	
井 号			仪器型号		长度，mm	
测试日期			仪器编号		直径，mm	
测试名称			压力量程，MPa		重量，kg	
生产层位	中部深度，m	补心海拔，m	防喷管规格		绳帽类型	
			防喷管长度，m		油补距，m	

作业提示：			井下情况：			
测压时间	套压（油压）MPa	测试深度 m	作业时间		压力 MPa（绝）	温度(井口温度) ℃
			启	止		
大气温度,℃						
日产气量，m³						
日产油量，t						
日产水量，m³						
真重仪编号						
车辆编号						
井口装置						
绳帽和尾锥	有水/无水					

备 注	
测试结论		记录人员	
委托单位		现场监督	

附件五

表1 通井、取样和节流器施工等报表

构造名称		工具串规格		车辆编号	
井号和层位		总长度, mm		产量, km³/d	
通井日期		最大直径, mm		测压时间	
预计深度, m		总重量, kg		套压, MPa	
实际深度, m		震击器		测压时间	
油管大小头位置		清管器		油压, MPa	
井下管串				工具串清洁程度	

深度 m	作业时间		情 况 说 明
	启	止	

备注:

甲方现场监督:

委托单位:

操作人员:　　　　　　　　　资料处理人员:　　　　审核:

附件六

表1　压力温度梯度测试报表

构造名称			测试名称		车辆编号	
井号和层位			仪器型号编号		仪器串清洁程度	
测试日期			压力量程，MPa		测压时间	
中部深度，m			压力精度，%		套压，MPa	
中部压力 MPa（绝）			日产气量，$10^4 m^3$		测压时间	
中部温度，℃			日产水量，m^3		油压，MPa	
液面深度，m			补心海拔，m		大气温度，℃	
井下管串					井口仪表	

深度 m	作业时间		压力 MPa	压力梯度 MPa/100m	温度 ℃	温度梯度 ℃/100m
	启	止				

备注：

甲方现场监督：

委托单位：

操作人员：　　　　　　　　　　资料处理人员：　　　审核：

附件七

呼吸保护设备

在天然气采输作业的工作场所，特别是在含硫地区作业环境中应使用个人防护装备，这些作业环境中硫化氢的浓度有可能超过 $15mg/m^3$（10ppm）或二氧化硫的浓度有可能超过 $5.4mg/m^3$（2ppm），在配备有个人防护装备的基础上，应对员工进行选择、使用、检查和维护个人防护装备的培训。本节主要介绍呼吸保护设备的结构、使用和维护。

常用的硫化氢防护呼吸保护设备主要分为隔离式和过滤式两大类。隔离式呼吸保护设备有：自给式正压空气呼吸器、逃生呼吸器、移动供气源、长管呼吸器；过滤式呼吸保护设备有：全面罩式防毒面具、半面罩式防毒面具。

呼吸防护设备的使用前提：硫化氢作为有毒、有害气体，它的呼吸防护要依据在使用中空气中该物质的浓度加以判定，当然由于使用者工作的特殊性，用户可以在相应标准下提升防护等级，选择更高级别的呼吸防护产品。

不同浓度硫化氢对人体的危害及呼吸防护产品的选用等级具体见表 1。

表 1　呼吸设备选择对照表

H_2S 浓度，mg/m^3	接触时间	毒性反应	呼吸防护
0.035		嗅觉阈、开始闻到臭味	过滤式半面罩
0.4		臭味明显	过滤式半面罩
4~7		感到中等强度难闻的臭味	过滤式半面罩
30~40		臭味强烈，仍然忍受，是引起症状的阈浓度	过滤式全面罩
70~150	1~2h	呼吸道及眼刺激症状，吸入 2~15min 后嗅觉疲劳不再闻到臭味	过滤式全面罩
300	1h	6~8min 出现眼急性刺激性，长期接触引发肺气肿	隔离式防护
760	75~60	发生肺水肿，支气管炎及肺炎。接触时间长时引起头疼、头昏、步态不稳、恶心、呕吐、排尿困难	隔离式防护
1000	数秒	很快出现急性中毒，呼吸加快，麻痹死亡	隔离式防护
1400	立即	昏迷、呼吸麻痹死亡	隔离式防护

在实际使用过程中，由于作业人员长时间工作，因此可适当提高呼吸防护等级，尤其是工作达 8h 以上的作业人员。对于呼吸防护产品的选择可通过以下产品加以选择及借鉴。

一、隔离式防护设备

（一）自给式正压空气呼吸器

自给式正压式空气呼吸器（图 1）宜用于硫化氢浓度超过 15mg/m³（10ppm）或二氧化硫浓度超过 5.4mg/m³（2ppm）的工作区域，或氧浓度低于 17% 的环境。进入硫化氢浓度超过 30mg/m³（20ppm）的安全临界浓度或怀疑存在硫化氢或二氧化硫但浓度不详的区域进行作业之前，应戴好正压式空气呼吸器，直至该区域已安全或作业人员返回到安全区域。

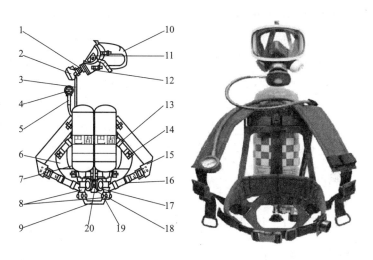

图 1　自给式正压空气呼吸器 C900/C850 型

1—供气阀快速接口；2—供气阀；3—中压软管；4—压力表；5—高压软管；6—腰带；7—气瓶；8—气瓶阀；
9—背架；10—5 点式头部束带；11—面屏；12—面罩；13—气瓶束带；14—气瓶扣环；
15—肩带；16—肩带扣环；17—减压阀接口；18—减压阀；19—报警哨；20—他救接口

1. 执行标准

欧洲标准：EN 137—2007。

中国标准：GA 124—2013《正压式消防呼吸器》、GB/T 16556—2007《自给开路式压缩空气呼吸器》。

2. 结构

隔离式防护设备的主要组成：正压式全面罩、背板系统（含背板及系带、供气阀、减压阀、压力表等）、全缠绕式碳纤瓶三大部分。

表 2　自给式正压空气呼吸器结构部件表

序号	名称	序号	名称
1	供气阀快速接口	7	气瓶
2	供气阀	8	气瓶阀
3	中压软管	9	背架
4	压力表	10	5 点式头部束带
5	高压软管	11	面屏
6	腰带	12	面罩

序号	名称	序号	名称
13	气瓶束带	17	减压阀接口
14	气瓶扣环	18	减压阀
15	肩带	19	报警哨
16	肩带扣环	20	他救接口

1）背架

根据气瓶直径调整好气瓶束带的长度，气瓶束带上有弹性部件，可以弥补气瓶束带长度调整时的误差，不需经常调节束带长度。

2）报警哨

一旦使用者打开气瓶阀，气瓶中高压空气通过减压阀和高压管输送的高压力（初始时是30MPa）空气将报警哨中的顶针顶紧在弹簧上，此时顶针起到密封作用，不让中压空气进入报警哨发出哨音，当气瓶中的压力降低到（5±0.5）MPa时，顶针在弹簧力的作用下发生位移，离开密封位置，中压空气以5L/min的流量通过报警哨，报警哨管中发出报警哨音。

报警哨工作性能。

报警哨工作压力：（5±0.5）MPa。

报警哨始终发出报警声直到气瓶中空气用尽耗气量：5L/min。

声音等级：90dB。

频率：3800Hz。

报警哨鸣响，使用者必须马上离开工作现场撤离到安全的地带。

3）减压器

无论气瓶内空气压力及使用者的呼吸频率如何变化，减压器都保证提供一个稳定的输出压力，其中，单瓶呼吸器减压器固定在背架的左侧。

减压器技术规格。

最大输入压力：30MPa。

输出压力：（0.7±0.05）MPa。

安全阀开启压力：（1.1±0.2）MPa。

工作温度：-30~60℃。

类型：动态平衡式。

4）安全阀

安全阀位于减压器的活塞式结构中，当中压回路中的压力过高时，安全阀会打开向环境大气中排气泄压，当中压压力恢复正常值时，安全阀会重新关闭，安全阀设定压力：（1.1±0.2）MPa。

5）压力表

压力表始终指示气瓶中的压力，它通过一根高压软管与减压器相连，直径50mm，压力指示范围为0~40MPa，压力表为荧光表面（夜光功能），外部的橡胶具有防震保护功能。高压软管有限流装置，它能将空气流量限制在 25L/min。

压力表主要性能。

压力表度数：0~40MPa，带安全开口。

压力表带夜光功能：0~5MPa 的区域用红色标示。

工作压力：30MPa。

6）供气阀

供气阀重量轻，结构紧凑，由防火耐冲击的材料制成，通过弹簧按钮及快速接口与面罩实行快速连接，供气阀通过中压软管与减压器相连，当使用者的呼吸出现障碍时，按下黄色按钮供气阀会自动增大供气量至 450L/min，按下供气阀上的黄色按钮，可以得到 450L/min 恒定供气量。

7）全面罩

面罩内正压（面罩内外压差值为 3mbar）避免有毒气体进入面罩；全面罩采用双层密封边设计，气密封良好；配有口鼻罩，能够降低面罩内呼出的二氧化碳含量；面罩具有防雾结构设计；配有不锈钢传音膜（侧向设计，方便使用对讲机），确保通话效果良好；可选配专用眼睛架，方便视力不佳者使用；快速插接式开关设计，使用简便，供气迅速。

3. 工作原理

空气呼吸器的工作原理是：压缩空气由高压气瓶经高压快速接头进入减压器，减压器将输入压力转为中压后经中压快速接头输入供气阀。人员佩戴面罩后，吸气时，供气阀在负压作用下将洁净空气以一定的流量进入作业人员肺部；呼气时，供气阀停止供气，呼出气体经面罩上的呼气阀门排出，这样就形成了一个完整的呼吸过程。

正压式空气呼吸器在呼吸的整个循环过程中，面罩内始终处于正压状态，因而，即使面罩略有泄漏，也只允许面罩内的气体向外泄漏，而外界的染毒气体不会向面罩内泄漏。而且正压式空气呼吸器可按佩戴人员的呼吸需要来控制供给气量的多少，实现按需供气，使人员呼吸更为舒畅。基于上述优点，正压式空气呼吸器已在世界各国广泛使用。

4. 使用时间

正压式空气呼吸器的使用时间取决于气瓶中的压缩空气的量和使用者的耗气量，而耗气量又取决于使用者所进行的体力劳动的性质。在确定耗气量时宜参照表 3 数据确定：

表 3　人体呼吸耗气量参数表

序号	劳动类型	耗气量，L/min
1	休息	10~15
2	轻度活动	15~20
3	轻度工作	20~30
4	中强度工作	30~40
5	高强度工作	35~55
6	长时间劳动	50~80
7	剧烈活动（几分钟）	100

使用者可以通过计算气瓶的水容积和工作压力的乘积来得到气瓶中可呼吸的空气量。

具体方法如下例所示。

一个公称工作压力30MPa的6.8L气瓶，气瓶中的空气体积为6.8×300＝2040L。使用者进行中强度工作时，该气瓶的估计使用时间为：

$$使用时间 = \frac{容积 \times 压力}{平均空气消耗量} \times 安全因子 = \frac{6.8L \times 300bar}{40L/min} \times 0.9 = 46min$$

使用者可以在使用前或使用中大致计算出还可以使用多少时间。

表4   空气量的预计使用时间统计表

| 气瓶容积 | 工作压力 | 空气体积 | 理论使用时间 |
L	MPa	L	按30L/min呼吸量计算
2	30	600	20min
4.7	30	1410	47min
6.8	30	2040	68min
6.9	30	2070	69min
9	30	2700	90min

5. 使用步骤

表5   空气呼吸器操作流程

步骤	操作说明
预检	检查瓶阀，减压阀处于关闭状态，气瓶束带扣紧，瓶不松动
使用前快速检测	打开瓶阀确认气瓶压力值在30MPa（建议不低于20MPa）
	打开和关闭瓶阀，观察压力表，在1min内压力下降不得大于2MPa（根据EN-137标准）
	打开瓶阀一圈，然后关闭，慢慢按下强制供气阀（黄色按钮），观测压力表压力变化，压力降至5MPa时检查报警哨是否正常报警
	一只手托住面罩将面罩口鼻罩与脸部完全贴合，另一只手将头带后拉罩住头部，收紧头带
	检测面罩的气密性：用手掌封住供气口吸气，如果感到无法呼吸且面罩充分贴合则说明密封良好
佩戴	通过套头法，或者甩背法，背上整套装置，双手扣住身体两侧的肩带D形环，身体前倾，向后下方拉紧D形环直到肩带及背架与身体充分贴合，扣上腰带，拉紧
	打开瓶阀至少两圈，将供气阀推进面罩供气口，听到"咔嗒"的声音，同时快速接口的两侧按钮同时复位则表示已正确连接，即可正常呼吸
使用完毕后的步骤	（1）按下供气阀快速接口两侧的按钮，使面罩与供气阀脱离 （2）扳开头带扣口卸下面罩 （3）打开腰带扣 （4）松开肩带卸下呼吸器 （5）关闭瓶阀 （6）打开强制供气阀放空管路空气

注：在使用前、使用中和使用后都应进行检查，具体可参见表6。

表 6　空气呼吸器检查标准（样表）

编号	检查项目	检查结果		备注
一、面罩检查				
1	（1）面罩是否干燥完好，定置存放	正常〇	不正常〇	
2	（2）面罩是否有污染物附着，异味	正常〇	不正常〇	
3	（3）面罩透视性能是否清楚，有无破裂现象	正常〇	不正常〇	
4	（4）橡胶贴合部分是否龟裂、破洞、变形	正常〇	不正常〇	
5	（5）帽带是否破损，失去弹性	正常〇	不正常〇	
二、气瓶检查				
6	（1）气瓶压力是否低于24MPa以下	正常〇	不正常〇	
7	（2）气瓶接口连接是否紧固	正常〇	不正常〇	
8	（3）气瓶是否与背架固定牢靠	正常〇	不正常〇	
9	（4）气瓶外观检查是否无划痕及呈现有纤维毛刺	正常〇	不正常〇	
三、吸、挂气系统检查				
10	（1）压力表指针是否在"零"位置	正常〇	不正常〇	
11	（2）报警哨是否在4~6MPa之间报警	正常〇	不正常〇	
12	（3）气密性检查，观察压力表读数，1min内，压力下降不大于2MPa	正常〇	不正常〇	
四、供气系统检查				
13	（1）高压管路及接头是否漏气	正常〇	不正常〇	
14	（2）主减压阀总阀是否漏气	正常〇	不正常〇	
15	（3）主减压阀是否漏气	正常〇	不正常〇	
五、背带及背架				
16	（1）背带是否有污染物附着，扭曲	正常〇	不正常〇	
17	（2）背架上的固定螺栓是否松动	正常〇	不正常〇	
六、清理及存放				
18	（1）存放前是否关闭气瓶，供气阀无气	正常〇	不正常〇	
19	（2）放入携带箱内或悬挂放置是否稳固，并摆放整齐	正常〇	不正常〇	
七、其他				
20	（1）背架是否按规定每年进行一次检测	正常〇	不正常〇	
21	（2）背架上是否贴有合格的检测标签及检测日期	正常〇	不正常〇	
22	（3）气瓶是否按规定每三年进行一次检测	正常〇	不正常〇	
23	（4）气瓶上是否贴有合格的检测标签及检测日期	正常〇	不正常〇	
注：正常的打√，不正常的打×，并在备注栏进行情况填写				
检查人：　　负责人：　　　　检查时间：　年　月　日				

6. 注意事项

（1）建议至少二人一组同时进入现场。

（2）报警哨鸣响时，使用者必须马上离开工作现场撤离到安全地带。

（3）蓄有髭须和佩戴眼镜的人不能使用该呼吸器（或加装面罩镜架套装），面部形状或疤痕导致无法保证面罩气密性的人员也不得使用该呼吸器。

（4）在恶劣和紧急的情况下（例如受伤或呼吸困难）或者使用需要额外空气补给时，打开强制供气阀（按下供气阀黄色按钮）呼吸气流将增大到450L/min。

（5）不要完全排空气瓶中的空气（至少保持0.5MPa的压力）。

（6）爱护器材，避免碰撞，不要随意将呼吸器扔在地上，否则会对呼吸器造成严重损害。

（7）使用后及时更换压力不在备用要求范围器材的气瓶。瓶内气体储存一个月后，建议更换新鲜空气。

（8）整套呼吸器应每年由具备相应资质的单位进行一次检测；全缠绕碳纤维气瓶每三年进行一次检测，并在呼吸器的显要位置注明检测日期及下次检测日期。

（9）所有检查应有记录，而且设备在大型抢险作业及严重摔伤后，应检测合格后才能下次使用。

7. 清洁保养

（1）束带可从背架上完全解下进行消毒洗涤。

（2）在每次使用后，呼吸器上脏的部件必须用温水和中性清洁剂进行清洗，然后用温水漂洗。

清洗时必须遵守清洗剂的浓度要求和使用时间限制。清洗剂必须不含腐蚀性成分（有机溶剂可能破坏呼吸器的橡胶或塑料件）；也有专用的清洗液。

1.打开气瓶阀门

2.检查气瓶气压（压力应大25MPa）

3.瓶口朝前握住背托把手

4.拿起呼吸器背向后背

5.将气瓶阀朝下背好

6.调整肩带松紧度

7.插入腰带插头并拉紧

8.将面罩戴在头上

9.收紧面罩紧固带

10.检验面罩气密性

11.安装供气阀

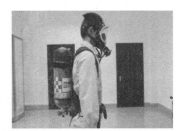
12.佩戴完毕

图2　空气呼吸器佩戴图解

（二）呼吸器充气装置——便携式充气泵

便携式充气泵可分为电动机（图3）及汽油机两大类。

1）结构及原理

便携式充气泵主要组件：

（1）压缩机装置；

（2）驱动装置（电动机及汽油机）；

（3）过滤器组件；

（4）充气组件；

（5）底板和机座。

图3　便携式充气泵 JUNIOR 11

便携式充气泵原理：交流电源或者汽油发动机作为动力，通过三级汽缸的空冷往复式活塞运动，将大气中的新鲜空气压缩成300Bar的高压气体（图4）。

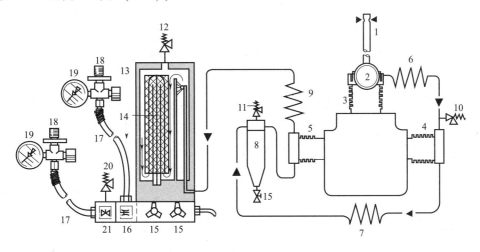

图4　空气流程图

1—伸缩式进气管；2—进气过滤器；3—第1级气缸；4—第2级气缸；5—第3级气缸；6—第1/2级中间冷却器；
7—第2/3级中间冷却器；8—第2/3中间分离器；9—后冷却器；10—第1级安全阀；11—第2级安全阀；12—终压
安全阀；13—中央过滤器组件；14—TRIPLEX长寿命滤芯；15—冷凝水排放阀；16—保压阀；17—充灌软管；
18—充灌阀；19—终压压力计；20—终压 PN200 安全阀；21—转换装置＊（＊附加的选购件）

2）使用步骤

使用步骤见表7。

表7 便携式充气泵操作卡

<table>
<tr><td rowspan="5">基本信息</td><td>操作地点</td><td></td><td>泵型号</td><td></td></tr>
<tr><td>操作时间</td><td colspan="3">年 月 日 时 分 — 年 月 日 时 分</td></tr>
<tr><td>指令人</td><td></td><td>作业负责人</td><td></td></tr>
<tr><td>作业人员</td><td colspan="3"></td></tr>
<tr><td>调度值班人员</td><td colspan="3"></td></tr>
<tr><td rowspan="4">风险提示及控制</td><td colspan="4">（1）防止气瓶破裂，气瓶破裂后高压气体冲击伤人</td></tr>
<tr><td colspan="4">（2）防止接头脱落（200bar和300bar充气接头是不同的，不能混淆），否则高压气体会从接头处冲出伤人</td></tr>
<tr><td colspan="4">（3）防止触电，触电将会对人员造成电伤害</td></tr>
<tr><td colspan="4">（4）泄压、吹扫管路严禁正对泄压口</td></tr>
<tr><td rowspan="2">应急处置</td><td colspan="4">（1）如发生触电情况，应立即切断电源，使触电者脱离带电体；并对触电者进行人工呼吸和胸外心脏按压等临时急救措施，同时拨打"120"，送医院救治</td></tr>
<tr><td colspan="4">（2）若发生高压气冲出事故，应首先将受伤人员抬离现场进行初步救治，若较为严重，应送医院救治</td></tr>
</table>

<table>
<tr><td rowspan="2">执行情况</td><td rowspan="2">操作人</td><td rowspan="2">内 容</td><td colspan="2">生产受控</td></tr>
<tr><td>提示</td><td>确认</td></tr>
<tr><td rowspan="4">基本要求</td><td>□</td><td>（1）操作人员具有相应资质：充气泵操作者取得国家质量技术监督部门的特种设备作业人员资质证</td><td></td><td></td></tr>
<tr><td>□</td><td>（2）周围空气环境符合要求：应保证使用充气泵的区域内的空气清洁流通，应避免在潮湿的环境中长期使用。应尽量在室外且空气清洁的环境中进行，不得在存在有可燃或毒性气体的环境中使用</td><td></td><td></td></tr>
<tr><td>□</td><td>（3）操作充气泵前的安全要求：对使用汽油发动机驱动的充气泵，其排气口必须向着下风向。当发动机点火时，不要操作充气泵。对使用电机式驱动的充气泵，在电源连接时，应保证连接点处符合供电系统的规定</td><td></td><td></td></tr>
<tr><td>□</td><td>（4）充气泵的放置要求：应水平放置</td><td></td><td></td></tr>
<tr><td rowspan="6">准备检查</td><td>□</td><td>（1）充气泵的使用位置应远离易燃易爆物品，汽油发动机驱动的充气泵不得置于室内运行</td><td>□</td><td>□</td></tr>
<tr><td>□</td><td>（2）检查润滑油油位是否符合操作说明书要求</td><td></td><td></td></tr>
<tr><td>□</td><td>（3）核对充气泵运行时间，确定是否需要进行维护保养</td><td></td><td></td></tr>
<tr><td>□</td><td>（4）检查各连接管线是否连接紧固，高压充气管是否完好</td><td></td><td></td></tr>
<tr><td>□</td><td>（5）确定需进行充气的气瓶额定工作压力与充气泵安全阀整定压力相一致。电动机驱动的充气泵应检查电机的转向，查看皮带运转方向是否与标示方向一致，如相反，应由专业电工将接线进行调相，并确认漏电保护装置是否完好</td><td></td><td></td></tr>
<tr><td>□</td><td>（6）电源线路、插座符合要求，无破损</td><td></td><td></td></tr>
</table>

		步骤确认	要点提示		
充气操作	☐	（1）启动前的试运行	充气泵启动前，应先打开充气泵排气口。启动后，使其运行2min并稳定后才能进行气瓶充装操作		
	☐	（2）气瓶固定	充气泵与气瓶的连接方式应匹配，将充气阀连接到气瓶上，在充气前应对气瓶进行固定	☐	☐
	☐	（3）打开气阀	首先打开充气阀，再打开气瓶阀，开始对气瓶充气。在充气过程中如发现压力过载，有泄漏或其他异常现象，应及时切断电源，方可进行检查		
	☐	（4）排液	充气开始，充气过程中，每隔15min排除冷凝水。充气过程中不能中断超过10min，以免CO_2进入气瓶		
	☐	（5）关闭气阀、管路泄压	达到额定压力24~27MPa后，先关闭气瓶阀，再关闭充气阀，在充气阀处对充气管路进行泄压		
	☐	（6）拆卸气瓶	从气瓶上取下充气阀，让气瓶自然降温		
	☐	（7）充气过程中的空载运行	充气泵使用时，充气泵安全阀的整定压力应设置在30MPa，且应连续进行充气作业。每充一只瓶，应保持充气泵空载运行5~10min，避免连续负荷使用对机器造成损害		
	☐	（8）停泵、卸压	充气作业完成后，关闭充气泵电源，反复转动压力表下方的卸压阀，将压力表指针归零		
收尾工作	☐	拔掉充气泵电源，将充气泵放回原处，打扫清洁卫生并做好记录			
存在问题描述					

说明：1. 本卡分别由操作人员和调度室当班人员填写，签字确认。
①操作人员负责填写左边的"操作人"确认栏以及右边"生产受控"的"提示"栏。
②除基本信息外，调度人员负责按照右边栏目项进行提示和确认，需要事前完成"提示"和事后完成"确认"栏。
③操作人员或监督人员负责填写基本信息，并负责资料的存档。
2. 执行情况：已执行的"√"；异常的"×"；未执行的"/"。

操作人：

3）空气质量要求

空气呼吸器和正压供气系统的气质应符合表8的规定。

表8 空气呼吸器和正压供气系统出气气质

氧气含量，%	一氧化碳，mg/m^3	二氧化碳，mg/m^3	油分，mg/m^3
19.5~23.5	<15	<1500	<7.5

注：此表为国内标准，而API RP49中一氧化碳含量为小于或等于12.5mg/m^3，二氧化碳含量为小于或等于1900mg/m^3。

4）使用注意事项

（1）在对呼吸器的瓶进行充装前，应首先确认该瓶是装空气的，因充气泵只能充装空气。

（2）避免污染的空气进入空气供应系统。当毒性或易燃气体可能污染进气口时，应对压缩机的进口空气进行监测。

（3）使用时不允许有任何覆盖物，保持良好散热；汽油压缩机不能在室内使用。

（4）空气压缩机必须水平放置，倾斜度不能超过5°。

（5）充气泵由汽油机驱动时应按照说明书上的说明，在汽油箱的进口处，加上（93号）汽油；充气泵是电动的时，需正确的接线，特别是三相电源的，如果线接反了，设备将不能将气体充装至瓶，所以，接线应由专业的电工操作。

（6）电源的额定压力必须稳定，否则会影响设备的正常工作。

（7）依照制造商的维护说明定期更新吸附层和过滤器，压缩机上应保留有资质人员签字的检查标签。

5）维护原则

（1）进行任何维护工作前都必须切断电源，并卸压维护或维修；只能使用原厂配件，经常检查系统气密性（如在所有接头处涂肥皂水）。

（2）充气泵停用后应存放在干燥、无灰尘的室内。如长期停用，则应每6个月进行一次空载运行，且运行时间不低于10min。

（3）为保证压缩机正常工作并延长使用寿命，请使用经过测试的润滑油，新设备润滑油的使用时间不能超过三个月；为避免损害（如产生沉淀物），请不要更换润滑油的种类。

（4）润滑油更换周期：矿物油，每运行1000h，或每一年；合成油，每运行2000h，或每二年。

（5）润滑油更换方法：

① 取出油尺；

② 预热空气压缩机；

③ 在润滑油温热状态下，将机坐下的泄油螺钉拧松，排出润滑油；

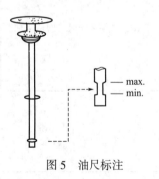

图5　油尺标注

④ 重新注入润滑油；

⑤ 用油尺检查润滑油的高度，必须在max和min之间（图5）。

⑥ 滤芯的更换：

由使用时环境的温度、使用时间、空气质量诸多因素决定，通常情况下建议充装100个左右的空瓶后更换。

⑦ 如长期闲置，压缩机和发动机内的油会老化，润滑油最长要每2年更换一次。充气泵维修应由具备相关资质，并经授权的人员进行。

（三）逃生呼吸器

逃生自给式空气呼吸器（图6）的工作原理和使用方法可参考标准自给式正压空气呼吸器的相关介绍。由于逃生呼吸器通常用于紧急事件逃生用，所以建议存放在可能存在危害事件的位置，且要具有明显标示。

使用逃生呼吸器时应注意：

（1）逃生瓶只能作为逃生使用；

（2）逃生瓶使用时间为 5～10min。

（3）要确保逃生瓶始终处于充满状态；

（四）正压式长管供气系统

正压式长管供气系统是一个远距离空气供应装置，可以同时供给多人使用。长管式呼吸器可根据用途及现场条件选用不同的组件，配装成多种不同的组合装置，由高压气瓶、气泵拖车供气系统或压缩空气集中管路供气，具有使用时间长的优点。

图 6　逃生呼吸器 EVAPAC

由于采用长管传送气源，所以存在一定的危险性，比如长管破裂或气源耗尽等，所以此类产品应配合紧急逃生呼吸器使用，通常配合使用的逃生呼吸器在腰部束带上有自动切换装置，一旦长管气源出现低压状况，自动切换装置会自动将阀门切换到作业人员自身佩戴的逃生呼吸上，并报警，确保使用人员能及时逃离现场。

使用正压式长管供气系统应注意：

（1）使用时，需要有专业人员在气源处提供监护，确保使用时能够提供稳定安全的气源输出。

（2）检查逃生瓶是否充满，检查标签上是否填写了新的充气日期。

（3）检查低压管线是否完好并无打扭，空气供给管汇和管线是否完好，检查头带是否完好并已经充分放松。

1）移动供气源

移动供气源如图 7 所示。

图 7　移动供气源 TROLLEY

图 8 长管呼吸器 MC95

（1）用于污染及狭小区域；

（2）无固定长管系统；

（3）根据呼吸量等因素不同，可持续工作约 3h；

（4）若在使用中更换气瓶后可增加使用时间。

2）长管呼吸器

移动供气源由一组气瓶供气，与之不同的是，长管呼吸器（图 8）采用具有恒定中压输出的气源，在经过具有过滤作用的移动过滤站过滤后通过长管传送到面罩，面罩前部装有气量调节装置可将气流调节到适合作业人使用的中压，可以长时间使用。

二、过滤式防护设备

过滤式防护设备使用前提：由于过滤式防护设备使用作业人员周围的空气作为气源，且过滤装置存在失效时间，所以对于使用环境有着更高的要求，除了满足氧气浓度达到国家要求的 18% 以外，还要考虑硫化氢的浓度。

全面罩式防毒面具如图 9、图 10 所示，半面罩式防毒面具如图 11 所示。

图 9 硅胶全面罩 OPTI-FIT

图 10 蓝色 COSMO 全面罩

图 11 半面罩 SPERIAL 2000

1. 执行标准

欧洲标准：EN 140（半面罩）、EN 136（全面罩）、EN 141、EN 148（滤盒铝罐）。中国标准：GB 2890—2009《呼吸防护 自吸过滤式防毒面具》。

2. 工作原理

空气过滤面具是有毒作业常用的个体呼吸防护设备，它使用的化学滤毒盒能将空气中的有害气体或蒸气滤除，或将其浓度降低，保护使用者的身体健康。对于符合欧盟标准的产品其防护重量可以通过产品标示加以判定，见表9。

表9　欧标对照表

种类	颜色	防护气体
A	褐色	有机气体和蒸汽（沸点>+65℃）
B	灰色	无机气体及蒸汽：氯气，硫化氢等
E	黄色	酸性气体及蒸汽：二氧化硫等
K	绿色	氨气及其衍生物
AX	褐色	有机气体（沸点<+65℃）
SX	紫罗兰色	特殊气体（由制造商决定）
NO-P3	蓝白色	磷氧化氮
Hg-P3	红白色	水银

在国家标准中，可选择防护硫化氢的标号见表10。

表10　国标对照表

毒罐编号	标色	防毒类型	防护对象（举例）	试验毒剂
4	灰	防氨、硫化氢	氨、硫化氢	氨（NH_3）
				硫化氢（H_2S）
7	黄	防酸性	酸性气体和蒸气；二氧化碳、氯气、硫化氢、氮的氧化物、光气、磷和含氯有机农药	二氧化硫（SO_2）
8	蓝	防硫化氢	硫化氢	硫化氢（H_2S）

3. 使用步骤

面罩的佩戴，以全面罩（图12）为例：

（1）观察面罩是否处于良好状态（清洁，无裂痕，无橡胶或塑料部件的变形）。

（2）根据污染物的特性选用相应的过滤罐。

（3）按照图12戴上全面罩。

（4）拉动头带调整半面罩的位置。由于过滤罐的存在而使用户感到轻微的呼吸困难是正常情况。

4. 注意事项

（1）选择适当用途的滤盒以适应所处的污染环境。

（2）确认所处环境的有毒物质浓度未超过标准规定的滤盒耐受浓度，具体内容应参考 GB 2890—2009《呼吸防护 自吸过滤式防毒面具》标准中的表5。

1.将下颚放进面罩底部，将头带拉过头顶　　2.将头带的中心位置尽量往后拉

3.先拉下部头带然后再拉上部，不要拉的过紧　　4.用手堵住呼气阀，吸气并屏气一段时间看面罩是否漏气，不漏气方可使用，否则调整头带至合适为止

图 12　全面罩的佩戴

（3）确认所处环境中的氧气含量不低于 18%，温度条件为 $-30 \sim 45℃$，有新鲜空气的工作区域，或通风良好的室内、水塔、蓄水池等环境，才可使用过滤式呼吸防护设备。

（4）如果环境中出现粉尘或气溶胶，则必须使用防尘或防尘加防气体复合过滤盒。

（5）储存说明（使用前与使用中）：

① 在储存期间不应损坏包装。

② 滤盒应储存在低温、干燥、无有毒物质的环境中。

③ 在符合上述储存要求后，滤盒的储存期限为 3 年。

参 考 文 献

［1］ 《试井手册》编写组. 试井手册 ［M］. 北京：石油工业出版社，1991.

［2］ 中国石油天然气总公司劳资局. 采气测试工 ［M］. 北京：石油工业出版社. 1998.

［3］ 中国石油天然气集团公司人事服务中心. 采气测试工 ［M］. 北京：石油工业出版社，2005.

［4］ 油气田开发专业标准化技术委员会. SY/T 6174—2012 油气藏工程常用词汇 ［S］. 北京：石油工业出版社，2012.

［5］ 石油测井专业标准化委员会. SY/T 6030—2012 钻杆及油管输送测井作业技术规范 ［S］. 北京：石油工业出版社，2012.

［6］ 国家发展和改革委员会 . SY/T 6176—2012 气藏开发井资料录取技术规范 ［S］. 北京：石油工业出版社，2012.

［7］ 采油采气专业标准化委员会. SY/T 6610—2014 含硫化氢油气井井下作业推荐作法 ［S］. 北京：石油工业出版社，2014.

［8］ 采油采气专业标准化技术委员会. SY/T 6125—2013 气井试气、采气及动态监测工艺规程 ［S］. 北京：石油工业出版社，2013.

［9］ 石油测井专业标准化委员会. SY/T 5361—2014 测井电缆穿心打捞操作规程 ［S］. 北京：石油工业出版社，2014.

［10］ 全国石油钻采设备和工具标准化技术委员会. SY/T 5079—2014 油田测试设备 ［S］. 北京：石油工业出版社，2015.

［11］ 国家能源局. SY/T 5440—2009 天然气试井技术规范 ［S］. 北京：石油工业出版社，2009.

［12］ 中国石油天然气股份有限公司西南油气田分公司开发专业标准化技术委员会. SY/T XN 0338—2015 气井钢丝试井作业技术规范 ［S］. 北京：石油工业出版社，2010.

［13］ 中国石油天然气集团公司勘探与生产专业标准化技术委员会. Q/SY 1414—2011 气井井下节流器操作规程 ［S］. 北京：石油工业出版社，2011.